雄安设计专业丛书

高质量发展背景下的中国特色建筑创作

雄安新区建筑设计征集作品集

河北雄安新区规划研究中心　编著

天津大学出版社
TIANJIN UNIVERSITY PRESS

图书在版编目（CIP）数据

高质量发展背景下的中国特色建筑创作：雄安新区建筑设计征集作品集 / 河北雄安新区规划研究中心编著. -- 天津：天津大学出版社, 2021.11
（雄安设计专业丛书）
ISBN 978-7-5618-6947-5

Ⅰ.①高… Ⅱ.①河… Ⅲ.①城市规划－建筑设计－作品集－雄安新区－现代 Ⅳ.①TU984.222.3

中国版本图书馆CIP数据核字(2021)第098470号

GAOZHILIANG FAZHAN BEIJING XIA DE ZHONGGUO TESE JIANZHU CHUANGZUO

XIONGAN XINQU JIANZHU SHEJI ZHENGJI ZUOPIN JI

策划编辑　韩振平
责任编辑　郝永丽
装帧设计　谷英卉　董秋岑

出版发行　天津大学出版社
地　　址　天津市卫津路92号天津大学内（邮编：300072）
电　　话　发行部：022－27403647
网　　址　www.tjupress.com.cn
印　　刷　北京华联印刷有限公司
经　　销　全国各地新华书店
开　　本　250mm×285mm
印　　张　34 1/3
字　　数　610千
版　　次　2021年11月第1版
印　　次　2021年11月第1次
定　　价　298.00元

保持历史耐心和战略定力，高质量高标准推动雄安新区规划建设。

——习近平总书记在2019年1月18日的京津冀协同发展座谈会上的讲话

序

设立河北雄安新区，是中央为深入推进京津冀协同发展，有效承接北京非首都功能疏解而作出的重大决策部署。在中央的高度重视和坚强领导下，新区的各方面工作都在积极稳步地推进。在规划设计层面，中央已批复了《河北雄安新区规划纲要》和《河北雄安新区总体规划》，这是雄安新区这座未来之城的发展蓝图，是各项规划建设的依据和基础。

《纲要》和《总规》都明确提出要加强城市设计，强化规划的引导与控制，坚持中西合璧、以中为主、古今交融，形成中华风范、淀泊风光、创新风尚的城市风貌；在建筑设计方面提出要细致严谨，做好单体建筑设计，传承中华建筑文化基因，吸收世界优秀建筑设计理念和手法，塑造体现中华传统经典建筑元素，彰显地域文化特色的建筑风貌。这些对雄安新区城市与建筑风貌的要求，体现了"世界眼光、国际标准、中国特色、高点定位"的十六字方针，这些要求，是创造"雄安质量"在规划设计领域的具体体现，也是把雄安新区建设成为新时代城市建设典范和推动新区高标准建设发展的关键。

作为历史上多种文化的汇集之地，雄安新区具有深厚的历史底蕴和珍贵的文化遗产，如何在规划建设中保护、弘扬这些优秀传统文化，延续其历史文脉，同时又要汲取国外建筑的精华，创造既有古典传统神韵又具有现代信息时代风范的优秀建筑，并营造多样化、有活力的城市空间环境，应该说，这是极具挑战性的工作。

有鉴于此，在雄安新区特色城市建筑风貌设计探索中，雄安新区管委会认真贯彻高起点规划、高标准建设的要求，联合多家建筑设计机构、专业院校和相关媒体，组织开展了"高质量发展背景下中国特色的雄安建筑设计竞赛"活动。这次竞赛活动的宗旨可以概括为"集思广益、博采众长"，通过遴选优秀的设计方案，可以在更大的范围内集中建筑界设计师的智慧，广泛吸取有益的经验、做法和案例，以期对未来大规模建筑落地方案提供参考和借鉴。这次竞赛在方案策划上，提出按六种建筑类型分别评审，应该讲这是很有针对性的，本来不同功能的建筑，其形式和风格应该是存在差异的，但现在存在一种现象即各类建筑性格模糊、形象趋同，实行分类设计和评选，可望在总体风貌的管控下，各类建筑都能有丰富的创意和风格的创新，力求"适用、经济、绿色、美观"的统一，防止各类建筑竞相攀高比大，避免出现"混凝土森林"和"全城尽披玻璃幕墙"的状况。

千年大计，未来可期。雄安新区建设将由以规划设计为重点，转向规模化的开发建设，规划蓝图将一步步成为现实。当前我国已进入建设现代化强国的新时期，雄安新区要成为贯彻新发展理念的创新发展示范区，成为新时代高质量发展的全国样板。这既是雄安新区的责任与担当，也是社会和业界的殷切期待，设计咨询行业要责无旁贷、积极主动地参与到雄安新区规划设计实践中去。"高质量发展背景下中国特色的雄安建筑设计竞赛"开展以来，得到业界的积极响应和社会的高度关注，这本作品集是这次设计竞赛成果的集中展示与收藏，它的出版发行将在更大范围为交流、学习和共享提供一个平台。我们要坚定文化自信和战略定力，冲破媚外的桎梏，摆脱模仿的依赖，开拓创新之路，为雄安新区和全国建筑业的高质量发展，做出积极的努力与贡献。

2021 年 6 月

设立河北雄安新区，是以习近平同志为核心的党中央深入推进京津冀协同发展作出的一项重大决策部署，是继深圳经济特区和上海浦东新区后又一具有全国意义的新区，是千年大计、国家大事。

根据党中央、国务院对《河北雄安新区规划纲要》《河北雄安新区总体规划（2018—2035 年）》的批复精神，雄安新区必须牢固树立和贯彻落实新发展理念，按照高质量发展要求，着眼建设北京非首都功能疏解集中承载地，创造"雄安质量"，打造推动高质量发展的全国样板，建设现代化经济体系的新引擎，坚持世界眼光、国际标准、中国特色、高点定位，坚持生态、绿色发展，坚持以人民为中心，注重保障和改善民生，坚持保护和弘扬中华优秀传统文化，延续历史文脉，推动雄安新区实现更高水平、更有效率、更加公平的可持续发展，建设成为绿色生态宜居新城区、创新驱动发展引领区、协调发展示范区、开放发展先行区，努力打造贯彻落实新发展理念的创新发展示范区，建设高质量高水平社会主义现代化城市。

在京津冀协同发展领导小组的有力领导下，根据河北省委省政府工作部署，启动区作为雄安新区的主城区，肩负着集中承接北京非首都功能疏解的时代重任，承担着打造"雄安质量"样板、培育建设现代化经济体系新引擎的历史使命，在深化改革、扩大开放、创新发展、城市治理、公共服务等方面发挥着先行先试和示范引领作用。因此，"高质量发展背景下中国特色的雄安建筑设计竞赛"特别选定启动区 6 大类建筑功能体为设计对象，围绕中西合璧、以中为主、古今交融的建筑风貌要求，依据开门开放、汇众智、聚众力的原则，突出创新设计特色，推动雄安新区建设学术研究和方案积累，形成新区建筑创作库。

大赛于 2020 年 1 月 17 日 00:00 正式开启公开报名通道，同步联动 50 多家国内高校、新媒体、知名纸媒平台进行宣传，截止到 2020 年 3 月 23 日，共征集国内外 300 多个设计团队的 700 项建筑设计方案。2020 年 3 月 25 日，由全国工程勘察设计大师、设计院总工及高校教授总计 30 名专家组成的评审组进行了网上初评，以总体风貌、设计理念、设计原则为入围评价条件，评选出 132 个入围设计作品。2020 年 5 月 20 日，组委会开放深化作品提交通道，截止到 6 月 1 日，共计收到 131 个深化作品（1 个作品弃权）。2020 年 7 月 28 日，由中国工程院院士、全国工程勘察设计大师等总计 10 名知名专家组成的评审组进行现场终审，评选出各建筑功能类型的一、二、三等奖及入围奖。2020 年 8 月 30 日，开启雄安建筑竞赛获奖作品展示活动，以展板、模型等方式进行展示。

为进一步激发雄安新区建设发展的动力、活力，助力提高城市设计水平，特将本次"高质量发展背景下中国特色的雄安建筑设计竞赛"获奖作品集结成册，包括从 6 大建筑类型总计 700 个作品中优选出的 131 个获奖作品，为起步区的规划建设工作提供值得参鉴的优秀设计案例。本书总计 4 个章节：第 1 章主要介绍竞赛背景及要求；第 2 章主要介绍竞赛作品征集、初评、终评等历程，让读者了解本次竞赛全貌；第 3 章为获奖作品汇编，展示各建筑功能类型中公众组和专业组一、二、三等奖的深化设计方案及设计说明、获奖团队介绍；第 4 章着重在明确雄安规划要求和地域特征的基础上，基于本次竞赛的成果，对未来雄安新时代城市风貌的塑造进行展望。

"高质量发展背景下中国特色的雄安建筑设计竞赛"自开展以来，受到社会各界的广泛关注，线下展示获奖作品成果时，业内人士也进行了多次参观、探访，为之后雄安中国特色建筑的设计提供了丰富的设计方案成果，积累了一笔宝贵的财富。本书作为"雄安设计专业丛书"之一，旨在将相关成果进行梳理、汇编，以便于学习、交流，有力推动雄安新时代城市风貌的塑造，提升雄安新区城市高质量发展水平，同时为参与国内外相关建设实践的专业人士、城市管理者和相关专业人士等提供教育学习等方面的借鉴参考。

鉴于编者眼界和水平，疏漏之处敬请读者不吝指正。在此，一并感谢所有参与、参加此项工作的单位、个人，以及为此项工作付出努力的领导、专家和社会公众！

前言

——编者

目录

第1章　雄安特色建筑竞赛背景及要求

2017 年 4 月，中共中央、国务院印发通知，决定设立河北雄安新区。这是在中国特色社会主义进入新时代时，以习近平同志为核心的党中央高瞻远瞩、深谋远虑后作出的一项重大的历史性战略选择。在党中央坚强领导下，雄安新区明确了规划建设的指导思想、功能定位、建设目标、重点任务和组织保障，为高起点规划、高标准建设雄安新区提供了根本遵循，指明了工作方向。

一个时代要有一个时代的担当，一个阶段要有一个阶段的标志。在中国特色社会主义进入新时代、我国经济由高速增长阶段转向高质量发展阶段的关键进程中，雄安新区建设这一"千年大计、国家大事"要在推动新时代高质量发展方面成为全国的一个样板。按照河北省委省政府工作部署，雄安新区要着眼于建设成为北京非首都功能疏解集中承载地，致力成为推动高质量发展的全国样板，打造城市建设典范。

1.1 竞赛缘起

为落实高起点规划、高标准建设雄安新区的要求，坚持"世界眼光、国际标准、中国特色、高点定位"，以建筑的力量保护、弘扬中华优秀传统文化，延续历史文脉，由河北雄安新区管理委员会主办，中国建筑学会、中国建设科技集团股份有限公司、亚太建设科技信息研究院有限公司、河北雄安新区规划研究中心、雄安城市规划设计研究院有限公司承办的"高质量发展背景下中国特色的雄安建筑设计竞赛"正式启动，并于 2020 年 1 月 17 日 00:00 正式开启公开报名通道，欢迎国内外优秀建筑设计团体、建筑师积极参与。

根据雄安新区规划建设的总体要求，聚焦承接北京非首都功能疏解，按照"中西合璧、以中为主、古今交融"的建筑风貌要求，意在创造历史、追求艺术，通过公开设计竞赛的方式，广泛调动国内外专业设计力量，鼓励公众参与，凝聚各方智慧，力争选拔出具有浓郁中国特色的优秀建筑设计作品，塑造新区中华风范、淀泊风光、创新风尚的城市风貌和融于自然、端正大气的整体景观特色。

本次竞赛活动分为专业组和公众组，选取雄安新区启动区典型地块作为设计基地，要求参赛选手对 6 类建筑及其相应选址的建筑群体、建筑单体进行设计和研究。专业组参赛团队须具有中华人民共和国或所在国、地区的企业注册登记证明，公众组可接受参赛人员以机构或个人名义报名。

本次竞赛经过网络初评、现场终评两个阶段的评审。最终，在专业组和公众组参赛作品中各遴选出 6 个类型、共计 132 个奖项。其中，专业组一等奖 6 个，奖金为 80 万元；二等奖 12 个，奖金为 35 万元；三等奖 18 个，奖金为 15 万元；入围奖 30 个，奖金为 5 万元。公众组一等奖 6 个，奖金为 20 万元；二等奖 12 个，奖金为 12 万元；三等奖 18 个，奖金为 8 万元；入围奖 30 个，奖金为 1 万元。

1.2 竞赛规划背景

本次竞赛项目选址于启动区内。启动区位于雄安新区主城区，是先行启动规划建设的地区，整体定位为北京非首都功能疏解首要承载地，雄安新区先行发展示范区，国家创新资源重要集聚区，国际金融开放合作区。因此，从整体上，启动区要营造中华风范、淀泊风光、创新风尚的城市风貌，打造中西合璧、以中为主、古今交融的建筑风貌。基于城市设计阶段的特色空间意向，分别设置东西轴、金融岛、总部区和创新坊。

其规划范围东至起步区五组团中部，南至白洋淀（烧车淀），西至起步区第三组团，北至荣乌高速公路，规划范围 38 平方千米，规划建设用地 26 平方千米。竞赛针对新区的 6 大类建筑功能类型设置 6 个竞赛题组，每组选取 2 至 3 个典型街坊而非标志性街坊，地块具有一定代表性。

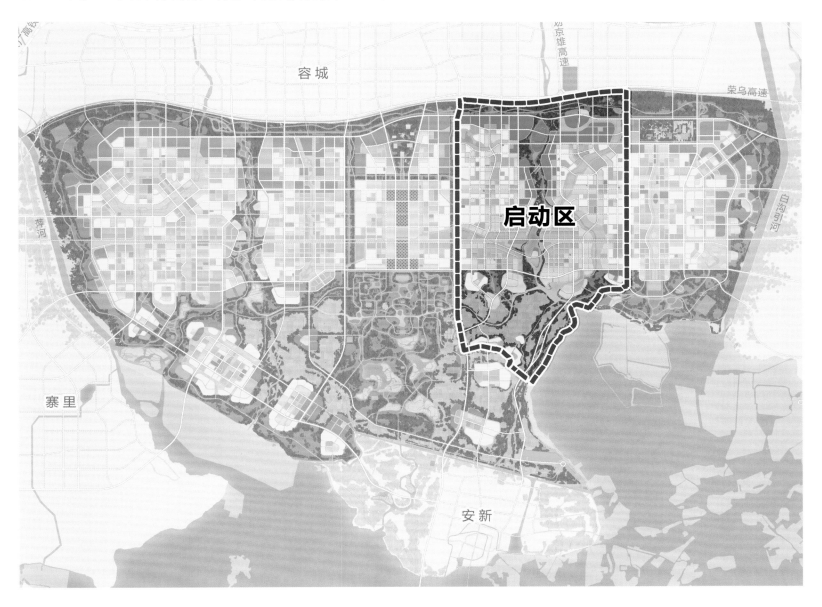

（1）启动区空间结构

　　启动区为"一带一环六社区的城市空间结构"，"一带"为中部核心功能带，沿中央绿谷自北向南集中布置科学园、大学园、互联网产业园、创新坊、金融岛、总部区和淀湾镇，形成启动区核心功能片区；"一环"即城市绿环，融合城市水系和慢行系统，串联各复合型社区中心；"六社区"即 6 个综合型城市社区，建设便捷的绿色出行系统和宜人的公共活动空间，构筑 15 分钟生活圈。

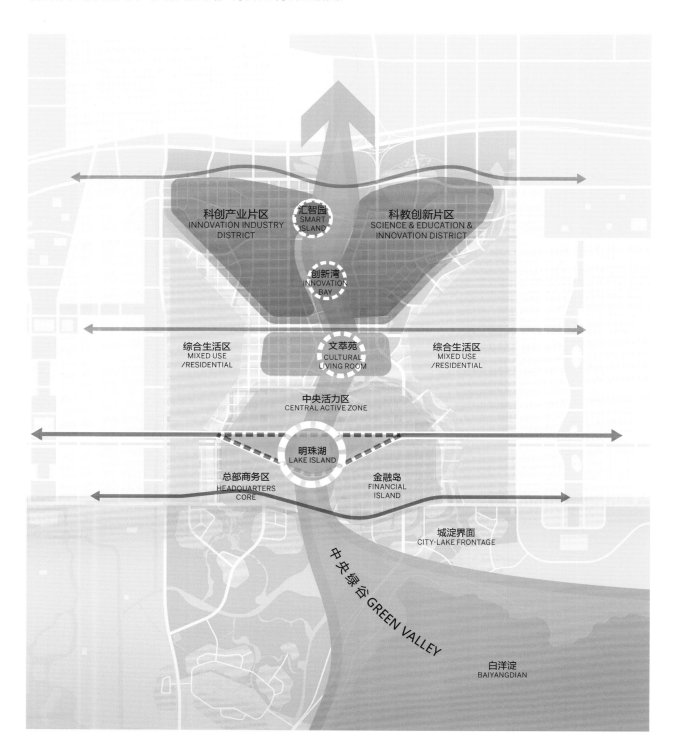

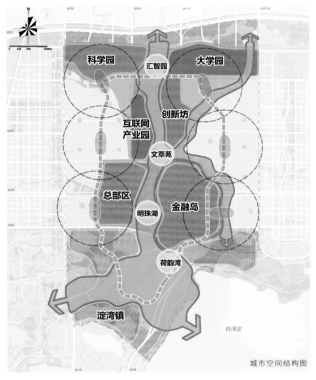

城市空间结构图

在开放空间系统上，雄安新区启动区总体规划构建了完整的开放空间体系，形成一湾四带、一环多枝和星罗棋布的蓝绿空间布局。其中中央绿谷、东部溪谷、北部环城林带、东西轴构成了主要绿化带，而临淀湾区则是位于淀边的集中开放空间系统。在一湾四带的大框架下，以城市绿环为核心，放射出大小不一的带状绿地系统，形成完整的绿地网络——**城市绿环及带状绿地**；结合启动区大小不一的开放空间及布局趣味性强的绿地系统，形成星罗棋布的小型**社区公园**。

在道路系统上，根据灵动的开放空间系统，产生四横四纵的主干道形态，采用小街区、密路网的紧凑城市形态，旨在打造尺度宜人的步行导向城市，规划路网密度达到 12 千米 / 平方千米。主干道、次干道、主支路和次支路组成结构清晰的路网系统，满足人们平衡、高效、快速的交通需求和慢行、舒适的社区生活理想，共同构成高效交通和慢行舒适相互平衡的整体交通模式。

在建筑高度控制上，启动区一般地区建筑高度控制在 45 米以下；南部中央商务区和金融岛核心区形成高层建筑群落，通过 100~200 米高度不等的建筑组合布局，建构错落有致的城市天际线；东西轴及重点地区建筑高度为 100 米左右；临近大型生态蓝绿空间用地和中小学校等特定设施用地的建筑高度控制在 24 米以下。

生境分区图

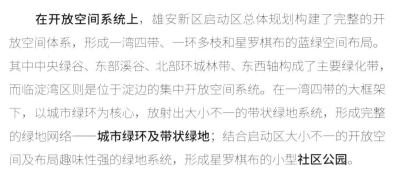

道路系统规划图

在建筑强度控制上，整体强度分区与高度分区基本对应，大部分区域容积率为 1.5~2.5，核心区域为 3.5~5.0。具体控制为：Ⅰ级强度分区，容积率不高于 1.5；Ⅱ级强度分区，容积率控制在 1.5~2.0；Ⅲ级强度分区，容积率控制在 2~2.5；Ⅳ级强度分区，容积率控制在 2.5~3.5；Ⅴ级强度分区，容积率控制在 3.5~5；Ⅵ级强度分区，容积率不小于 5.0。

在风貌分区上，整体城市肌理传承平原建城理念，以蓝绿空间为骨架，构建秩序规整、平直方正、窄路密网的街区格局。基本街区单元以 150 米 ×150 米为主，四个基本街区单元构成 300 米 ×300 米的基因街坊，这也是本次大赛选址的基本尺度范围，使得建筑及公共空间的设计与独特的自然环境相呼应，建设绿色生态宜居新城区。

建筑色彩整体以暖灰色为主基调，突出沉稳大气、清新明亮的特点。在城市层面，以明快的天空和烟波浩渺的白洋淀为背景，采用低彩度、暖灰色的基调；在街区层面，体现中等光亮城市的色彩特征，核心片区、各社区公共中心色彩清新淡雅，宜采用明度较高、中低彩度的基调；在建筑层面，以浅暖色系为基础，适当搭配亮色作为点缀，建筑采取低色彩饱和度和高明度，营造出沉稳大气、清新明亮的感觉。

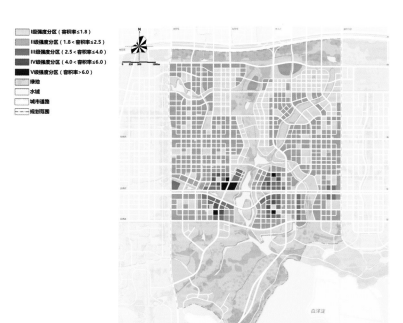

开发强度控制图

建筑高度控制图

风貌分区规划图

1.3 竞赛设计原则

根据《河北雄安新区规划纲要》《河北雄安新区总体规划（2018—2035年）》相关部署，围绕"中西合璧、以中为主、古今交融"的建筑风貌要求，依据开门开放、汇众智、聚众力的原则，"高质量发展背景下中国特色的雄安建筑设计竞赛"的开展，旨在积极传承中华建筑文化基因，吸收世界优秀建筑设计理念和手法，塑造出既体现我国建筑特色又吸收国外建筑精华，既有古典神韵又具现代气息，融于自然、端正大气的优秀建筑，积极探索形成具有新时代中国特色的建筑设计典范，更好地推动雄安新区成为高水平社会主义现代化城市，成为推动高质量发展的全国样板。

因此，竞赛在设计过程中应重点强调以下基本原则。

①雄安新区建筑设计应遵循"世界眼光、国际标准、中国特色、高点定位"的总体要求，打造"中西合璧、以中为主、古今交融"的建筑风貌。传承中华建筑文化基因，吸收世界优秀建筑设计理念和手法，坚持开放、包容、创新、面向未来的心态，形成独具特色的建筑风格，塑造出既体现我国建筑特色又吸收国外建筑精华，既有古典神韵又具现代气息，融于自然、端正大气的优秀建筑。

②雄安新区建筑设计应服务于"中华风范、淀泊风光、创新风尚"的城市风貌营造。打造中华底色与文化多元之城、雄安特色与淀泊自然之城、时代亮色与创新引领之城的整体建筑风貌愿景。遵循中华建筑文化的价值观、审美观与创作观，形成整体协调、融于自然、端正大气、气韵生动的中华底色。立足于雄安当地的历史、文化和自然环境，形成依托中华文化及地域环境的建筑空间和风貌。积极吸收新理念与新方法，体现功能、艺术、文化与技艺的有机结合，塑造多元包容、传承文化、面向未来的创新风尚。

③雄安新区建筑设计应坚持保护、弘扬中华优秀传统文化，延续历史文脉，保留中华文化基因。传承与发展传统建筑中整体和谐、因宜适中、以人为本等优秀文化基因。保护和弘扬不是简单仿古，而是要能深入挖掘中华建筑文化的精神与现代价值，注重中华传统建筑文化基因的传承与发展。

④雄安新区建筑设计应充分体现创新特色与时代气息，吸收世界优秀建筑设计的理念和手法，展示多元包容、传承文化、面向未来的新时代特色。雄安新区建筑设计应吸收世界优秀建筑设计的理念和手法，展示多元包容、传承文化、面向未来的新时代特色。

⑤雄安新区建筑设计应坚持建筑与环境相统一，扎根于本土环境，构建人与自然和谐共生的绿色、生态、宜居新家园。同时，应积极挖掘、提炼地域风貌特质，彰显地域文化特色。建筑设计应顺应自然、随形就势，突显自然之美，与生态蓝绿环境相得益彰，强调城、水、林、田、淀和谐共融。坚持挖掘地域特征，保护环境景观生态，展现雄安新区华北水乡的独特地域风光。

⑥雄安新区建筑设计应以人为本，坚持"适用、经济、绿色、美观"的整体原则。建筑设计合理，各方面因素考虑周全，基本符合国家规范；充分符合规划条件，做到布局合理高效、使用功能适用、交通流线合理清晰、空间惬意舒适；注重建筑与绿色节能、智能化等新技术的结合，体现建筑设计的绿色生态、低碳节能、高效智能。

1.4 竞赛设计要求

本次竞赛设计内容中首先要突出中国特色建筑方案设计理论研究成果及中国特色建筑风貌的整体营造方式。因此，参赛者要重点围绕如下 6 项关键内容展开设计工作，以达到建筑概念方案设计深度。

1. 关于中国特色建筑方案设计理念研究

本次竞赛重点强调体现高质量发展背景下中国特色建筑设计的整体立意和设计概念，兼顾各类建筑特点，统筹归纳总结，提出统领、指导所设计的相应建筑类型的总体设计理念及原则。

2. 关于中国特色建筑风貌的整体营造

建筑风貌设计是本次竞赛设计的重点内容。本次竞赛设计要充分挖掘中华建筑文化基因，营造稳重、均衡、简洁、大气的整体形象。设计需从整体布局、界面、场所、体量、造型、立面、色彩、材质、屋顶等多方面全方位展示。基本符合《雄安新区建筑风貌导则》相关要求。

①布局：传承中华传统建筑群体组织理念，利用建筑群体组合形成灵活有序的整体布局。

②界面：通过界面的营造处理好建筑与外部空间的关系，实现建筑与城市空间的有机融合。

③场所：形成以人为本的办公体验，营造兼具时代特色与人文气息的场所风貌。

④体量：可借鉴中国传统建筑的模数逻辑，处理好建筑体量与自然环境、城市建成环境的关系。

⑤造型：突出理性、高效、现代，注重平面、结构、造型三者的整体性。

⑥立面：建议传承发展中国传统建筑的开间比例和立面划分方式，根据功能和采光要求合理控制墙面和窗口的比例，追求简洁现代的构成关系。

⑦色彩：借鉴中国传统建筑色彩组合规律；使用与雄安当地气候、环境相适应的色彩；结合当代建筑材料和工艺特点。

⑧材质：材质搭配体现不同使用主体的定位和气质；选用安全、耐久、节能、环保的建筑材料，鼓励采用当地材料；简约朴素、亲切平和。

3. 关于总体建筑布局

建筑布局要针对选址位置与周边环境，充分考虑启动区规划背景，满足规划管控图则相关要求，妥善处理建筑与周边其他建筑的关系，形成相互协调的空间秩序。总平面布置应功能分区明确、总体布局合理，各部分联系方便、互不干扰，并充分考虑消防、交通、地下空间等综合因素。建筑设计应妥善处理各交通流线之间的关系，各类交通流线分类组织，合理安排主次出入口。并因地制宜合理安排场地，塑造高品质的公共空间，实现室内外良好互动。综合考虑建筑与周边景观空间关系，提炼独特的景观要素，创造特色鲜明的景观环境。

4. 关于内部功能与流线组织

本次竞赛对于建筑功能不做硬性要求，在满足规划条件的前提下，建筑功能应紧扣"疏解北京非首都功能"这一主题，深入考虑启动区规划特点与功能定位，结合国际、国内优秀案例以及相关国家、地方规范要求，自行细化并制定功能构成、组织模式、面积比例等内容，形成高效复合、灵活可变、充满活力、舒适宜人的建筑功能方案，并据此合理有序安排各类功能空间，主要功能区域、辅助功能区域、后勤行政管理区域等关系明确，符合对相应功能建筑流线的要求。

建筑内部各类功能空间布局合理，面积和层数适宜，要注重建筑物的整体有效使用率。合理布置柱网，提供面积适宜的使用空间。各类附属设施用房要考虑经济适用、满足功能需求。

建筑内部垂直交通和水平交通的组织要科学、合理、高效，处理好各类流线的关系，保证各类流线畅通、简洁、明了，并与功能分区和建筑空间布置相匹配。

5. 关于立体城市与地下空间

地下空间应根据规划管控要求、建筑功能性质，进行合理的概念设计。创新空间组织形式，努力打造"夏日凉城、冬日暖城"的人性化绿色生态城区。统筹考虑地下空间的综合利用，地上地下统一规划、统一开发、分层利用、互联互通、安全运营。统筹地下综合管廊、轨道交通等综合功能，优化竖向设计和立体空间开发。

6. 关于建筑结构与建筑技术

建筑结构选型应受力合理、安全可靠、经济耐用、易于建造并与建筑造型完美地协调统一。建筑设计应充分考虑绿色环保理念，注重在建筑中运用适当的绿色节能技术。在概念方案中建议提出相关绿色建筑、智能化、绿色建造、建筑装配式等设计概念与技术措施。

1.5 竞赛成果要求

在参赛团队中，专业组主要以国内外设计机构为主，公众组以独立建筑师、建筑专业师生或个人为主。

1. 专业组

专业组主要面向国内外具有法人资质的建筑设计院、设计事务所和设计工作室等机构，以法人单位形式参与大赛。成果需满足建筑方案设计深度要求。

每个设计团队应至少选择六类建筑中的一类组合（即两类建筑，仅从指定组合类型中选择），每一类建筑至少选择一个选址展开设计，在此基础上，可额外选择其他任意数量、任意类别建筑及相应选址

展开方案设计。指定类型为：①综合办公类＋商业服务类；②居住及社区配套类＋城市公共管理与服务类；③高等院校与科研类＋市政配套类。

2. 公众组

公众组主要面向独立建筑师（或团队）、国内外知名建筑院校师生（或团队），以个人（或团队）形式参与大赛。成果以体现创意为主。

选择六类建筑中的至少一类建筑，该类别中的至少一个选址展开方案设计。

表 1.5.1 专业组竞赛成果要求

图纸名称	最终成果
总平面详细设计图（不小于 1：500）	✓
关键视点鸟瞰图（数量自定）	✓
关键视点人视效果图（数量自定）	✓
中国特色建筑设计研究（造型、立面、色彩、屋顶、材质、细部等设计要素）	✓
总体布局分析	✓
设计概念分析	✓
功能分析	✓
交通分析	✓
首层和典型平面图	✓
立面图	✓
剖面图	✓
设计说明	✓
其它表达设计概念及效果的图纸	○

表 1.5.2 公共组竞赛成果要求

图纸名称	最终成果
总平面详细设计图（不小于 1：500）	✓
关键视点鸟瞰图（数量自定）	✓
关键视点人视效果图（数量自定）	✓
中国特色建筑设计研究（造型、立面、色彩、屋顶、材质、细部等设计要素）	✓
设计概念分析	✓
分析图	✓
首层和典型平面图	✓
立面图	○
剖面图	○
设计说明	○
其它表达设计概念及效果的图纸	○

1.6 竞赛设计类型及相应选址设计条件

设计者进行规划及建筑设计时，在满足本规划设计条件要求的基础上，还应符合国家、省有关规范规定、批准的控制性详细规划等有关要求。如，对主要机动车出入口，要求未设机动车出入口的路段不得设置机动车出入口；对应急出入口，要求按相关规范设置；等等。

A 综合办公类
B 高等院校与科研类
C 商业服务类
D 居住与社区配套类
E 城市公共管理与服务
F 市政配套类

土地利用规划图
LAND USE PLAN

（1）综合办公类（选址共两处）

• 选址一：

场地范围规划图如图 1.6.1 所示，分为四个地块，用地性质均为商业 / 商务办公用地 B1/B2（Ⅰ），功能要求为金融办公建筑（沿南侧绿轴阶梯退台式综合办公）。

其中，A-01-01（用地面积 1.5200 公顷、容积率 4.0、限高 60 米）；A-01-02（用地面积 1.6054 公顷、容积率 5.5、限高 100 米）；A-01-03（用地面积 1.3575 公顷、容积率 4.0、限高 60 米）；A-01-04（用地面积 1.4338 公顷、容积率 4.0、限高 60 米）。其他控制要求参见表 1.6.1。

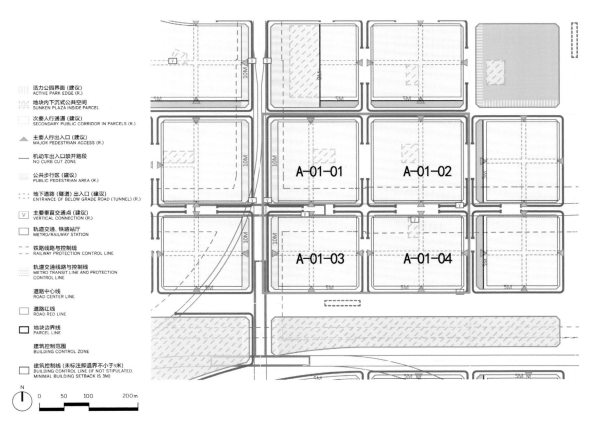

图 1.6.1　综合办公类选址一规划图

表 1.6.1　综合办公类选址一其他控制要求

建筑退让距离（米）	城市干路两侧建筑退道路红线距离不应小于 5 米，城市支路两侧建筑退道路红线距离不应小于 3 米，自道路红线直线段与曲线段切点的连线算起，不应小于 5 米。详见管控图则。地铁控制线内可做一层地下室，地上可布置 24 米以下建筑，且应符合其他控制性要求
街墙控制要求	街墙类型 A、B、C 属于强制性控制要求。其中街墙类型 A 要求街墙高度最低限制在 24 米，立面临街面所占的百分比建议为 80%，活跃功能占首层街墙比例（零售、餐饮等）建议为 60%；街墙类型 B 要求街墙高度最低限制在 20 米，立面临街面所占的百分比建议为 70%，活跃功能占首层街墙比例（零售、餐饮等）建议为 60%。街墙类型 C 要求街墙高度最低限制在 15 米，立面临街面所占的百分比建议为 60%
引导性控制要求	关于主要人行出入口、人行通道、主要高层控制范围、街墙类型 D\E、可变道路红线的内容为引导性控制要求

·选址二：

　　场地范围规划图如图 1.6.2 所示，分为四个地块，用地性质和功能要求略有不同。

　　其中，A-02-01（用地面积 1.3950 公顷、容积率 5.5、限高 100 米）；A-02-02（用地面积 1.1959 公顷、容积率 7.0、限高 130 米）；A-02-03（用地面积 1.4358 公顷、容积率 7.0、限高 130 米）这三个地块用地性质为商业 / 商务办公用地 B1/B2（Ⅱ），主导功能≥ 75%，功能要求企业总部综合办公建筑，可混合商业、公寓等；A-02-04（用地面积 1.4575 公顷、容积率 0.1、限高 24 米）用地性质为城市公园绿地 G1，功能要求包含下沉式公共空间的城市公园。四个地块其他具体控制要求参见表 1.6.2。

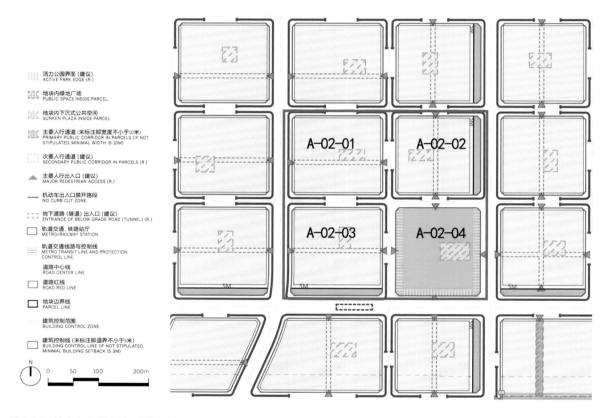

图 1.6.2　综合办公类选址二规划图

表 1.6.2　综合办公类选址二具体控制要求

建筑退让距离（米）	城市干路两侧建筑退道路红线距离不应小于 5 米，城市支路两侧建筑退道路红线距离不应小于 3 米，自道路红线直线段与曲线段切点的连线算起，不应小于 5 米。详见管控图则。地铁控制线内可做一层地下室，地上可布置 24 米以下建筑，且应符合其他控制性要求
街墙控制要求	街墙类型 B、C、D 属于强制性控制要求。其中街墙类型 B 要求街墙高度最低限制在 20 米，立面临街面所占的百分比建议为 70%，活跃功能占首层街墙比例（零售、餐饮等）建议为 60%；街墙类型 C 要求街墙高度最低限制在 15 米，立面临街面所占的百分比建议为 60%。街墙类型 D 要求街墙高度最低限制在 10 米，立面临街面所占的百分比建议为 60%
引导性控制要求	关于主要人行出入口、人行通道、主要高层控制范围、街墙类型 A \E、可变道路红线的内容为引导性控制要求

（2）高等院校与科研类（选址共三处）

• 选址一：

场地范围规划图如图 1.6.3 所示，位于科学园片区东南角，东临中央绿谷、南邻北部溪谷。四个地块用地性质均为高端高新产业与科研用地 A83/B2（Ⅰ），功能要求为高端高新产业与科研建筑（需考虑科学实验室等相关功能空间）。

其中，B-01-01（用地面积 1.4315 公顷、容积率 1.5、室外地坪至屋面面层限高 24 米）；B-01-02（用地面积 2.4382 公顷、容积率 2.0、室外地坪至屋面面层限高 36 米）；B-01-03（用地面积 2.3361 公顷、容积率 2.0、室外地坪至屋面面层限高 36 米）；B-01-04（用地面积 2.3431 公顷、容积率 2.0、室外地坪至屋面面层限高 36 米）。其他控制要求参见表 1.6.3。

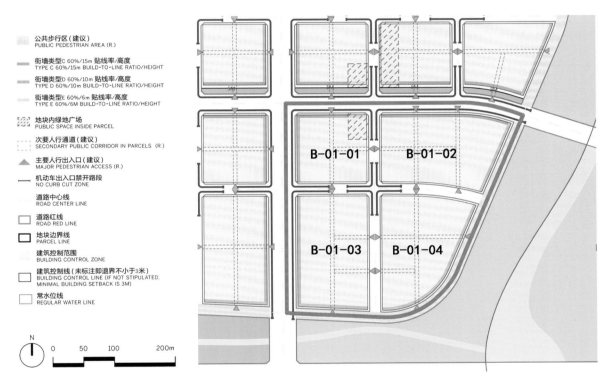

图 1.6.3　高等院校与科研类选址一规划图

表 1.6.3　高等院校与科研类选址一其他控制要求

建筑退让距离（米）	各地块建筑退道路红线距离不应小于 3 米。道路转角周边的建筑物退让道路红线距离，自道路红线直线段与曲线段切点的连线算起，不应小于 3 米。地铁控制线内可做一层地下室，地上可布置 24 米以下建筑，且应符合其他控制性要求
街墙控制要求	街墙类型 C 属于强制性控制要求。街墙类型 C 要求街墙高度最低限制在 15 米，立面临街面所占的百分比建议为 60%，活跃功能占首层街墙比例（零售、餐饮等）建议为 60%；街墙类型 D 要求街墙高度最低限制在 10 米，立面临街面所占的百分比建议为 60%，活跃功能占首层街墙比例（零售、餐饮等）建议为 60%。街墙类型 E 要求街墙高度最低限制在 6 米，立面临街面所占的百分比建议为 60%，活跃功能占首层街墙比例（零售、餐饮等）建议为 60%
引导性控制要求	关于主要人行出入口、人行通道、主要高层控制范围、街墙类型 C\D\E、可变道路红线的内容为引导性控制要求

•选址二：

场地范围规划图如图 1.6.4 所示，四个地块用地性质均为高等教育科研用地 A81，功能要求为综合性大学教育科研建筑。

其中，B-02-01（用地面积 1.4325 公顷、容积率 1.5、限高 24 米）；B-02-02（用地面积 1.5130 公顷、容积率 1.5、限高 24 米）；B-02-03（用地面积 0.9350 公顷、容积率 2.0、限高 24 米）；B-02-04（用地面积 0.9875 公顷、容积率 2.0、限高 24 米）。其他具体控制要求参见表 1.6.4。

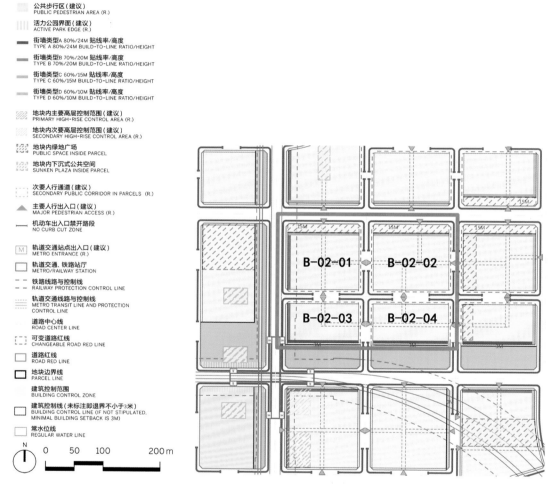

图 1.6.4　高等院校与科研类选址二规划图

表 1.6.4　高等院校与科研类选址二具体控制要求

建筑退让距离（米）	城市干路和城市支路两侧建筑退道路红线距离不应小于 3 米。道路转角周边的建筑物退让道路红线距离，自道路红线直线段与红线直线段的连线算起，不应小于 3 米。地块 B-02-01、B-02-02 北侧退线 15m，详见管控图则。地铁控制线内可做一层地下室，地上可布置 24 米以下建筑，且应符合其他控制性要求
街墙控制要求	街墙类型 A、B、C 属于强制性控制要求。其中街墙类型 A 要求街墙高度最低限制在 25 米，立面临街面所占的百分比建议为 80%，活跃功能占首层街墙比例（零售、餐饮等）建议为 60%；街墙类型 B 要求街墙高度最低限制在 20 米，立面临街面所占的百分比建议为 70%，活跃功能占首层街墙比例（零售、餐饮等）建议为 60%；街墙类型 C 要求街墙高度最低限制在 15 米，立面临街面所占的百分比建议为 60%，活跃功能占首层街墙比例（零售、餐饮等）建议为 60%
引导性控制要求	关于主要人行出入口、人行通道、街墙类型 A\B\D、可变道路红线的内容为引导性控制要求

· 选址三：

场地范围规划图如图 1.6.5 所示，分为四个地块，且用地性质和功能要求两两不同。

其中，B-03-01（用地面积 1.6201 公顷、容积率 3.0、限高 60 米）；B-03-03（用地面积 1.6180 公顷、容积率 3.0、限高 60 米），两个地块的用地性质为高端高新产业与科研综合用地 A83/B2 (III)，功能要求为高端高新产业与科研综合建筑，主导功能≥50%，可混合商业、公寓等功能。B-03-02（用地面积 1.4704公顷、容积率 2.0、限高 45 米）；B-03-04（用地面积 2.0055 公顷、容积率 2.0、限高 45 米），两个地块用地性质为高端高新产业与科研用地 A83/B2 (I)，功能要求为高端高新产业与科研建筑。四个地块其他具体控制要求参见表 1.6.5。

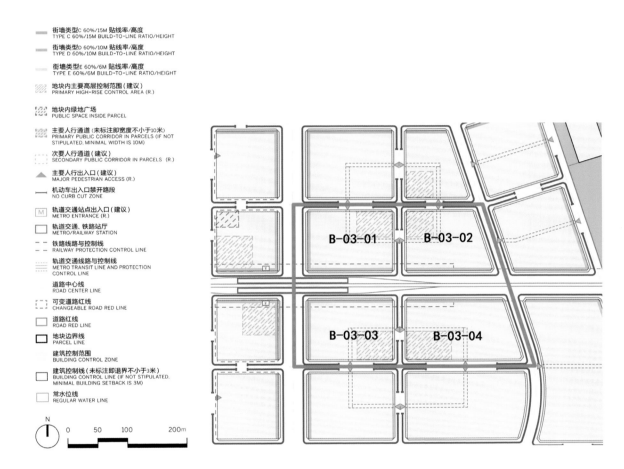

图 1.6.5　高等院校与科研类选址三规划图

表 1.6.5　高等院校与科研类选址三具体控制要求

建筑退让距离（米）	城市干路和城市支路两侧建筑退道路红线距离不应小于 5 米。道路转角周边的建筑物退让道路红线距离，自道路红线直线段与曲线段切点的连线算起，不应小于 5 米。地铁控制线内可做一层地下室，地上可布置 24 米以下建筑，且应符合其他控制性要求
街墙控制要求	街墙类型 C 属于强制性控制要求。街墙类型 C 要求街墙高度最低限制在 15 米，立面临街面所占的百分比建议为 60%
引导性控制要求	关于主要人行出入口、人行通道、主要高层控制范围、街墙类型 C、单元型公交换乘中心、可变道路红线的内容为引导性控制要求

（3）商业服务类（选址共两处）

• 选址一：

场地范围规划图如图 1.6.6 所示 , 分为四个地块，且用地性质和功能要求两两不同。

其中，C-01-01（用地面积 1.9927 公顷、容积率 4.0、限高 100 米）；C-01-03（用地面积 1.5893 公顷、容积率 4.0、限高 80 米），两个地块的用地性质为商业 / 商务办公用地 B1/B2 (I)，功能要求为商业服务建筑。C-01-02（用地面积 0.5066 公顷、容积率 2.5、限高 36 米）；C-01-04（用地面积 0.5052 公顷、容积率 2.5、限高 36 米），两个地块用地性质为商业 / 商务办公综合用地 B1/B2（Ⅲ），功能要求为商业服务建筑，主导功能≥ 50%，可混合酒店、办公、公寓等功能。四个地块其他具体控制要求参见表 1.6.6。

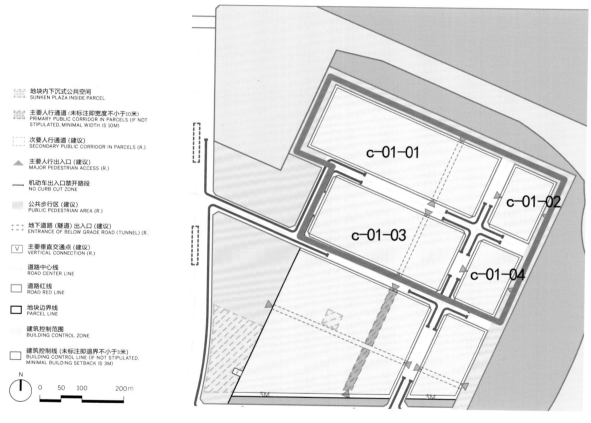

图 1.6.6　商业服务类选址一规划图

表 1.6.6　商业服务类选址一具体控制要求

建筑退让距离（米）	城市干路和城市支路两侧建筑退道路红线距离不应小于 5 米。道路转角周边的建筑物退让道路红线距离，自道路红线直线段与曲线段切点的连线算起，不应小于 5 米。地铁控制线内可做一层地下室，地上可布置 24 米以下建筑，且应符合其他控制性要求
街墙控制要求	街墙类型 A、E 属于强制性控制要求。其中街墙类型 A 要求街墙高度最低限制在 24 米，立面临街面所占的百分比建议为 80%，活跃功能占首层街墙比例（零售、餐饮等）建议为 60%；街墙类型 E 要求街墙高度最低限制在 6 米，立面临街面所占的百分比建议为 60%
引导性控制要求	关于主要人行出入口、人行通道、主要高层控制范围、街墙类型 B/C/D、可变道路红线的内容为引导性控制要求

• 选址二：

场地范围规划图如图 1.6.7 所示，分为四个地块，用地性质均为商业 / 商务办公用地 B1/B2 (I)，功能要求为商业服务建筑。

其中，C-02-01（用地面积 1.7668 公顷）；C-02-02（用地面积 1.8387 公顷）；C-02-03（用地面积 2.0315 公顷）；C-02-04（用地面积 2.1138 公顷）四个地块的容积率均为 3.0、均限高 60 米。其他具体控制要求参见表 1.6.7。

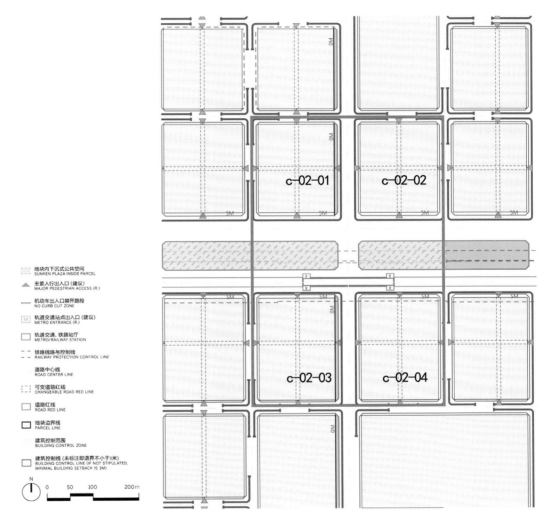

图 1.6.7 商业服务类选址二规划图

表 1.6.7 商业服务类选址二具体控制要求

建筑退让距离（米）	城市干路和城市支路两侧建筑退道路红线距离不应小于 5 米。道路转角周边的建筑物退让道路红线距离，自道路红线直线段与曲线段切点的连线算起，不应小于 5 米。地铁控制线内可做一层地下室，地上可布置 24 米以下建筑，且应符合其他控制性要求
街墙控制要求	街墙类型 B、D 属于强制性控制要求。其中，街墙类型 B 要求街墙高度最低限制在 20 米，立面临街面所占的百分比建议为 70%，活跃功能占首层街墙比例 (零售、餐饮等) 建议为 60%；街墙类型 D 要求街墙高度最低限制在 10 米，里面临街所占的百分比建议为 60%
引导性控制要求	关于主要人行出入口、人行通道、主要高层控制范围、街墙类型 C\D\E、可变道路红线的内容为引导性控制要求

（4）居住及社区配套类（选址共三处）

•选址一：

场地范围规划图如图 1.6.8 所示，分为五个地块，用地性质均为住宅用地 R (I)，均为居住及配套建筑，但具体功能要求略有不同。

其中，D-01-01（用地面积 1.1540 公顷、容积率 1.5）；D-01-02（用地面积 2.5484 公顷、容积率 1.8）；D-01-03（用地面积 1.5190 公顷、容积率 1.5）；D-01-04（用地面积 1.2832 公顷、容积率 1.8），四个地块的居住及配套建筑配套限高 40 米，配套不大于总建筑面积 10%。D-01-05（用地面积 1.5444 公顷、容积率 1.8）这一地块的居住及配套建筑配套限高 45 米，内含一个 12 班幼儿园（独立占地，0.7 公顷）。五个地块其他具体控制要求参见表 1.6.8。

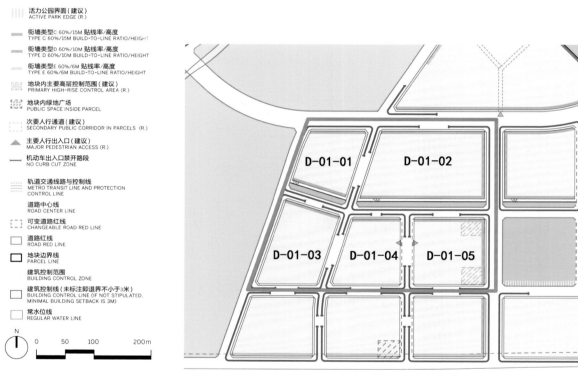

图 1.6.8　居住及社区配套类选址一规划图

表 1.6.8　居住及社区配套类选址一具体控制要求

建筑退让距离（米）	城市干路和城市支路两侧建筑退道路红线距离不应小于 3 米。D-01-02 地块与 D-01-04 地块南侧退绿线不应小于 5 米。道路转角周边的建筑物退让道路红线距离，自道路红线直线段与曲线段切点的连线算起，不应小于 5 米。地铁控制线内可做一层地下室，地上可布置 24 米以下建筑，且应符合其他控制性要求
街墙控制要求	街墙类型 D 属于强制性控制要求。街墙类型 D 要求街墙高度最低限制在 10 米，立面临街面所占的百分比建议为 60%，活跃功能占首层街墙比例（零售、餐饮等）建议为 60%
引导性控制要求	关于主要人行出入口、人行通道、主要高层控制范围、街墙类型 C\D\E、可变道路红线的内容为引导性控制要求

• 选址二：

场地范围规划图如图 1.6.9 所示，分为四个地块，用地性质和功能要求各有不同。

其中，D-02-01（用地面积 1.3075 公顷、容积率 2.1、限高 45 米），用地性质为住宅综合用地 R1 (II)，功能要求为居住及配套综合建筑，主导功能≥ 75%，可混合商业、办公、公寓等功能。 D-02-02（用地面积 1.3285 公顷、容积率 2.2、限高 45 米），用地性质为住宅用地 R1 (III)，功能要求为居住及配套综合建筑，主导功能≥ 50%，可混合商业、办公、公寓等功能。 D-02-03（用地面积 1.4138 公顷、容积率 1.8、限高 40 米），用地性质为住宅综合用地 R1 (I)，功能要求为居住及配套建筑（配套不大于总建筑面积 10%）。 D-02-04（用地面积 1.4174 公顷、容积率 2.2、限高 45 米），用地性质为住宅综合用地 R1 (III)，功能要求为居住及配套综合建筑，主导功能≥ 50%，可混合商业、办公、公寓等功能。四个地块其他具体控制要求参见表 1.6.9。

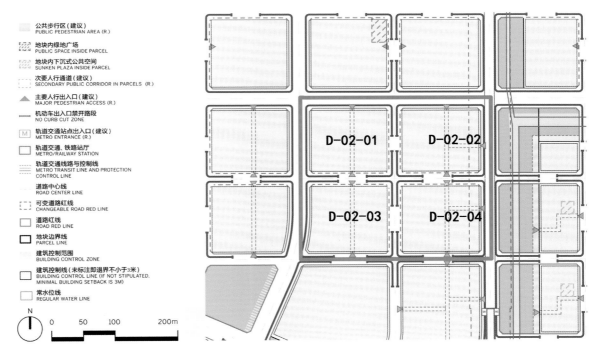

图 1.6.9 居住及社区配套类选址二规划图

表 1.6.9 居住及社区配套类选址二具体控制要求

建筑退让距离（米）	城市干路和城市支路两侧建筑退道路红线距离不应小于 5 米。道路转角周边的建筑物退让道路红线距离，自道路红线直段段与曲线段切点的连线算起，不应小于 5 米。地铁控制线内可做一层地下室，地上可布置 24 米以下建筑，且应符合其他控制性要求
街墙控制要求	街墙类型 D 属于强制性控制要求。其中街墙类型 D 要求街墙高度最低限制在 10 米，立面临街面所占的百分比建议为 60%，活跃功能占首层街墙比例 (零售、餐饮等) 建议为 60%
引导性控制要求	关于主要人行出入口、人行通道、主要高层控制范围、街墙类型 C\D\E、可变道路红线的内容为引导性控制要求

•选址三：

场地范围规划图如图 1.6.10 所示，分为四个地块，用地性质均为住宅综合用地 R1（Ⅲ），功能要求为居住及配套综合建筑，主导功能 ≥ 50%，可混合商业、办公、公寓等功能。

其中，D-03-01（用地面积 1.4090 公顷、容积率 2.1）；D-03-02（用地面积 1.8513 公顷、容积率 2.5）；D-03-03（用地面积 1.4480 公顷、容积率 2.1）；D-03-04（用地面积 2.1555 公顷、容积率 1.8）。四个地块限高均为 45 米，其他具体控制要求参见表 1.6.10。

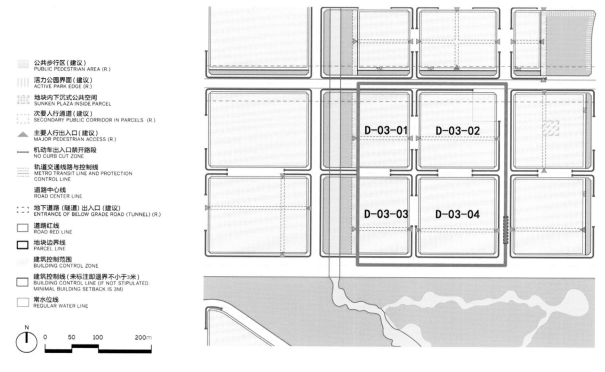

图 1.6.10　居住及社区配套类选址三规划图

表 1.6.10　居住及社区配套类选址三具体控制要求

建筑退让距离（米）	城市干路和城市支路两侧建筑退道路红线距离不应小于 5 米。道路转角周边的建筑物退让道路红线距离，自道路红线直线段与曲线段切点的连线算起，不应小于 5 米。地块 D-03-01、D-03-03 西侧退线 10m，详见管控图则。地铁控制线内可做一层地下室，地上可布置 24 米以下建筑，且应符合其他控制性要求
街墙控制要求	街墙类型 B、C、D 属于强制性控制要求。其中街墙类型 B 要求街墙高度最低限制在 20 米，立面临街面所占的百分比建议为 70%，活跃功能占首层街墙比例（零售、餐饮等）建议为 60%；街墙类型 C 要求街墙高度最低限制在 15 米，立面临街面所占的百分比建议为 60%；街墙类型 D 要求街墙高度最低限制在 10 米，立面临街面所占的百分比建议为 60%
引导性控制要求	关于主要人行出入口、人行通道、主要高层控制范围、街墙类型 A\E、可变道路红线的内容为引导性控制要求

（5）城市公共管理与服务类（选址共三处）

• 选址一:

场地范围规划图如图 1.6.11 所示 , 分为两个地块，用地性质均为医疗卫生用地 A5，功能要求为综合医院。

其中, E-01-01（用地面积 2.0189 公顷）, E-01-02（用地面积 2.2990 公顷）, 两个地块的容积率均为 2.1, 均限高 45 米。其他具体控制要求参见表 1.6.11。

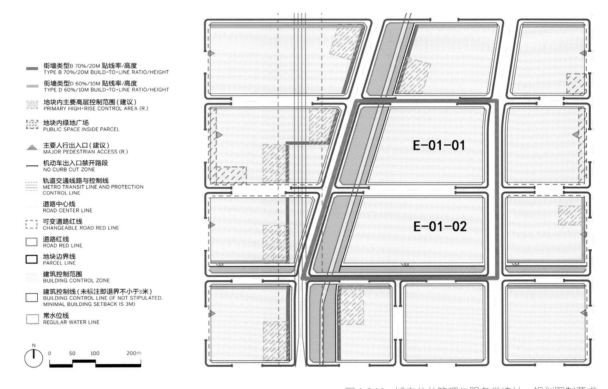

图 1.6.11　城市公共管理与服务类选址一规划图制要求

表 1.6.11　城市公共管理与服务类选址一具体控制要求

建筑退让距离（米）	南侧退绿化带 5 米，西侧退城市绿化 3 米，东侧北侧退城市道路 3 米，详见管控图则。地铁控制线内可做一层地下室，地上可布置 24 米以下建筑，且应符合其他控制性要求
引导性控制要求	关于主要人行出入口、人行通道、主要高层控制范围、街墙类型 C\D\E、可变道路红线的内容为引导性控制要求

• 选址二：

场地范围规划图如图 1.6.12 所示，包含一个地块，用地性质为基础教育用地 A3，功能要求为 36 班初中。

其中，E-02-01（用地面积 4.2997 公顷、容积率 0.7、限高 24 米）这一地块具体控制要求参见表 1.6.12。

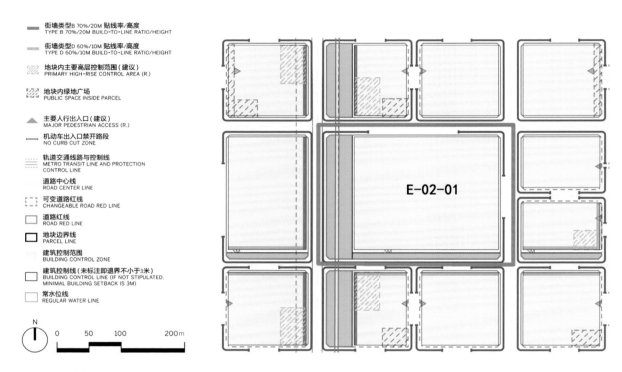

图 1.6.12　城市公共管理与服务类选址二规划图

表 1.6.12　城市公共管理与服务类选址二具体控制要求

建筑退让距离（米）	南侧退绿化带 5 米，西侧退城市绿化 3 米，东侧北侧退城市道路 3 米，详见管控图则。地铁控制线内可做一层地下室，地上可布置 24 米以下建筑，且应符合其他控制性要求
引导性控制要求	关于主要人行出入口、人行通道、主要高层控制范围、街墙类型 C\D\E、可变道路红线的内容为引导性控制要求

• 选址三：

场地范围规划图如图 1.6.13 所示，两个地块用地性质均为居住配套设施用地 R9，功能要求为社区中心。

其中，E-03-01（用地面积 1.5469 公顷），E-03-02（用地面积 1.0357 公顷）两个地块的容积率均为 2.1、限高 45 米。具体控制要求参见表 1.6.13。

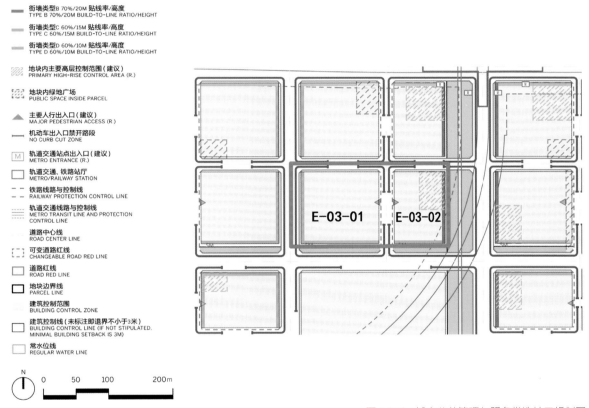

图 1.6.13 城市公共管理与服务类选址三规划图

表 1.6.13 城市公共管理与服务类选址三具体控制要求

建筑退让距离（米）	城市干路和城市支路两侧建筑退道路红线距离不应小于 3 米。E-03-01、E-03-02 地块东侧退绿线不应小于 3 米，南侧退绿线不应小于 5 米。道路转角周边的建筑物退让道路红线距离，自道路红线直线段与曲线段切点的连线算起，不应小于 5 米。地铁控制线内可做一层地下室，地上可布置 24 米以下建筑，且应符合其他控制性要求
街墙控制要求	街墙类型 B、D 属于强制性控制要求。其中街墙类型 B 要求街墙高度最低限制在 20 米，立面临街面所占的百分比建议为 70%，活跃功能占首层街墙比例（零售、餐饮等）建议为 60%；街墙类型 D 要求街墙高度最低限制在 10 米，立面临街面所占的百分比建议为 60%，活跃功能占首层街墙比例（零售、餐饮等）建议为 60%
引导性控制要求	关于主要人行出入口、人行通道、主要高层控制范围、街墙类型 B\D、可变道路红线的内容为引导性控制要求

（6）市政配套类（选址共两处）

• 选址一：

场地范围规划图如图 1.6.14 所示，包含一个地块，用地性质为公共设施用地 U，功能要求为特勤消防站。

其中，F-01-01（用地面积 2.461 公顷、容积率 1.0、限高 24 米）这一地块具体控制要求参见表 1.6.14。

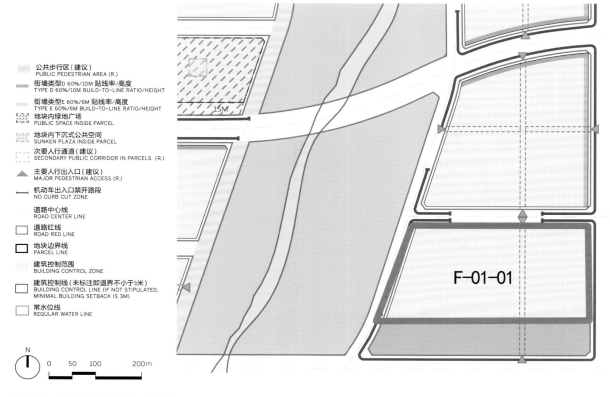

图 1.6.14　市政配套类选址一规划图

表 1.6.14　市政配套类选址一具体控制要求

建筑退让距离（米）	城市干路和城市支路两侧建筑退道路红线距离不应小于 3 米。道路转角周边的建筑物退让道路红线距离，自道路红线直线段与曲线段切点的连线算起，不应小于 3 米。地铁控制线内可做一层地下室，地上可布置 24 米以下建筑，且应符合其他控制性要求
街墙控制要求	无街墙控制要求
引导性控制要求	关于主要人行出入口、人行通道为引导性控制要求

•选址二：

场地范围规划图如图 1.6.15 所示，包含一个地块，用地性质为公共设施用地 U，功能要求为生活垃圾收运站。

其中，F-02-01（用地面积 0.5 公顷、容积率 1.0、限高 24 米）这一地块具体控制要求参见表 1.6.15。

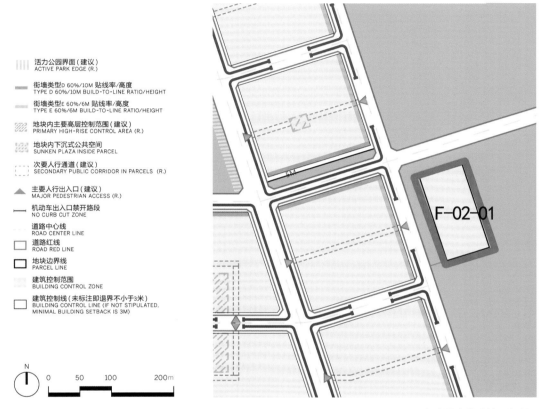

图 1.6.15　市政配套类选址二规划图

表 1.6.15　市政配套类选址二具体控制要求

建筑退让距离（米）	城市干路和城市支路两侧建筑退道路红线距离不应小于 5 米。道路转角周边的建筑物退让道路红线距离，自道路红线直线段与曲线段切点的连线算起，不应小于 5 米。地铁控制线内可做一层地下室，地上可布置 24 米以下建筑，且应符合其他控制性要求。

第 2 章

雄安特色建筑竞赛历程

　　按照高起点规划、高标准建设雄安新区的总体要求，坚持"世界眼光、国际标准、中国特色、高点定位"，中国建筑学会、中国建设科技集团股份有限公司等组织承办方于 2020 年 1 月 17 日正式启动新时代"高质量发展背景下中国特色的雄安建筑设计竞赛"。受新冠肺炎疫情影响，竞赛于 2020 年 7 月 28 日完成现场终评工作，并公布竞赛结果。

　　本章即是对本次竞赛的全面回顾，包括作品征集、网络初评、深化作品提交、终期评审及竞赛成果展示五个阶段。在充分尊重公众对竞赛的知情权、参与权的同时，组织承办方以此为契机使公众加深了对雄安建筑设计竞赛的了解。根据本次大赛的奖项设置规则，公众组和专业组奖项均依据城市公共管理与服务类、高等院校与科研类、居住及社区配套类、商业服务类、市政配套类、综合办公类 6 种类型来设置一、二、三等奖和入围奖。

2.1 作品征集

2020 年 1 月 17 日 00:00，竞赛官方网站正式开启报名入口。受新冠肺炎疫情影响，原定于 2020 年 2 月 26 日的申报截止时间，后延至 3 月 23 日。2020 年 3 月 23 日 24:00，报名入口关闭，作品征集工作结束。

经统计，2 个月间，竞赛组委会共计收到来自国内外 300 余个单位及团队（个人）的 700 个参评作品（公众组 317 个，专业组 383 个）。

其中，城市公共管理与服务类总计 111 个作品（公众组 61 个、专业组 50 个），高等院校及科研类总计 125 个作品（公众组 42 个，专业组 83 个），居住及社区配套类总计 120 个作品（公众组 60 个，专业组 60 个），商业服务类总计 112 个作品（公众组 56 个，专业组 56 个），市政配套类总计 121 个作品（公众组 48 个，专业组 73 个），综合办公类总计 111 个作品（公众组 50 个，专业组 61 个）。

2.2 网络初评

本次竞赛坚持"世界眼光、国际标准、中国特色、高点定位"的理念，按照"开门设计、众创众规、集思广益、广泛参与"的原则开展评审工作。

按照竞赛初评评审工作要求，初评评审专家总计 30 人，按 6 种建筑类型分为 6 组，每组 5 人，组长由梅洪元、邵韦平、李兴钢等全国工程勘察设计大师担任，组员由全国各大建筑设计院及知名高校的总建筑师、建筑学院院长组成。根据评审规则要求，每组专家着重从作品设计的总体风貌、设计理念、设计原则三方面进行综合考量，依据作品设计说明及设计概念图纸分别评审指定建筑类型的公众组、专业组中的所有作品。

1. 网络初评过程

网络初评过程中，针对指定评审类型的所有作品，该组每位专家分别评审公众组及专业组中的所有参评作品，分别从各组中推荐出 11 个入围建筑方案（推荐入围作品获 1 分，不推荐获 0 分）；该组每个作品根据 5 个专家的评分总票数由高到低进行排序，前 11 个建筑方案成为初评入围作品。

对于末位排序中出现的平票作品，会就所有平票作品开启一轮至多轮复投，直至本组总票数排名前 11 的作品无须再复投为止。

最终，网络初评阶段共选出专业组和公众组中的总计 132 个作品（公众组和专业组每组 6 个类型，每个类型 11 个作品）进入作品深化阶段。

2. 入围作品情况及后续深化指导

入围作品整体呈现出注重对中国特色建筑概念的积极探索、设计手法的勇于创新、设计表达的特色多样等整体特征。但部分作品也存在诸如对中国特色内涵挖掘不够、设计深度不足、方案实际可操作性不强等问题。

因此，为保证最终竞赛作品整体呈现较高的设计质量，符合新区规划理念和标准要求，竞赛承办方组织网络初评专家评议会议。结合各入围作品方案设计以及任务书要求，明确入围作品方案深化建议，并一对一通知入围作品参赛者，以进一步引导入围设计单位和个人积极探索新时代高质量背景下具有"中国特色"建筑的设计风貌和方向，形成对新区具有借鉴意义的高质量设计样板和案例。

综合办公类深化指导建议：根据各自的概念方向，深入研究使用功能、场所环境和城市背景，探索面向未来的办公建筑新模式和建造策略，坚持"适用、经济、绿色、美观"的整体原则，充分体现高质量发展背景下中国特色的雄安建筑设计理想。

城市公共管理与服务类深化指导建议：强化对建筑空间、功能和形态逻辑性的研究和表达，从城市设计的角度充分考虑并妥善处理建筑与周边区域的关系，结合室内外空间和当地气候特色对街坊空间布局予以优化；思考并落实空间生长、功能复合、平灾转换在城市公共服务设施中的体现；注重对地下空间的立体化探讨与利用。

高等院校及科研类深化指导建议：充分考虑雄安新区启动区的规划背景、地域特征，调整方案的规划布局与形态构成，提出更具针对性与可操作性的绿色生态设计策略，确保建筑功能空间更具适应性、落地性；优化交通体系，合理组织人行交通与车行交通；加强对地下空间综合利用的相关设计内容，尤其是对地上地下空间协同开发的研究。

居住及市政配套类深化指导建议：注重在方案设计中突出建筑文化风貌、淀泊风光的表达，以及新技术、新材料的运用；通过对未来生活模式的分析研究，在方案深化设计中大胆探索新的居住建筑规划设计模式和建筑形式语言在传承中的创新、创造。

商业服务类深化指导建议：完善对局部空间营造及局部立面造型的设计；在优化空间、造型品质的同时充分关注方案的整体协调性；适度加入与方案概念相关联的材料构造、绿建技术等方面的思考；充分研究方案的交通组织、结构技术等问题，并注意消防等相关城市规划管理规定。

市政配套类深化指导建议：紧扣高质量、精细化条件下的中国特色这一主题，注意建筑的形体与地形的适应；深入研究工艺流程和空间组织，注重方案的落地性及可实施性，以及建筑的经济性及合理性，材料色彩的应用应与建筑的特色和环境相一致；在场地总体方面进一步与城市环境融合，加强建筑与场地的契合度。

2.3 深化作品提交

根据竞赛日程安排，有序推进后续入围方案的深化工作。

2020 年 5 月 20 日 00:00，竞赛网站开启入围作品深化设计方案提交入口。2020 年 6 月 1 日 00:00，作品提交入口关闭，深化设计作品收集结束。

经统计，最终完成并提交的设计成果总计 131 个，其中公众组 66 个，专业组 65 个（1 个作品弃权）。

其中，综合办公类总计 22 个作品（公众组 11 个、专业组 11 个），高等院校及科研类总计 22 个作品（公众组 11 个、专业组 11 个），商业服务类总计 21 个作品（公众组 11 个、专业组 10 个），居住及社区配套类总计 22 个作品（公众组 11 个、专业组 11 个），城市公共管理与服务类总计 22 个作品（公众组 11 个、专业组 11 个），市政配套类总计 22 个作品（公众组 11 个、专业组 11 个）。

2.4 终期评审

根据竞赛日程安排，原计划于 2020 年 6 月 17 日进行的作品图纸展板的现场终期评审，因疫情被迫推迟，待疫情平稳后，于 7 月 28 日组织专家进行了现场终期评审工作。

为保证最终竞赛作品整体呈现较高的设计质量，秉承公平、公正的原则，减少人群聚集，终评邀请了宋春华会长、崔愷院士及担任初评专家组组长的全国工程勘察设计大师等共 10 人组成终期评审组，于北京进行现场终期评审，最终评出专业组、公众组 6 个建筑类型的一、二、三等奖及入围奖。

每个建筑类型设 11 个奖项（其中一等奖 1 项、二等奖 2 项、三等奖 3 项、入围奖 5 项），专业组和公众组 6 个建筑类型共计 131 个奖项（专业组 1 个作品弃权）。

1. 终期评审过程

终期评审分 2 轮。

第一轮评审中，10 位评委分成 2 组，各组负责 3 个建筑类型的专业组和公众组的评审，从每类每组 11 个作品中选出推荐晋级一、二、三等奖的 6 个作品。

每个作品根据 5 位评委的评分总票数由高到低进行排序，每类每组遴选出前 6 个作品。对于末位排序中出现的平票作品，由评审主席组织评委进行现场讨论，确定末位排序。

第二轮评审中，10 位评委对每类每组晋级的 6 个作品进行评审。各组作品以排序的方式进行评比，排序第一为 1 分、第二为 2 分，以此类推，由 10 位评委分别对所有晋级作品打分。最后，按得分由低至高选出了一、二、三等奖。

对于分数相同的作品，由评审主席组织评委进行现场讨论，最终评出全部奖项。

2. 获奖作品情况

根据专家评议意见，本次竞赛获奖作品达到较高水平，总体呈现出注重中国特色建筑概念的积极探索、设计手法勇于创新、设计表达特色多样的整体特征，符合本次大赛的设立初衷，达到了本次大赛的整体目标，并为后续雄安新区下一步规划建设工作提供了优秀设计案例。

2.5 竞赛成果展

为高标准、高质量推进雄安新区建设，充分尊重公众对新区规划建设的知情权、参与权，进一步协助对中国特色雄安建筑设计理念的提炼及思想成果总结，中共河北雄安新区工作委员会、河北雄安新区管理委员会组织举办"高质量发展背景下中国特色的雄安建筑设计竞赛成果展"，对建筑设计竞赛成果进行展示。

展示期间，通过展出专业组获奖作品模型及设计方案、公众组设计方案图，邀请全国各地的规划、建筑设计师等前来参观和讨论，交流设计心得，以便于后续总结提炼中国特色建筑设计思想。同时借助此次展览，努力宣传具有中国特色的优秀建筑设计作品，为塑造雄安新区中华风范、淀泊风光、创新风尚的城市风貌和融于自然、端正大气的整体景观特色做出积极贡献，助力雄安新区打造经得起历史和人民检验的高水平作品，更好地推动将雄安新区建设成为高水平社会主义现代化城市的工作，成为推动高质量发展的全国样板。

第 3 章

雄安特色建筑竞赛获奖作品汇编

根据《河北雄安新区规划纲要》《河北雄安新区总体规划（2018—2035 年）》的相关要求，本次大赛坚持"世界眼光、国际标准、中国特色、高点定位"的理念，围绕"中西合璧、以中为主、古今交融"的建筑风貌要求，按照"开门设计、众创众规、集思广益、广泛参与"的原则，吸引了国内外知名设计团队和机构前来应征，提交了一批达到较高水平、积极探索我国建筑特色且富于创新的设计作品，符合本次大赛的设立初衷，达到了本次大赛的整体预期目标。

本章即是对这批获奖作品深化设计方案的归纳汇编。我们选取了公众组和专业组 6 个建筑类型的一、二、三等奖作品，展现其对中国特色建筑概念的主动探索与生动实践，旨在博采众长，为雄安新区后续规划建设工作提供优秀设计案例，同时作为雄安新区建设领域的学术研究成果和方案积累，形成新区建筑创作库。

综合办公类

垂直社区 多彩城市

参赛团队： 中国建筑设计研究院有限公司

主创人员： 于海为

团队成员： 魏亚文、陈祥飞

设计说明:

雄安 - 基于地下功能开发的未来城市。

雄安作为代表未来中国城市建设标杆的未来之城,结合其地理地势特点,开发地下空间是雄安整体城市规划设计的重要因素。通过对前期资料的梳理,我们认为雄安应充分利用轨道交通,地下环路等便利条件,结合下沉庭院的重点设计,合理引导人流,形成活力,便利,丰富的商业办公垂直体系。

雄安 - 挖掘中国建筑传统并现代化表达的未来城市。

雄安设计应体现现代化的中国建筑特色,因此如何将中式建筑的意蕴进行现代化转译是我们的设计思考重点。

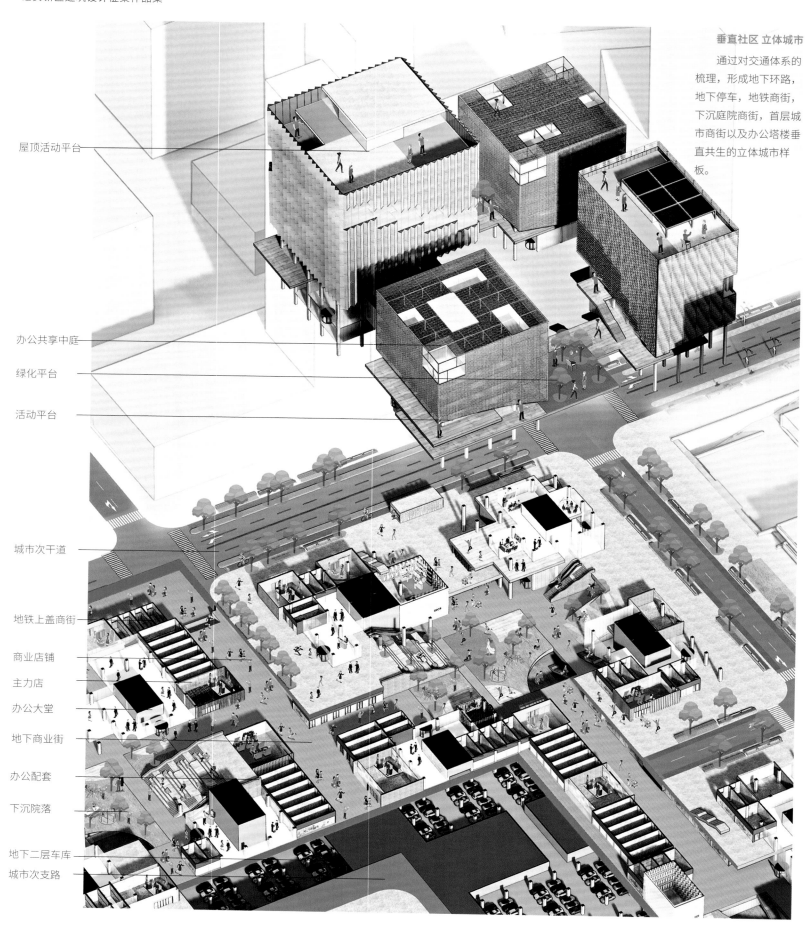

垂直社区 立体城市
通过对交通体系的
梳理，形成地下环路，
地下停车，地铁商街，
下沉庭院商街，首层城
市商街以及办公塔楼垂
直共生的立体城市样
板。

屋顶活动平台

办公共享中庭

绿化平台

活动平台

城市次干道

地铁上盖商街

商业店铺

主力店

办公大堂

地下商业街

办公配套

下沉院落

地下二层车库

城市次支路

垂直社区 内生院落

在设计中，我们最大限度利用下沉庭院，将地下一层视为首层，打造承载城市生活的内部庭院，成为每个地块藏风聚气的活力场所。

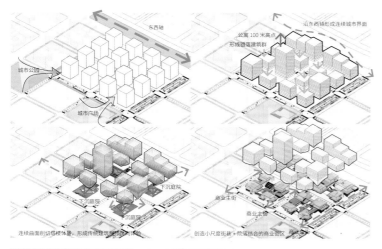

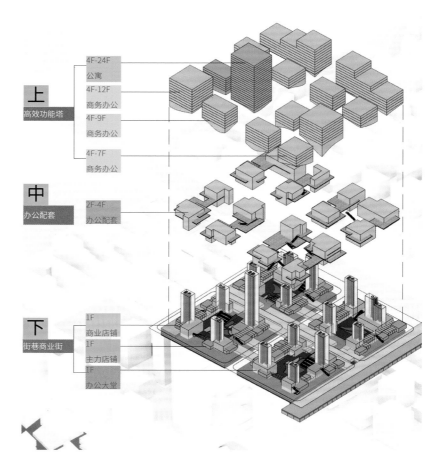

中式传统屋檐要素提取

中式传统建筑的檐下空间

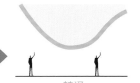

转译
做为负形的檐下公共空间

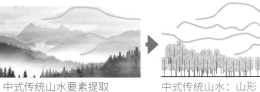

中式传统山水要素提取

中式传统山水：山形＋树形

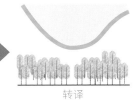

转译
山为顶树为院的院落空间

垂直社区 檐下山水

转译传统中式建筑最具特征的屋顶曲线与中国山水意境中山形与树形的关系，我们得到了城市的第六立面，像是檐下空间一样的曲面塔楼底部统领了城市的立面语言，也塑造了内部下沉庭院的使用方式与视觉体验，结合内院形成由中国意蕴的现代檐下山水空间。

方城·方院——院子里的中国故事

二等奖

参赛团队： 中国建筑西北设计研究院有限公司
主创人员： 王维
团队成员： 米家锐、贾晨茜、马列、户遥、樊舒纬

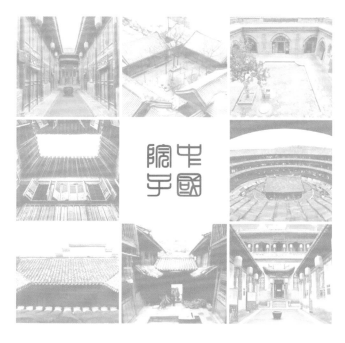

设计说明：

　　"院子"是中国传统建筑的核心空间，也是中国传统城市的基本肌理，无论是最大的院子——600 历史的故宫，还是最小的院子——北京四合院、晋陕民居、陕北窑洞、河南地坑窑、江南民居的天井、云南民居一颗印，甚至是福建土楼，都是建立在院子的肌理之上的。院子不仅传递着中国人民上下几千年的营城智慧，更代表着中国人在院子里共同生活的哲学理念。本方案以"院子"这一基因作为出发点，从最小到最大，从地上到空中，从具象到抽象，用现代的建筑语汇将传统的院子文化融入到雄安的城市设计之中。如果说"院子"中国传统城市的细胞，那么"街巷"便是让整个城市有机运作的血脉，本方案将街巷空间有机地融入四个地块底层的城市空间中，形成了尺度适宜的城市开放街区，街道空间节奏变化有序，移步易景，富有趣味性，营造了一条空中方城之下的充满活力的街道空间。

淀上城

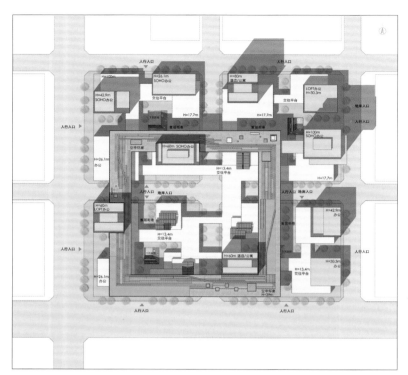

空间环廊

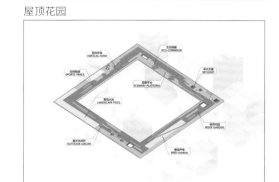

屋顶花园

城中院

街巷——肌理　　　　　　　　　街巷——功能　　　　　　　　交往平台——肌理　　　　　　　交往平台——功能

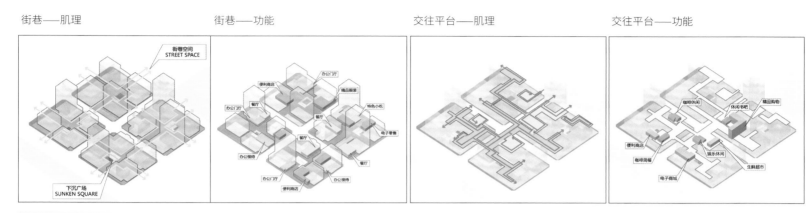

街巷空间： 首层的街巷空间与城市空间接驳，采用非闭合式的街区布局，合理安排场地，塑造高品质的城市公共空间。首层的下沉广场不仅增强空间的层次性，更激活了地下空间。

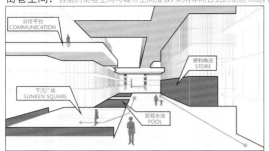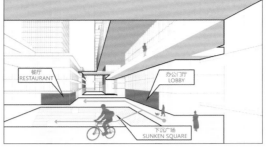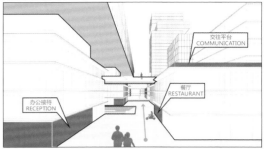

交往平台： 三、四层建筑的屋面通过连桥与垂直交通形成一个连续的交往平台，形成丰富而有趣味性的公共活动空间。

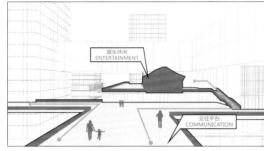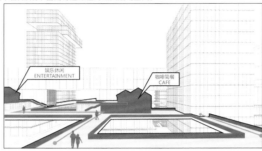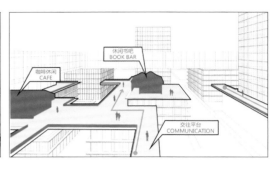

空中环廊： 空中环廊设置了丰富、多层次的活动交往空间，回字型的形态让空中环廊与周边办公建筑之间有效地串联起来。

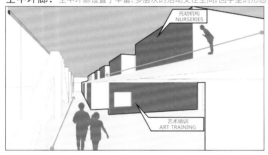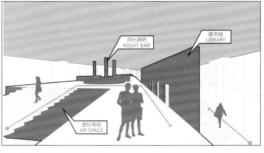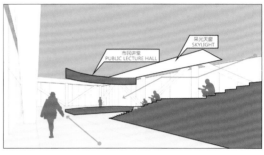

屋顶花园： 环状的屋顶花园设置了景观水池与芦苇荡，与周边自然景观相契合，阳光农场与生态绿廊丰富了市民的活动空间，采光天窗为下部的空中环廊提供了良好的自然采光。

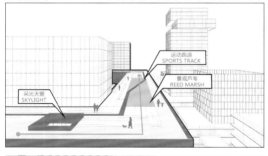

不同时段生活场景遐想

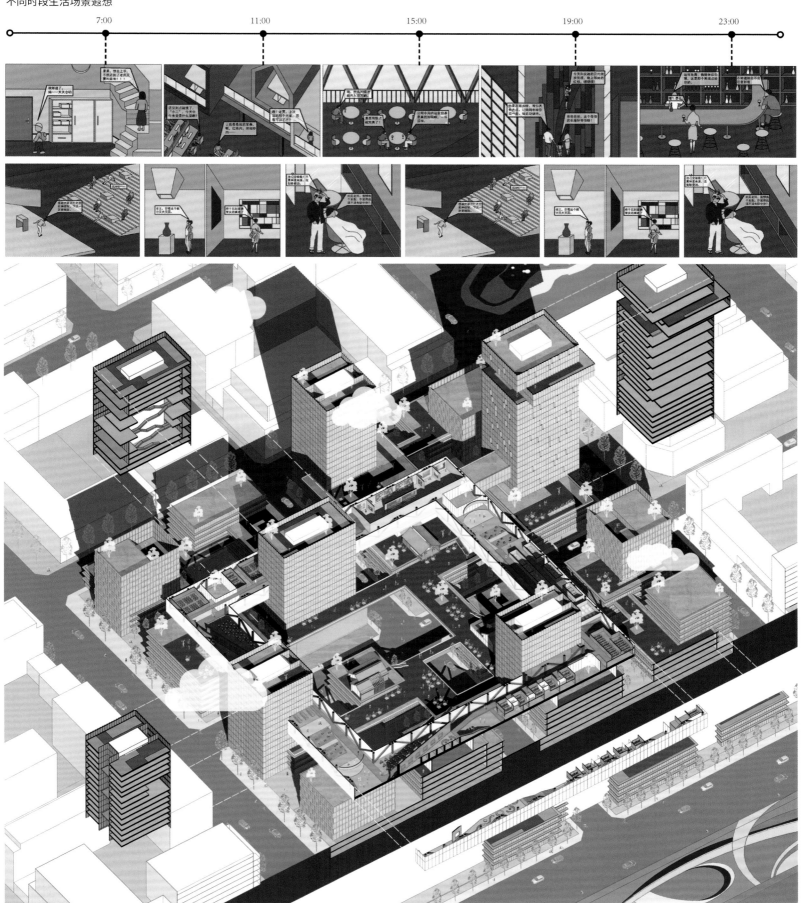

立体园林·城市芯片

参赛团队： 山东华科规划建筑设计有限公司
主创人员： 张立建、赵德明、张辉、石壮
团队成员： 林珊珊、赵辉、刘海龙、金元、杨冰、裴福新

二等奖

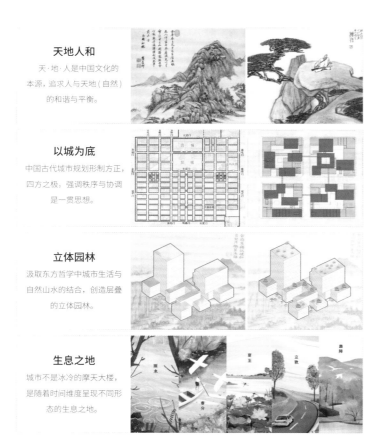

天地人和

天·地·人是中国文化的
本源，追求人与天地（自然）
的和谐与平衡。

以城为底

中国古代城市规划形制方正，
四方之极，强调秩序与协调
是一贯思想。

立体园林

汲取东方哲学中城市生活与
自然山水的结合，创造层叠
的立体园林。

生息之地

城市不是冰冷的摩天大楼，
是随着时间维度呈现不同形
态的生息之地。

设计概念

立体园林：意——文化意向

园林是中国传统文化意向，是由传统城市建筑文化意向的精华组成——"不到园林，怎知春色如许"；

园林是中国人自然观的具体意象，反映天地人三者间和谐统一的关系；

园林是中国人的一种生活方式，物质空间需求和精神需求的统一载体；

园林是我们塑造中国新的建筑文化的重要源头和实现途径。

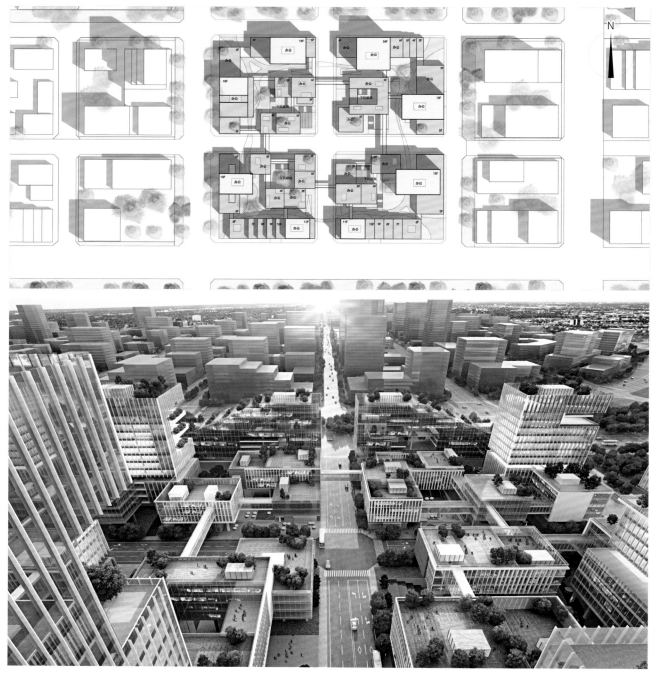

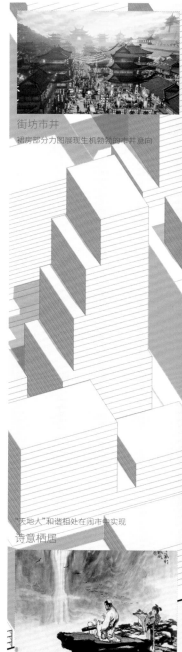

街坊市井

裙房部分力图展现生机勃勃的市井意向

"天地人"和谐相处在闹市中实现

诗意栖居

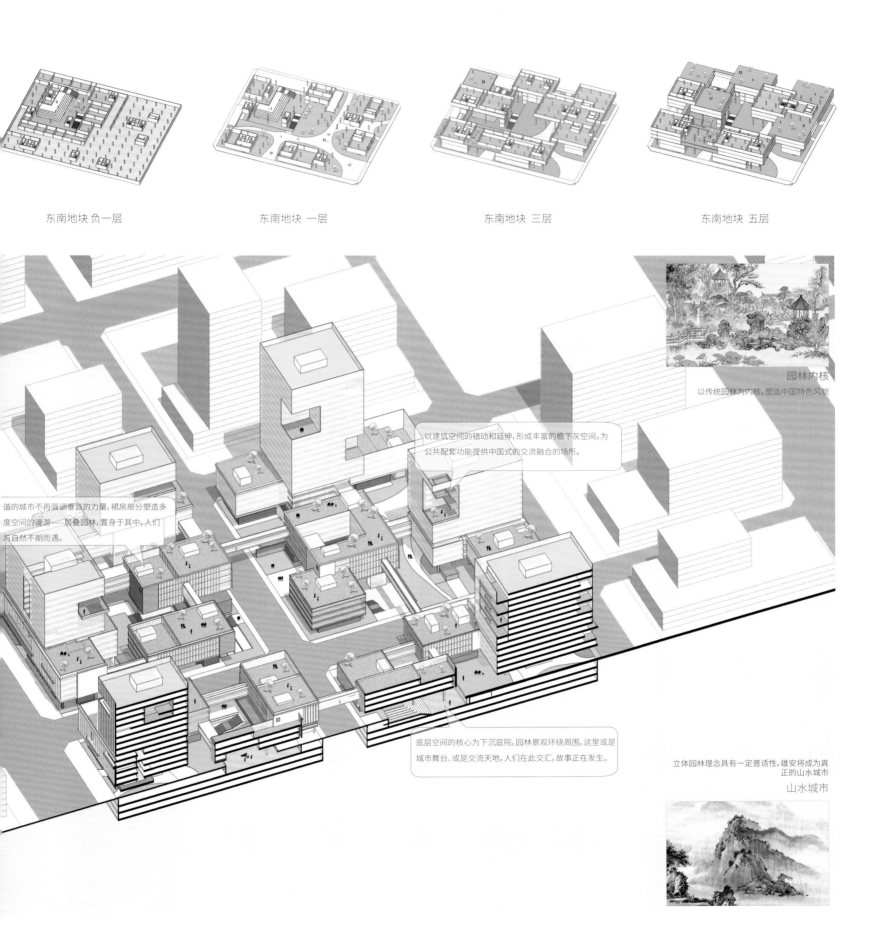

东南地块 负一层　　　　　东南地块 一层　　　　　东南地块 三层　　　　　东南地块 五层

园林内核

以传统园林为内核,塑造中国特色风貌

以建筑空间的错动和延伸,形成丰富的檐下灰空间。为公共配套功能提供中国式的交流融合的场所。

谐的城市不再强调垂直的力量,裙房部分塑造多度空间的漫游——层叠园林,置身于其中,人们与自然不期而遇。

底层空间的核心为下沉庭院,园林景观环绕周围,这里或是城市舞台、或是交流天地,人们在此交汇,故事正在发生。

立体园林理念具有一定普适性,雄安将成为真正的山水城市

山水城市

设计概念

城市芯片：技——城市建构

城市本身就是空间的集成，是多种生活形态的集成，城市因集成而高效，用有限资源创造更多的价值；

芯片是科技高度发展的产物，其集成思想对城市建筑的实践有着重要的借鉴意义，我们更可以会意于柯布西耶的那句"房屋是居住的机器"；

"城市芯片"是未来智慧城市空间的进一步压缩和集成，同时也意味着在同样的开发强度下空间的释放；释放的空间更多是关注人本身心理诉求以及和自然的关系。

深入剖析当代办公空间多重组合和弹性适应，丰富完善的配套商业，多功能叠合的公共服务，空余公共场地的组合利用，构成了办公需求的完整体系；

统一尺寸标准的网格化布局层高关系为装配式奠定基础，对节能（采光通风遮阳）的思考是对生态绿色建筑方针的贯彻。

邂逅的胡同

参赛团队： 广州市城市更新规划研究院

主创人员： 陈卉、蓝夏、杨艳妮

团队成员： 罗晓宁、林雨庄、张玮君、郑钧木、欧振明

设计说明：

　　本方案以中国传统城市规划中"九经九纬"为设计理念，对建筑体量进行近人尺度的划分。留出了 3 条主要景观轴，将景观引入，回应雄安城淀一体的风貌。将基本模块叠加，使城市公园被半包围，最大程度利用景观，同时不遮挡周边建筑的视线。

　　方案结合当下疫情防控韧性社区理念，强调立体花园、立体社区、立体流动的交往空间。线性街巷空间结合下沉广场和商业服务设施，营造出更具交往性的胡同式建筑体验。垂直方向总体布局按照"功能分层共享"的原则进行。地下一层及首层通过下沉庭院联系，作为生活服务区；二至四层为开放区，布置服务社区的共享性功能；五层以上为私密区，由下至上布置总部办公空间。在水平方向的布局上，我们将胡同的空间转译成现代办公空间。

　　建筑采用模块化的装配式建造体系，自然形成有序列感的立面。

我们将胡同的空间转译成现代办公空间：

尺度　　　界面　　　物件

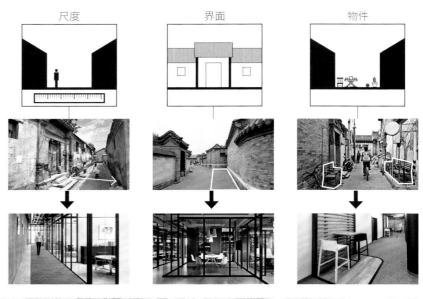

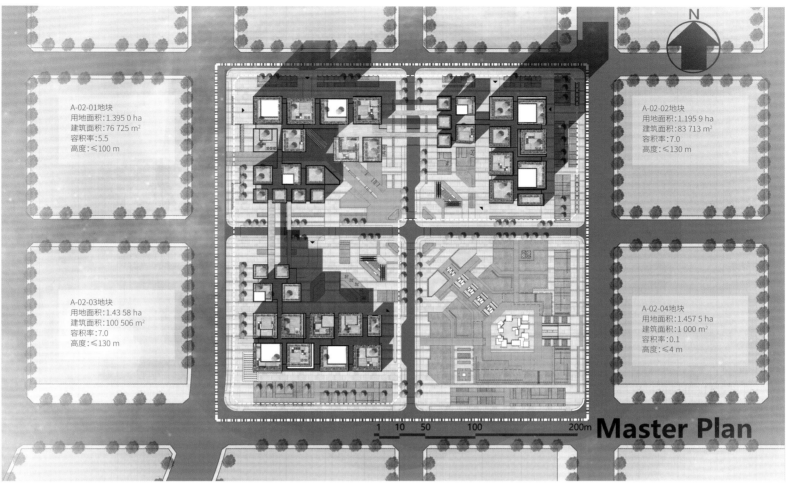

A-02-01地块
用地面积:1.395 0 ha
建筑面积:76 725 m²
容积率:5.5
高度:≤100 m

A-02-02地块
用地面积:1.195 9 ha
建筑面积:83 713 m²
容积率:7.0
高度:≤130 m

A-02-03地块
用地面积:1.43 58 ha
建筑面积:100 506 m²
容积率:7.0
高度:≤130 m

A-02-04地块
用地面积:1.457 5 ha
建筑面积:1 000 m²
容积率:0.1
高度:≤4 m

Master Plan

1 10 50 100 200m

体量生成——模块化

根据规划及退距大致确定建筑体量大小,留出主要通道

每个地块内沿着主要通道伸出"小胡同"

根据规划要求,在控高范围内,区分出塔楼及裙楼范围,调整每个小体量高度,塔楼拔高,裙楼下压,留出广场及下沉广场,形成大空间节点

模仿传统街道曲曲折折的形态,每个小体量形成模数的凹凸变化,形成小绿化平台及灰空间,小节点空间

通过垂直分布于每层的连廊——"胡同",联系各个小体量。这些每层都有的"胡同",是日后联合办公中主要的交流空间,比常规办公室内部廊道要宽阔,且有放大的空间

把每个单独的小体量分层,抽走一部分功能体块,形成半室内绿化庭院,庭院做到分散分布,确保每层至少有一个半室内的绿化庭院或屋顶生态花园

参数化立面

多维绿化

067

水平布局——由胡同空间转译成的现代办公空间

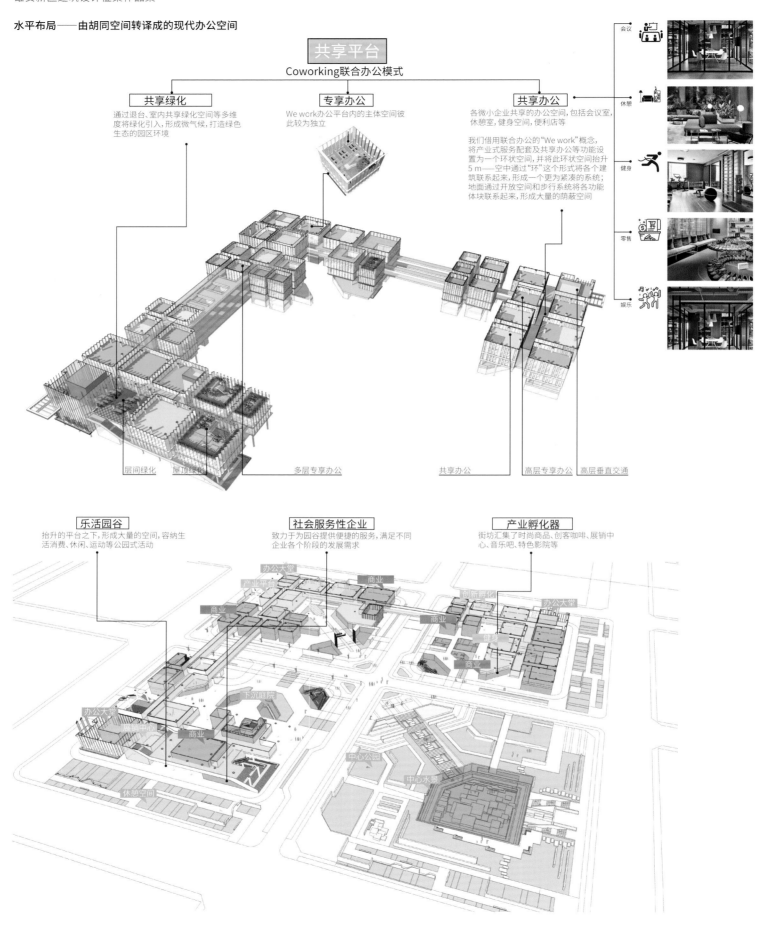

共享平台

Coworking联合办公模式

共享绿化

通过退台、室内共享绿化空间等多维度将绿化引入，形成微气候，打造绿色生态的园区环境

专享办公

We work办公平台内的主体空间彼此较为独立

共享办公

各微小企业共享的办公空间，包括会议室，休憩室，健身空间，便利店等

我们借用联合办公的"We work"概念，将产业式服务配套及共享办公等功能设置为一个环状空间，并将此环状空间抬升5 m——空中通过"环"这个形式将各个建筑联系起来，形成一个更为紧凑的系统；地面通过开放空间和步行系统将各功能体块联系起来，形成大量的荫蔽空间

会议
休憩
健身
零售
娱乐

层间绿化　屋顶绿化　　　多层专享办公　　　共享办公　　高层专享办公　高层垂直交通

乐活园谷

抬升的平台之下，形成大量的空间，容纳生活消费、休闲、运动等公园式活动

社会服务性企业

致力于为园谷提供便捷的服务，满足不同企业各个阶段的发展需求

产业孵化器

街坊汇集了时尚商品、创客咖啡、展销中心、音乐吧、特色影院等

垂直布局——立体花园、立体社区、立体流动的交往空间

企业定制
研发办公
Enterprise Customization R&D office
平台之上的空间将企业串联在一起,漂浮的院落和大平台给予企业产品发布、活动聚会、户外展览及庆典活动足够的舞台空间

We work 平台
产业服务
Shared office platform
Industrial services
产业型服务办公,比起传统办公形式,需要更开放的界面、更好的可达性,可以共享平台内的公共空间,因此需要给予此类办公类型以量身定制的流动空间

乐活园谷
生活服务
Lively vallley
Domestic services
抬升的平台之下,形成大量的灰空间,容纳生活消费、休闲、运动等公园式活动

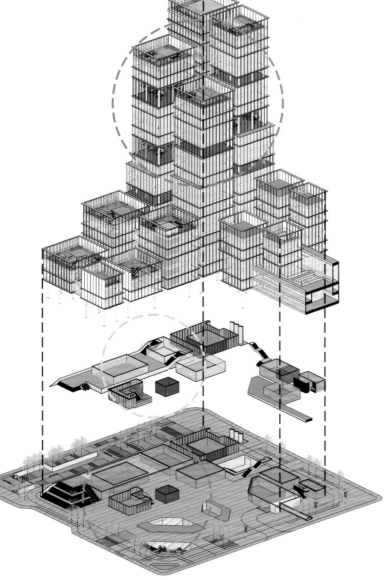

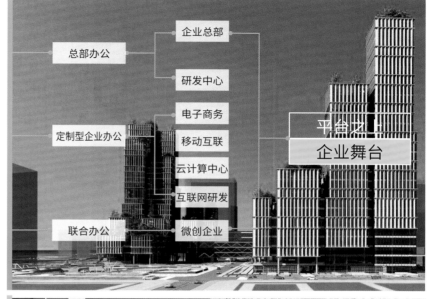

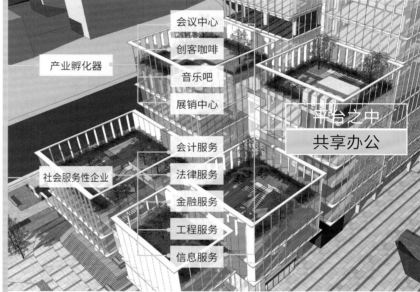

山水意匠 千里江山

三等奖

参赛团队：南京大学建筑规划设计院有限公司
主创人员：胡友培
团队成员：赵牧青、童滋雨、刘凯丽、陈星雨、魏雪仪、沈育辉、李昌熙

设计说明：

　　本方案受到"中国山水画"的启发，着力探索中国式的高层建筑美学。

　　中国自宋朝以来逐渐成熟的山水画范式，源于中国人独有的审美，其中凝聚着我国传统的哲学、美学，与西方写实为主的风景绘画、园林美学相比，更具有写意的风格、更抽象的审美以及更关注精神世界的特征，成就了中国山水画独一无二的造物美学。

　　传承中式山水美学，以山水造型为意匠，规划设计高层建筑群落，再现千里江山的盛世图景。

　　在雄安 CBD 区域内，在山水美学指导下产生的鳞次栉比的高层群落，不再是钢筋混凝土与玻璃幕墙的简单堆积，而成为层峦叠翠的"千里江山"意向。

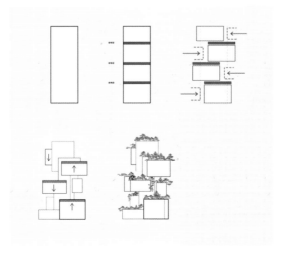

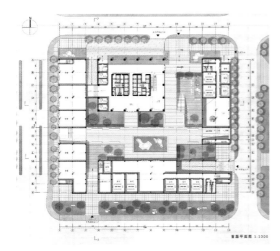

首层平面图

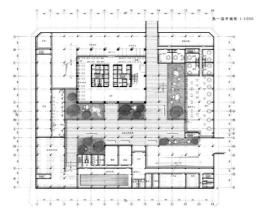

负一层平面图

效果图

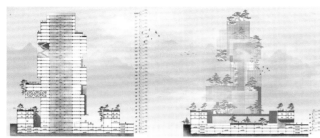

剖面图

局部透视图 1

局部透视图 2

轴侧图

整体立面图

高台组团，低地环绕；曲水流觞，自然生长

三等奖

参赛团队： 哈尔滨工业大学建筑设计研究院
主创人员： 胡晓婷、赵传龙、张岩
团队成员： 杜保霖、李书颀、徐尧

设计说明：

　　本设计以强化雄安城市特征、整合雄安城市空间为出发点，从区域整体观的角度出发，将建筑纳入城市整体环境中进行布局。传承中华传统建筑群体组织理念，利用建筑群体组合形成灵活有序的"高台组团，低地环绕"的布局。力求打造具有中华风范、淀泊风光的综合办公建筑群体，注重建筑形象与城市景观界面的关系，尤其关注建筑与南面城市景观带和东北侧城市绿地之间的关系，从空间上注重建筑与城市空间的有机融合，结合实际使用功能和形象要求塑造新型生态办公建筑群。本设计不但强调区块经济效益最大化，而且力求提升区域人文精神，凝聚社会与自然活力，展现时代生活理念。通过架空平台将办公建筑群体进行有机联系，形成以人为本的办公体验，营造兼具时代特色与人文气息的场所风貌。

中华风范、淀泊风光的综合办公建筑探索

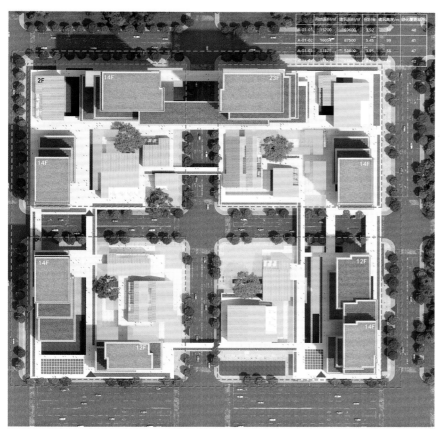

 集中型　　 分散型　　 混合型

经济效益较好　　　　　　动线渗透性好　　　　　　整体格局丰富

路径体验单一　　　　　　导向性不明确　　　　　　非沿街、活力差
不利循回游逛　　　　　　识别性不强　　　　　　　内部效益较差

 渗透　　 开放　　 转译

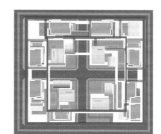

· 径循环，加强洄游性
· 内层路径丰富，外层方向性强
· 绿化模块，加速建设生态系统
· 内部水院，映射淀泊风光
· 廊道架设，结合内院加强呼吸性

规划布局生成

   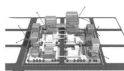  

依据周边道路关系，生成建筑布局　　建筑体量确定：外侧高层办公，内侧低层商业　　内外渗透，打造不同尺度的公共空间　　高台组团，呼应外部，获得更好的视野　　流觞曲水，丰富内部，获得更好的体验　　细化建筑立面，体现新时代中国特色办公建筑群

外部流线及出入口

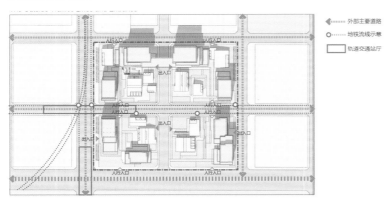

外部主要道路
地铁流线示意
轨道交通站厅

4块用地根据机动车出入口今开路段的要求布置用地主要的出入口,人行入口临近轨道交通,加强与其他地块的步行联系

内部车行流线分析

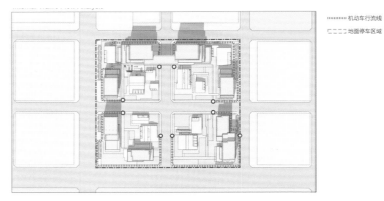

机动车行流线
地面停车区域

车行流线尽可能布置在4个地块的外侧,一方面可以满足临时停车的需求;一方面可以使人车分流,保证内部商业步行街的安全舒适性

内部人行流线分析

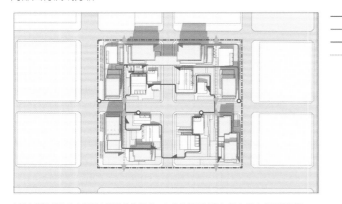

办公人员流线
后勤辅助流线
商业人员流线
步行通道

内部人行流线的分布满足人群分流的要求,4个地块间可随意穿行,加强商业环境氛围的营造,提供传统街坊的步行体验

消防流线分析

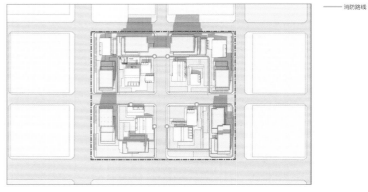

消防路线

消防车道采用基地内部通路与广场相结合的组织方式,满足《建筑设计防火规范》关于消防车道、建筑登高面的要求

曲水流觞

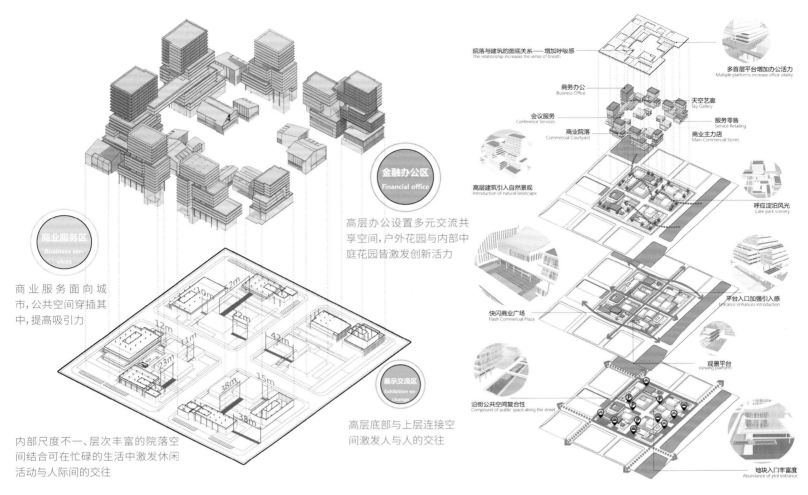

商业服务区
Business services

金融办公区
Financial office

展示交流区
Exhibition exchange

商业服务面向城市,公共空间穿插其中,提高吸引力

高层办公设置多元交流共享空间,户外花园与内部中庭花园皆激发创新活力

内部尺度不一、层次丰富的院落空间结合可在忙碌的生活中激发休闲活动与人际间的交往

高层底部与上层连接空间激发人与人的交往

院落与建筑的图底关系——增加呼吸感
The relationship increases the sense of breath

商务办公
Business Office

会议服务
Conference Services

商业院落
Commercial Courtyard

天空艺廊
Sky Gallery

服务零售
Service Retailing

商业主力店
Main Commercial Stores

高层建筑引入自然景观
Introduction of natural landscape

快闪商业广场
Flash Commercial Plaza

沿街公共空间复合性
Compound of public space along the street

多首层平台增加办公活力
Multiple platforms increase office vitality

呼应淀泊风光
Lake park scenery

平台入口加强引入感
Entrance enhances introduction

观景平台
Viewing platform

地块入口丰富度
Abundance of plot entrance

内部庭院

映像白洋淀——雄安 A01 办公地块方案

参赛团队：上海凌久设计建筑事务所（有限合伙）

主创人员：王硕洋、孙新飞

团队成员：刘潇之、孙启祥、何广、叶昕等

一等奖

设计说明：

激励世界

我们将该地块视为为中国乃至世界打造的示范性项目。它将白洋淀地区具有特色的生态水系景观微缩重现在一个由建筑集群包围的庭院中，打造一个自然的景观开放空间核心。

文化拥抱自然

现在，我们有机会重新审视和理解白洋淀 - 这一塑造雄安地区的自然和文化资产，结合中国传统建筑布局，建筑设计艺术和材质，将建筑空间与中国传统文化紧紧地联系在一起。

现代，传统，自然的诗意共鸣

规划布局提取中国传统中最具代表性的的合院式布局，通过建筑体量塑造出明确有力的围合感，内部庭院构图有机而自由，呈现传统文化中"礼乐相成"的布局艺术。

重峦叠嶂，伴水而生，淀水与山脉相拥

中国传统合院布局　　+　　白洋淀水系景观　　+　　燕赵国十二连桥

构建历史与未来的精神桥梁

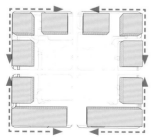 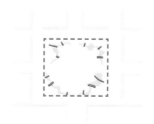

围合布局　　+　　重现景观　　+　　文化桥梁

连续的公园体验——中央商务区内的世外桃源

分层功能平面及塔楼标准层 / Plan

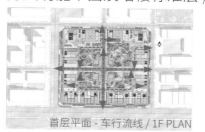

首层平面 - 车行流线 / 1F PLAN

二层平面 / 2F PLAN

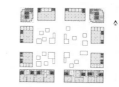

三层平面 / 3F PLAN

四层平面 / 4F PLAN

"登山望淀"——视野上联系建筑与庭院景观

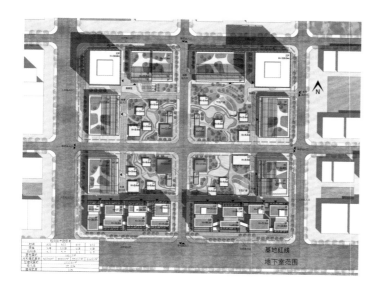

景台水古开——视野与绿轴全方位互动

门户 / Gateway

门户建筑
视线通廊
景观绿地

眺望 / View

天际线 / Skyline

景观 / Unique Landscape

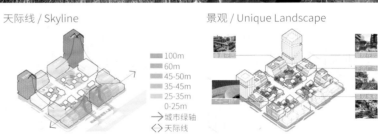

眺望平台
景观视线
玻璃连桥

100m
60m
45-50m
35-45m
25-35m
0-25m

城市绿轴
天际线

场地立面与剖面 / Section & Elevation

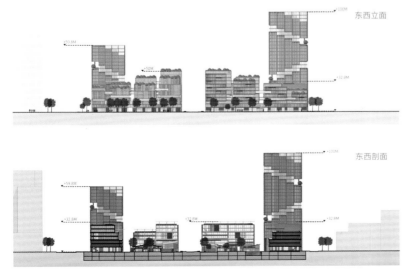

东西立面

东西剖面

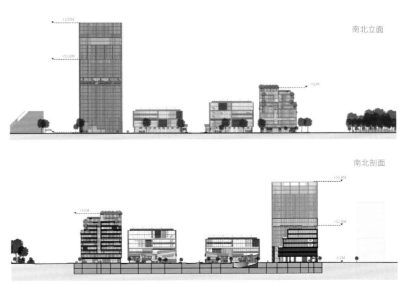

南北立面

南北剖面

丰富的空间——建筑与景观多维度的映衬

建筑功能和布局示意 / Program Distribution

可持续技术与绿色建筑理念 / Sustainable

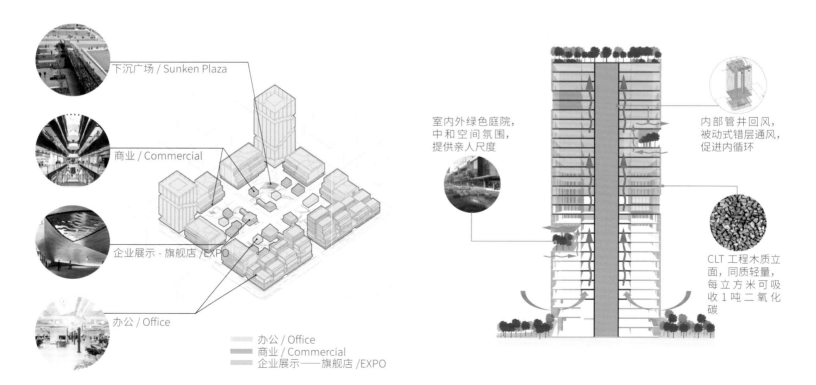

下沉广场 / Sunken Plaza

商业 / Commercial

企业展示 - 旗舰店 /EXPO

办公 / Office

办公 / Office
商业 / Commercial
企业展示——旗舰店 /EXPO

室内外绿色庭院，中和空间氛围，提供亲人尺度

内部管井回风，被动式错层通风，促进内循环

CLT 工程木质立面，同质轻量，每立方米可吸收 1 吨二氧化碳

宏伟白洋淀区域自然景观的缩影

场地空间策略 / Design Strategies

源于历史，演绎现代

 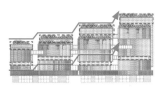

望岳：横看成岭侧成峰

 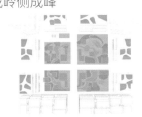

赏园：春湖落日水拖蓝

 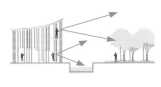

驻亭：天影楼台上下涵

中国传统建筑文化特色 / Culture Study

 +  +

传统形式语言　　　　传统建筑材料　　　　传统空间韵律

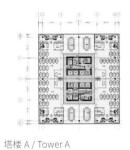

塔楼 A / Tower A

标准层平面：1800m²
使用面积：1421m²
得房率（效率）：78%

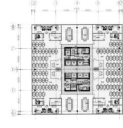

塔楼 B / Tower B

标准层平面：2025m²
使用面积：1628m²
得房率（效率）：80%

办公 / Office
核心筒 / Core-Tube
会议 / Conference

商业 / Commercial
企业展示 / 旗舰店　　EXPO

新长城谣

参赛团队： 华南理工大学
主创人员： 夏湘宜
团队成员： 席习风、胡淼

设计说明：

　　雄安新区界内保留有燕长城遗址。古长城用以阻断外敌入侵，保卫家园。如今新长城依势连接孤立建筑，与绿地内的观景长城遥相呼应，连接了绿地与高楼，整体上形成连绵不绝、蜿蜒起伏的动势，作为沟通与开放的意象矗立在新城，唱响新时代的新长城谣。

　　整体建筑形态由太湖石演变，集瘦、漏、透、皱的美感，并应用此原理在架空层与切角打造空中花园，给高楼多一些公共休闲空间，还城市多一片绿地。地块内建筑高低起伏，似山势连绵。保留古长城凹凸边缘线与观察孔，两道边缘线将立面分割成三部分，最下端在实墙的基础上依古长城观察孔的原理为小孩子提供观景窗，提高趣味性。结合园林花窗形式的新"长城"依势盘旋蜿蜒，颇具水墨画的大气磅礴与诗情画意。建筑群整体虚实相间，采用中国传统正红色，抒发中国传统文化情怀。

山水画
绵延起伏动势

太古石
错落有致风韵

古长城
开放连接新意向

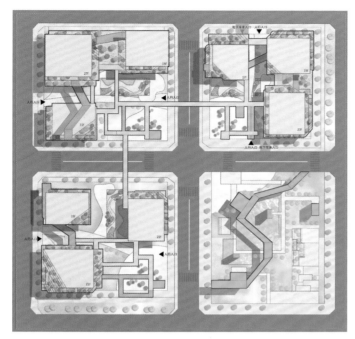

A-02-02 选址总平面图 1:400

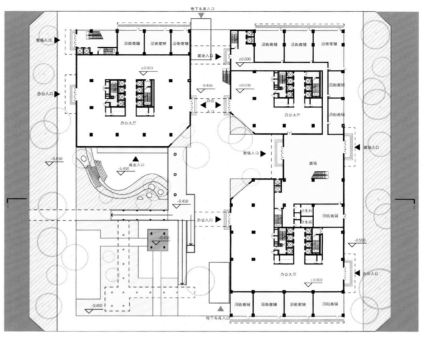

A-02-02 选址首层平面图 1:400

建筑布局分析

建筑立面生成

选址内建筑布局灵活，各地块退让小广场，营造公众活动中心区，打造围合而不逼仄的整体感受。在生态问题日益严重的今天，给高楼多一些公共休闲空间，还城市多一片绿地，已经成为所有人义不容辞的责任

"长城"观景廊保留了古长城凹凸的边缘线，结合城市天际线加以变化，趣味横生，灵活生动，表达了对新城建设的美好期冀。两道边缘线将立面分割成三部分，最下端在实墙的基础上依古长城观察孔的原理为小孩子提供观景窗，提高趣味性；中间部分以古典园林花窗的原理，变化形成纹理，给观景带来更多的意趣；最上部设空窗，加强风的流通，清爽宜人。

切角花园

空中长城

建筑布局分析

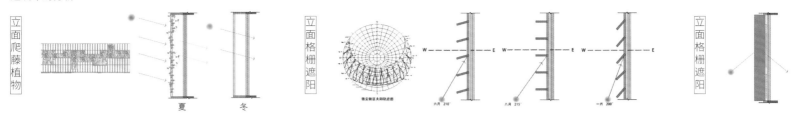

爬藤植物构成的外立面：在夏季太阳辐射最强的时候，爬藤植物生长茂盛，可以阻挡阳光进入室内，并充分利用太阳能进行光合作用，为城市提供氧气与绿色；冬季太阳辐射微弱，而爬藤植物在冬季凋零，太阳光最大限度进入室内。该外立面可适应不同时期的气候。为一年四季提供不同的景象，为城市提供特色景观面。

可调节格栅能够根据一年内不同时期、一天内不同时间段，对应不同方位选择全部遮挡阳光或透过阳光。以西立面为例，根据雄安新区气候分析，一年内7、8、9月下午14：00太阳辐射最强、气温最高，应全部遮挡阳光辐射。当格栅与墙面垂直时刚好遮挡全部阳光，而6月旋转角度后可遮挡全部阳光，透过更多其他时段的阳光辐射。1月则旋转最大角度，使阳光全部透过。通过刚性构件悬挑格栅，与墙面相隔一定距离，阳光辐射使得空气升温，通过间隔区域向上逃逸，冷空气从下部补充，形成完整的空气流通体系，减少热量输入室内。

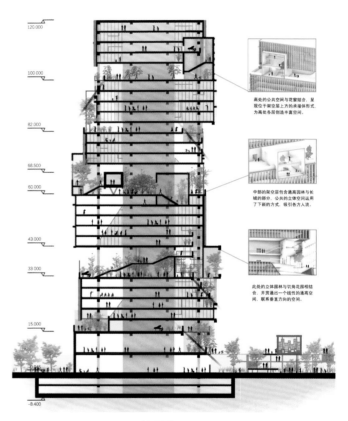

A-02-02 剖面图 1:125

标准层平面图 1:100

建筑立面中国特色分析

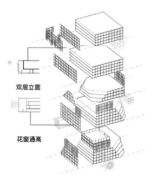

双层立面

花窗通高

处处门窗皆有意。在古代，花窗是古代园林建筑中窗的一种装饰和美化的形式；在今日，花窗是高高楼阁中的点睛之笔。有了它，高层的立面不再是格栅与玻璃的单调排列。各种直线，曲线以及方形等几何形状构成的图案，规律性强，富于节奏韵律，形成整齐划一的装饰，视觉冲击力强烈。

各式各样的花窗被布置在建筑的各个角落，与方形的格栅相得益彰，组成一幅具有现代中国特色的画卷。立面的花窗暗示着建筑内部的通高空间，连结着室内公共空间与室外开阔景观，金属窗框间的那抹红，是光与影的杰作、明和暗的和谐交织、虚与实的奇异变幻，如诗如梦，妙不可言。

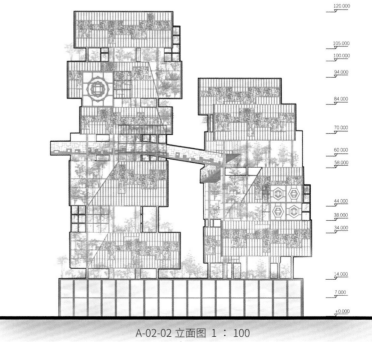

A-02-02 立面图 1∶100

森林城市

二等奖

参赛团队： 北京市建筑设计研究院有限公司

主创人员： 鲁超峰

团队成员： 鲁超峰

设计说明：

构思以"中华风范、淀泊风光、创新风尚"为核心，从雄安新区的整体规划理念出发，遵循世界眼光、国际标准、中国特色的高标准，形成具有时代性、地域性和创新性的办公建筑典范，助力雄安建设，创造一个充满阳光、空气、绿植的办公环境，取代传统冰冷的玻璃大楼，形成具有中国特色建筑神韵的现代化绿色办公建筑风貌。

建筑形式上去标志化，建筑风貌方正典雅，端庄大气，与雄安新区整个建筑风貌和空间格局相协调。

总体规划上采用院落街区式布局，从底层到屋顶构成连续步移景异变化丰富的公共空间，呼应了中国传统园林规划思想。

建筑立面与屋顶一体化设计，对中国传统建筑立面的构成与开间比例尺度进行研究，提炼中国特色建筑风貌精髓，并考虑采用装配式与单元化的建造方式，立面材料呼应中国传统建筑，色彩上局部方形塔楼采用白色，与木色构成丰富现代的立面层次。

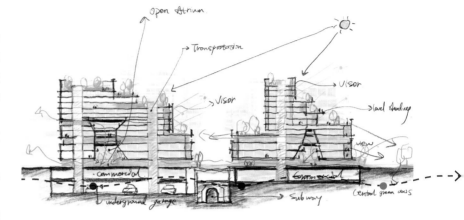

设计草图

鸟瞰效果图

城市背景分析

项目大的城市背景位于雄安启动区,从启动区规划空间布局可以看出,城市背景区为方格网布局。本方案从大的启动区空间布局出发,场地空间布局采用街区式小尺度布局。

方案注重启动区与南侧白洋淀自然风光的景观渗透。构建人与自然和谐共生的绿色生态建筑群。

雄安建筑设计竞赛经济技术指标

地块 A-01-01:	总用地面积	15200 ㎡
	总建筑面积	60912 ㎡
	容积率	4
	建筑高度	60m
地块 A-01-02:	总用地面积	16000 ㎡
	总建筑面积	88324 ㎡
	容积率	5.5
	建筑高度	96m
地块 A-01-03:	总用地面积	13500 ㎡
	总建筑面积	54300 ㎡
	容积率	4
	建筑高度	60m
地块 A-01-04:	总用地面积	14300 ㎡
	总建筑面积	57380 ㎡
	容积率	4
	建筑高度	60m

1.室外屋顶篮球场
2.顶层观景平台
3.裙房室外活动平台
4.塔楼顶层室外活动平台
5.下沉庭院
6.地铁出入口
7.屋顶光伏发电板
8.屋顶无土种植菜园

比例尺
0m 30m
  15m
    80m

总平面果图

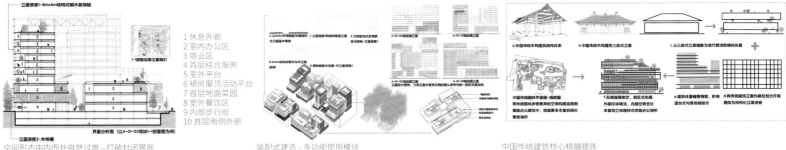

1 休息外廊
2 室内办公区
3 商业区
4 首层综合服务
5 室外平台
6 裙房屋顶活动平台
7 首层地面菜园
8 室外餐饮区
9 内部步行街
10 首层南侧外廊

空间形态由内而外自然过度—打破封闭界面

装配式建造 - 多功能使用模块

中国传统建筑核心精髓提炼

景观轴人视效果图

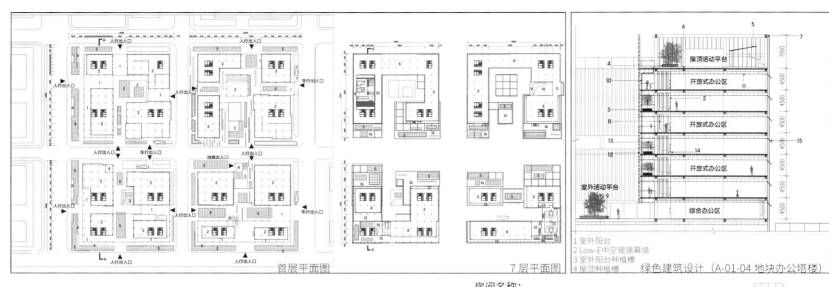

首层平面图

7层平面图

1 室外阳台
2 Low-E中空玻璃幕墙
3 室外阳台种植槽
4 屋顶种植槽

绿色建筑设计（A-01-04 地块办公塔楼）

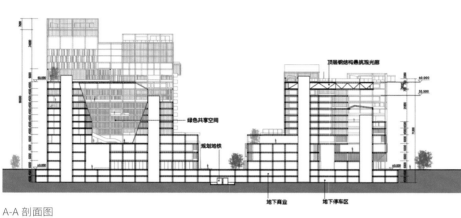

房间名称：
1 室外商业步行街
2 综合商业餐饮区
3 下沉庭院
4 地铁出入口
5 景观绿化
6 休息座椅
7 地下车库入口
8 综合办公区
9 休息廊
10 开放办公区
11 交流区
12 室外阳台
13 室外休息廊道
14 室外屋顶活动平台
15 室外屋顶篮球场
16 裙房屋顶绿化活动平台
17 绿色共享办公中庭
18 共享中庭
19 阶梯式共享中庭
20 室外台阶

A-A 剖面图

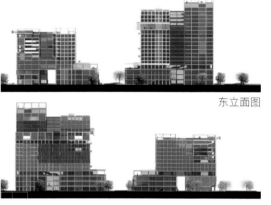

东立面图

西立面图

街角人视效果图

顶层观景平台

室外阳台开放式办公区

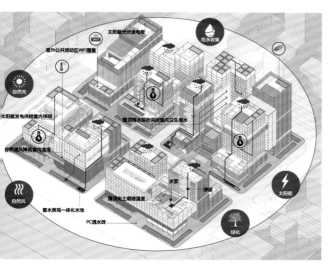

A-01-01地块室内绿色共享办公空间

A-01-04地块室外交互平台

绿色节能分析图

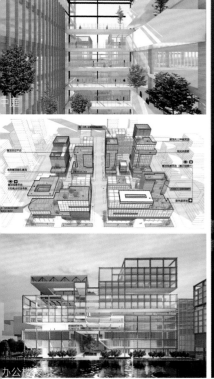

办公楼夜景

夜景鸟瞰

三等奖

淀泊观台——
城市空间共享下的未来办公模式探索

参赛团队: 东南大学建筑学院

主创人员: 叶书涵、李念雅、焦美宁、徐明昊、李帅杰

团队人员: 叶书涵、李念雅、焦美宁、徐明昊、李帅杰

设计说明:

  雄安新区是继深圳经济特区和上海浦东新区之后又一具有全国意义的新区,是重大的历史性战略选择,是千年大计、国家大事,故本方案以创新为导向,旨在提出新信息化时代下对于未来办公街区模式的畅想。在交通模式、绿色理念、办公模式、中国特色四个方面进行创新。交通上,城市的车行与人行分离,同时对于物流管道给予考虑;在绿色理念上,利用立面构造设计使得建筑内部能够和外部自然流通,同时不失美观;在办公模式上,充分考虑正常与疫情下的两种情况,实现灵活弹性的办公模式;同时,融合中国传统元素,力图创造出与城市共享的、具有中国特色意象的新型办公空间。同时对构造大样、轴测、透视、立面进行设计,彰显中国特色意象。

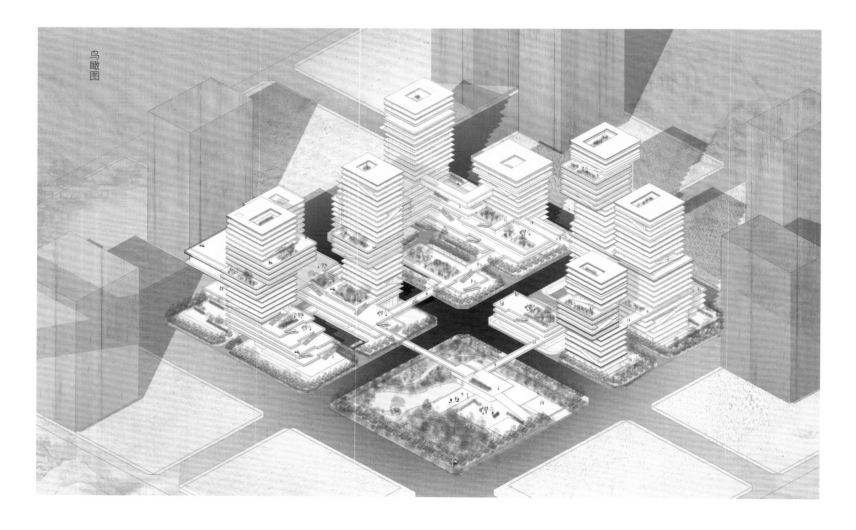

鸟瞰图

人眼透视

室内透视

方案生成

1 核心筒建设与城市管道运输系统相联系

2 搭建建筑结构框架以及场地内交通管道系统

3 通过整套的管道系统将预制构件运送到建筑各处组装

4 建筑生命周期之中建筑构架的更新换代通过管道系统与城市连接达成

底层平面

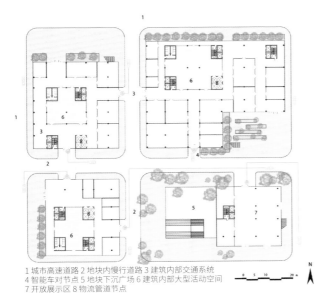

1 城市高速道路 2 地块内慢行道路 3 建筑内部交通系统
4 智能车对节点 5 地块下沉广场 6 建筑内部大型活动空间
7 开放展示区 8 物流管道节点

0　5　10　20 m

N

总平面图

0　25　50　　125 m

N

要素演绎

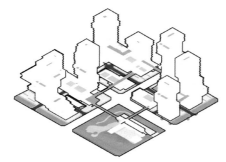

古典要素的现代演绎

亭：对外共享的城市公共空间

台：内部共享的休憩景观高台

廊：串联内外的共享交通

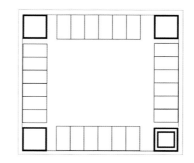

办公空间

交通核心筒放在四周，与外界交通建立起良好的连接，最大程度地扩大室内空间的可利用率。中央大面积活动空间适用于共享办公模式，周边的隔间又恰可以满足办公私密性需求。其中，核心筒为物流管道开辟通道，连接上下的物流供给需求

自然要素的人工演绎

造型来源于中国传统园林艺术中的"假山叠石"，旨在错落高层体量形成室外活动空间

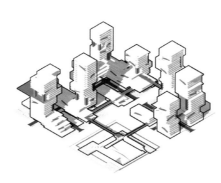

交通模式

连续的垂直、水平交通与底层车行、无人车行驶空间区分，尽可能拓宽城市居民的活动空间

中国传统建筑意象

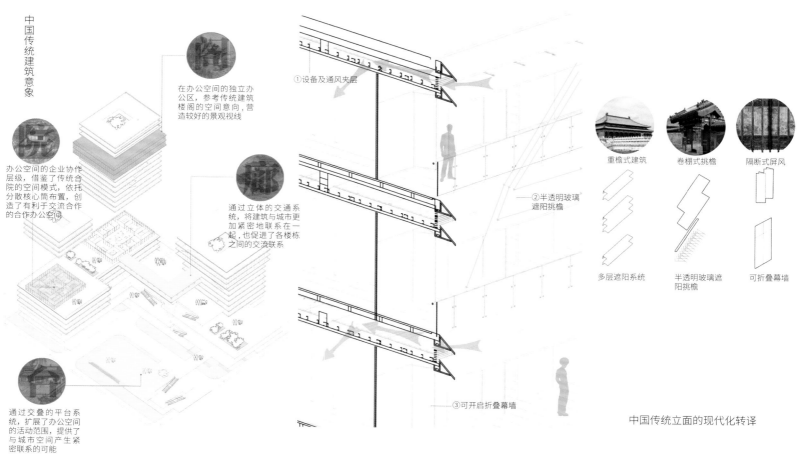

在办公空间的独立立办公区，参考传统建筑楼阁的空间意向，营造较好的景观视线

办公空间的企业协作层级，借鉴了传统合院的空间模式，依托分散核心筒布置，创造了有利于交流合作的合作办公空间

通过立体的交通系统，将建筑与城市更加紧密地联系在一起，也促进了各楼栋之间的交流联系

通过交叠的平台系统，扩展了办公空间的活动范围，提供了与城市空间产生紧密联系的可能

① 设备及通风夹层

② 半透明玻璃遮阳挑檐

③ 可开启折叠幕墙

重檐式建筑

卷棚式挑檐

隔断式屏风

多层遮阳系统

半透明玻璃遮阳挑檐

可折叠幕墙

中国传统立面的现代化转译

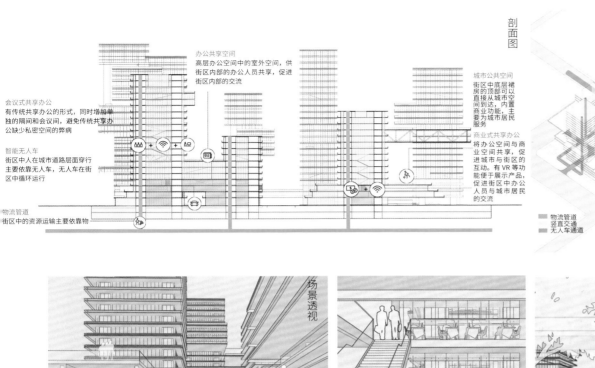

剖面图

办公共享空间
高层办公空间中的室外空间，供街区内部的办公人员共享，促进街区内部的交流

城市公共空间
街区中底层裙房的顶部可以直接从城市空间到达，内置商业功能，主要为城市居民服务

会议式共享办公
有传统共享办公的形式，同时增加单独的隔间和会议间，避免传统共享办公缺少私密空间的弊病

商业式共享办公
将办公空间与商业空间共享，促进城市与街区的互动。有VR等功能便于展示产品，促进街区中办公人员与城市居民的交流

智能无人车
街区中人在城市道路层面穿行，主要依靠无人车，无人车在街区中循环运行

物流管道
街区中的资源运输主要依靠物

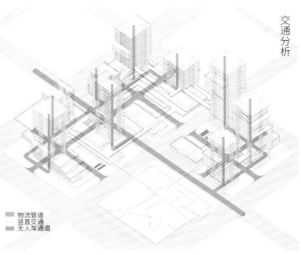

交通分析

物流管道
竖直交通
无人车通道

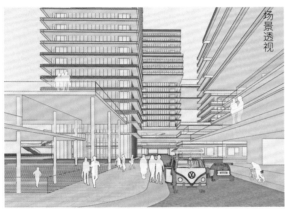

场景透视

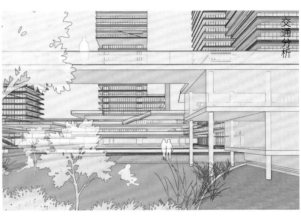

交通分析

场景透视

合生·绿动——Office 2.5 时代下的健康办公综合体设计

三等奖

参赛团队： 同济大学、同济朗工坊
主创人员： 聂大为
团队成员： 杨喆雨、魏婉晴

设计说明：

本项目位于综合办公类选址二地块，东临中央活力区，东南邻明珠湖，西接综合生活区，北望科研高校。结合室内外运动环线和中央绿带，创造出绿色、健康、开放、有活力的高层次办公综合体。

4 栋高层建筑环抱城市公园，两两对称的布局体现中华传统营城理念，3 层起伏的商业裙房联系游憩绿地和城市公园，600 米环形跑道串联全域，实现城中有园、园内可娱、人城和谐、天人合一的美好愿景。

建筑内部结合中庭共享空间形成垂直运动路径，搭建出宜业宜生活、生态可持续的健康办公平台，立面配合城市界面和谐变化。

运动健康主题的引入，景观和建筑布局的融合，"产、城、人、文"四位一体的有机结合，使其成为面向 2035 年的新型办公综合体，展现了雄安地标新风貌。

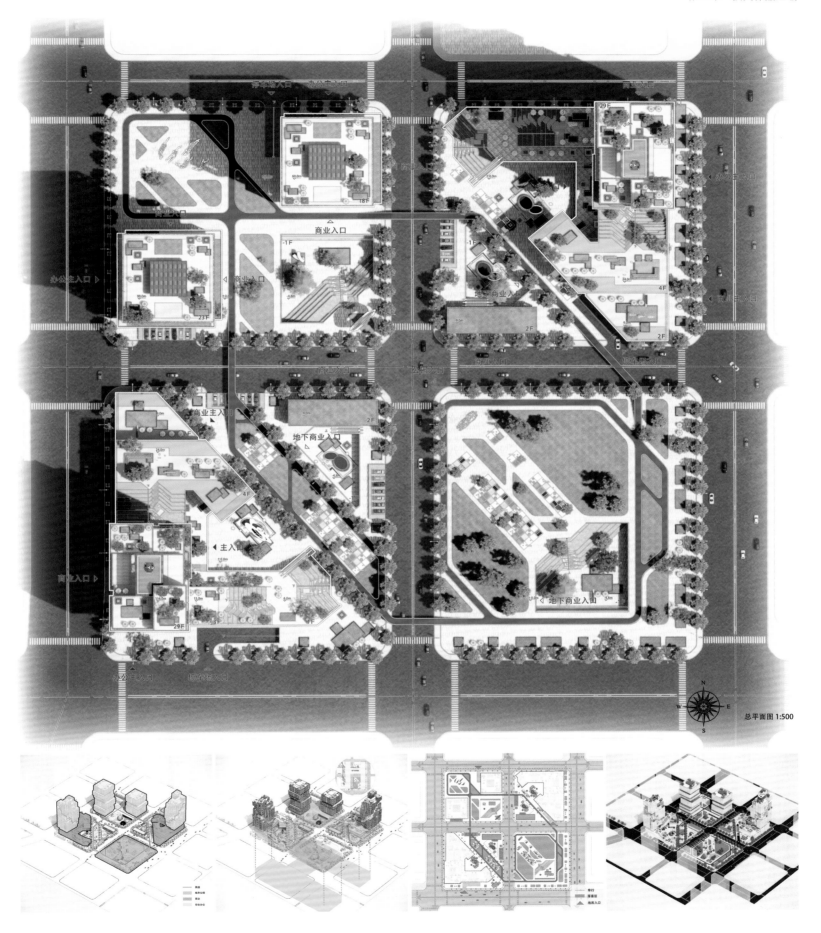

总平面图 1:500

健身空间
办公空间
商业空间
停车空间

剖透视图 1:500

高层体量　　单元化体量　　引入跑道健康办公概念　　　植入绿化

层叠的空中院落

本项目位于综合办公类选址二地块，东临中央活力区，东南邻明珠湖，西接综合生活区，北侧与科研高校相望。结合室内外运动环线和中央绿谷带，创造出绿色健康开放有活力的高层次办公综合体。

4栋高层建筑环抱城市公园，两两对称的布局体现了中华传统营城理念，3层高低起伏的商业裙房联系游憩绿地和城市公园，使建筑与景观有机融合，600米环形跑道串联实现城中有园、园内可娱、人城和谐、天人合一的美好愿景。

建筑内部结合中庭共享空间形成垂直运动路径，搭建出宜业宜生活、生态可持续的健康办公平台。立面配合城市界面和谐变化，通过起坡绿化与屋顶绿化融入环境。

运动健康主题的引入，景观和建筑布局的融合，"产、城、人、文"四位一体的有机结合，使其成为面向2035年的新型健康办公综合体，展现了雄安地标新风貌。

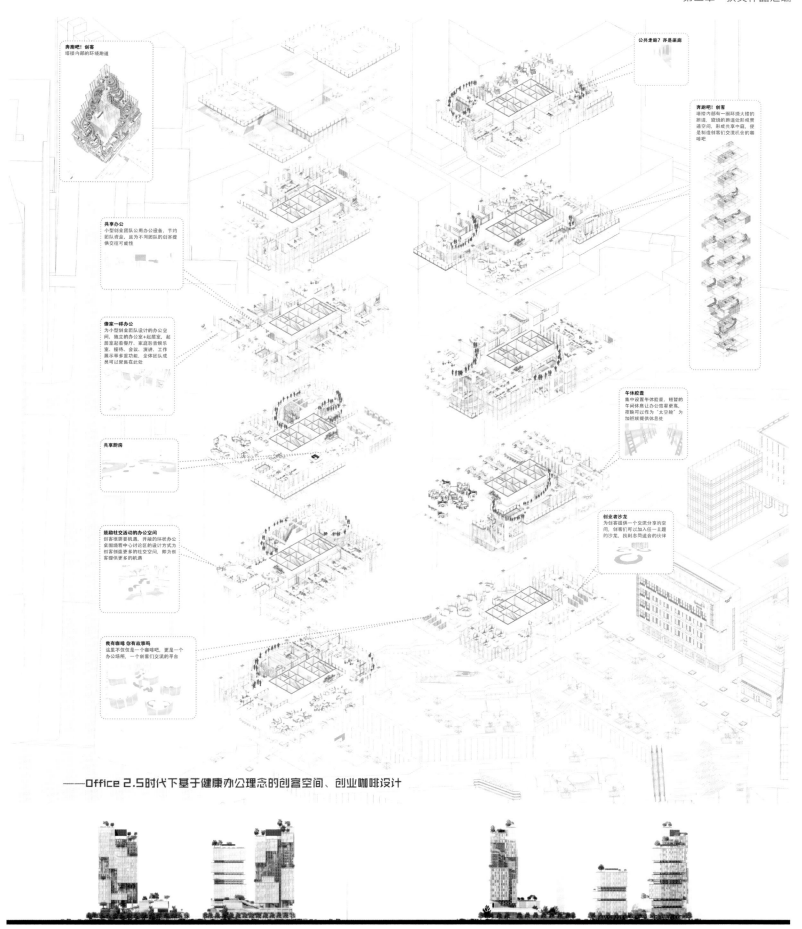

——Office 2.5时代下基于健康办公理念的创客空间、创业咖啡设计

云境峰林

参赛团队： 独立建筑师

主创人员： 颜廷宇

团队成员： 颜廷宇

三等奖

雲境峰林

设计说明：

本方案在遵循雄安城市整体规划的条件下，力图在适应未来新型工作场所与营造中国传统文化空间上做一次融合探索。

规划布局尊重现有规划，建筑功能适应北方天气，设置绿化及室内花园，形成绿色节能的生态循环系统。结合新型体验型办公场所趋势，设置空中花园，构建交互式社交空间。在信息革命的今天，效率性办公逐渐被程序取代，而创造力才是未来人类工作的主要趋势。在这种大趋势下，空间需要适应和激发人的创造力。

本方案从生态鱼缸中获得启发，强调空间生态系统的循环，而不是空间复杂度的营造。立面意境试图采用中国写意山水画的构图手法，营造意境深远的视觉观感。

为实现这一想法，立面采用横向分隔的挑出空间，结合避难层与转换层，设置空中公共服务场所。幕墙采用横隐竖明幕墙营造垂直细雨的意境。穿插超透幕墙结合空中绿化，设计双层幕墙系统，冬季可以集中热量并制造更加新鲜的氧气。

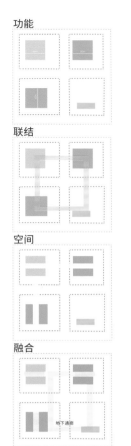

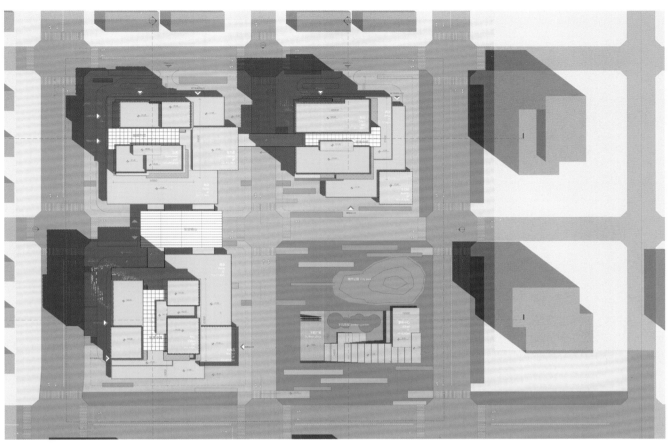

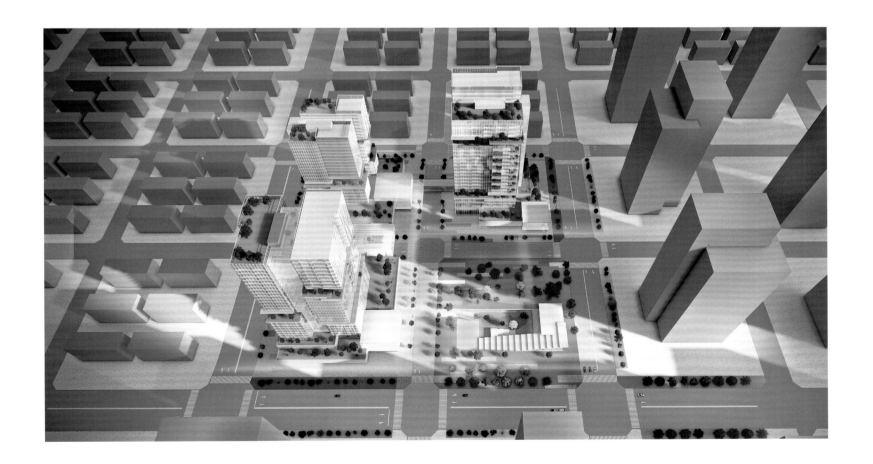

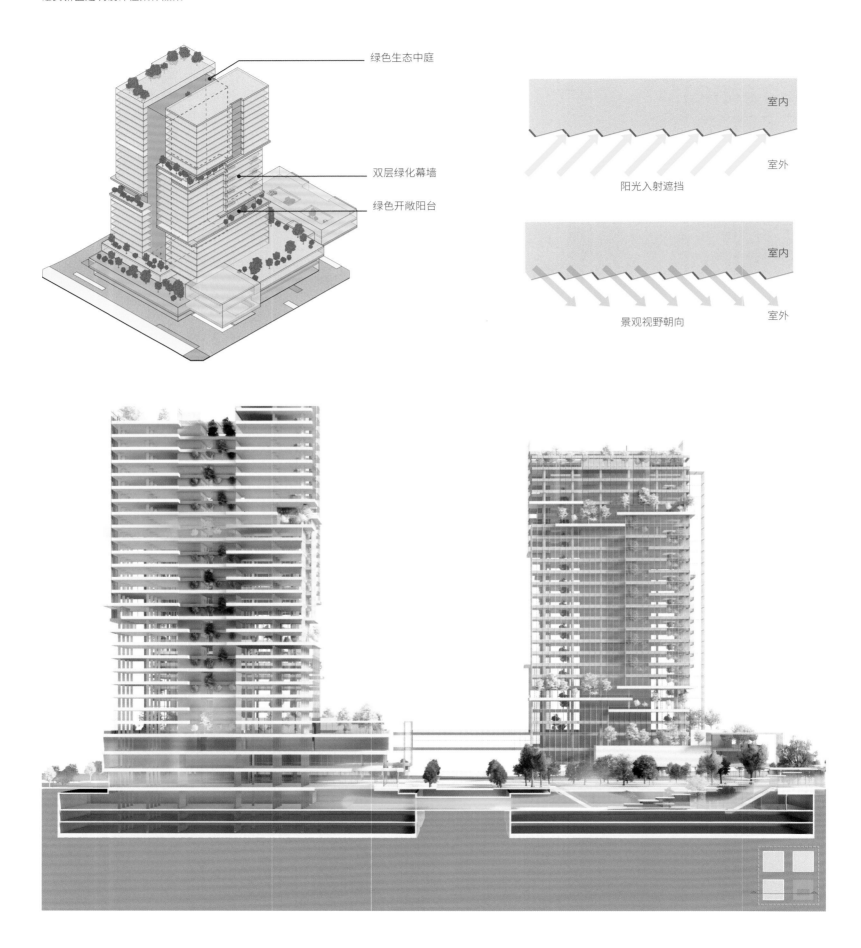

绿色生态中庭

双层绿化幕墙

绿色开敞阳台

室内

室外

阳光入射遮挡

室内

室外

景观视野朝向

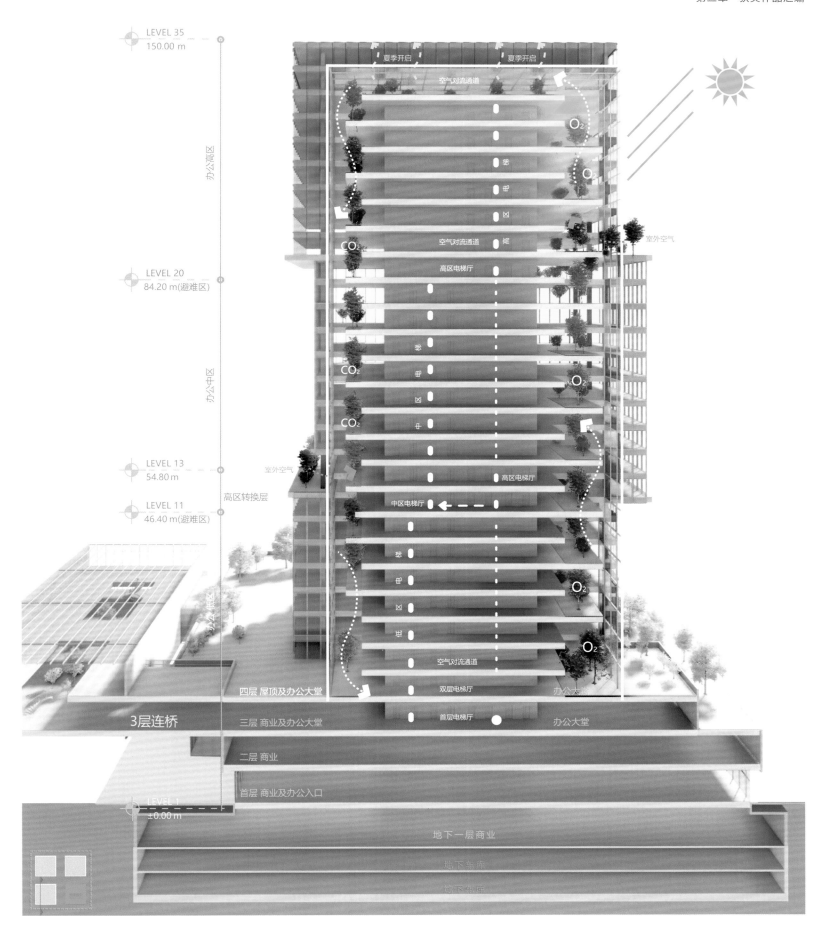

LEVEL 35
150.00 m

LEVEL 20
84.20 m(避难区)

LEVEL 13
54.80 m

LEVEL 11
46.40 m(避难区)

夏季开启　　　　　夏季开启

空气对流通道

O₂

O₂

CO₂

空气对流通道

室外空气

高区电梯厅

梯

电

区

中

高区电梯厅

CO₂

CO₂

梯

电

区

O₂

中区电梯厅

O₂

梯

电

区

低

空气对流通道

O₂

双层电梯厅

首层电梯厅

办公大堂

办公高区

办公中区

高区转换层

室外空气

办公低区

3层连桥

四层 屋顶及办公大堂

三层 商业及办公大堂

二层 商业

首层 商业及办公入口

LEVEL 1
±0.00 m

地下一层商业

地下车库

地下车库

高等院校与科研类

以无为用——营城·檐下·行山·叠院

参赛团队: 中国建筑科学研究院有限公司

主创人员: 朱宁涛、刘燕、柏洁、张骁

团队成员: 朱芷仪、侯硕、许凯南、周荣光、王增奇、孙腾辉

一等奖

设计说明：

　　本方案将"以无为用"作为设计的主题，延续中国传统文化下对空间的理解和使用。古人以"有"—"无"之间精辟地论述了实体与空间的辩证关系。延续中国传统文化下对空间的理解和使用，建筑中无形的"空间"是中国建筑文化特征的集中表现。本项目对中国特色建筑的研究由"有形的建筑形态"转向对"无形的建筑空间"的研究。研究核心聚焦无形的"空"，以无为用。探索从减法出发的建筑语言，营造中国式的"空"。

挺埴以为器，当其无，有器之用。凿户牖以为室，当其无，有室之用。故有之以为利，无之以为用。

——《道德经》老子

参数化的研究框架

通过参数化的方法对传统中国建筑文化中的空间、高新科研产业和 B-03 地块相关设计条件展开研究。提炼设计原则和量化
控制参数，通过"营城"、"檐下"、"行山"、"叠院"等空间手法，营造中国式的"空"。探索高质量发展背景下高
新科研类建筑的中国特色建筑风貌。

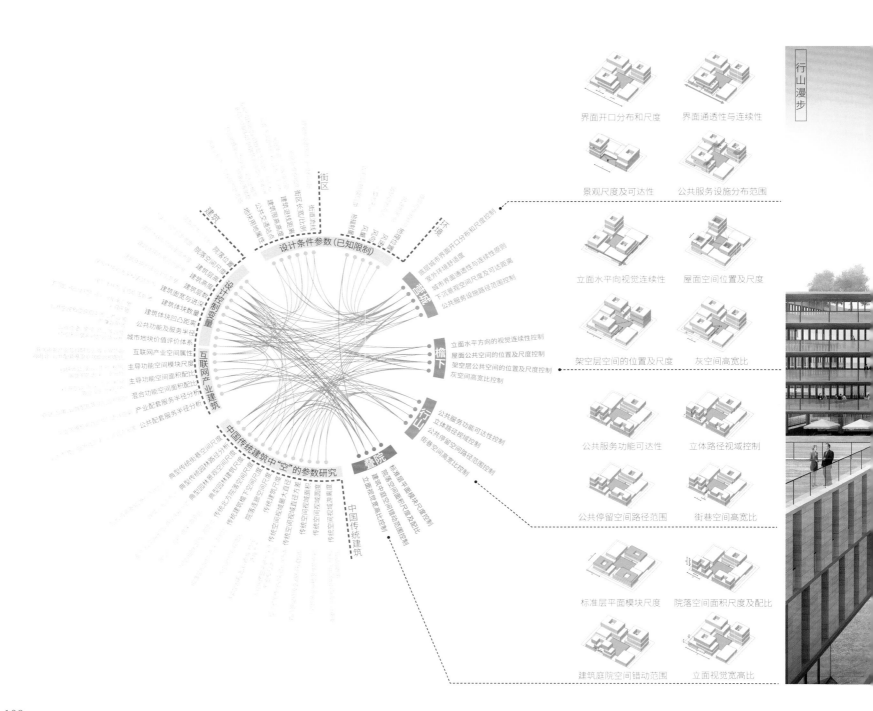

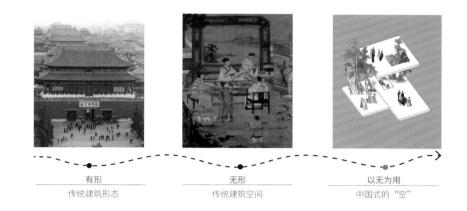

有形　　　　　　　无形　　　　　　　以无为用
传统建筑形态　　　传统建筑空间　　　中国式的"空"

檐下观景

叠院重重

营城融淀

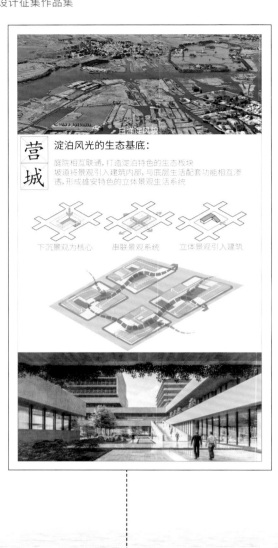

营城

淀泊风光的生态基底：

庭院相互联通，打造淀泊特色的生态板块
坡道将景观引入建筑内部，与底层生活配套功能相互渗透，形成雄安特色的立体景观生活系统

下沉景观为核心　　　串联景观系统　　　立体景观引入建筑

檐下

丰富的灰空间场所：

以建筑空间的错动和延伸，形成丰富的檐下灰空间。为公共配套功能提供中国式的交流融合的场所。

错动形成檐下空间　　　延伸形成檐下空间　　　洞口交错形成檐下空间

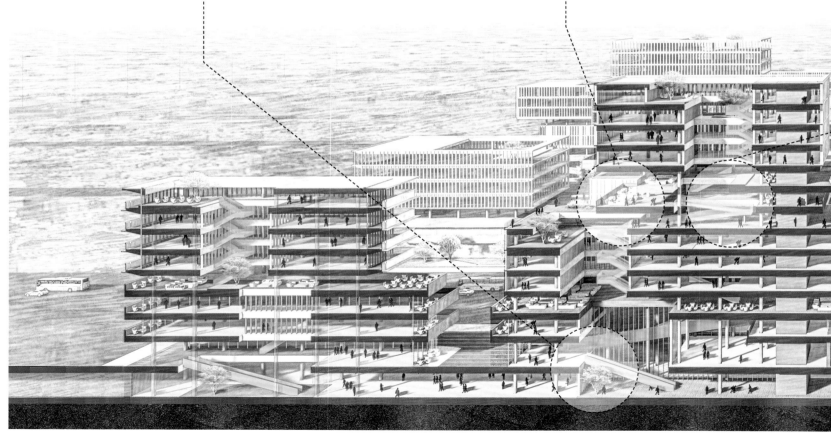

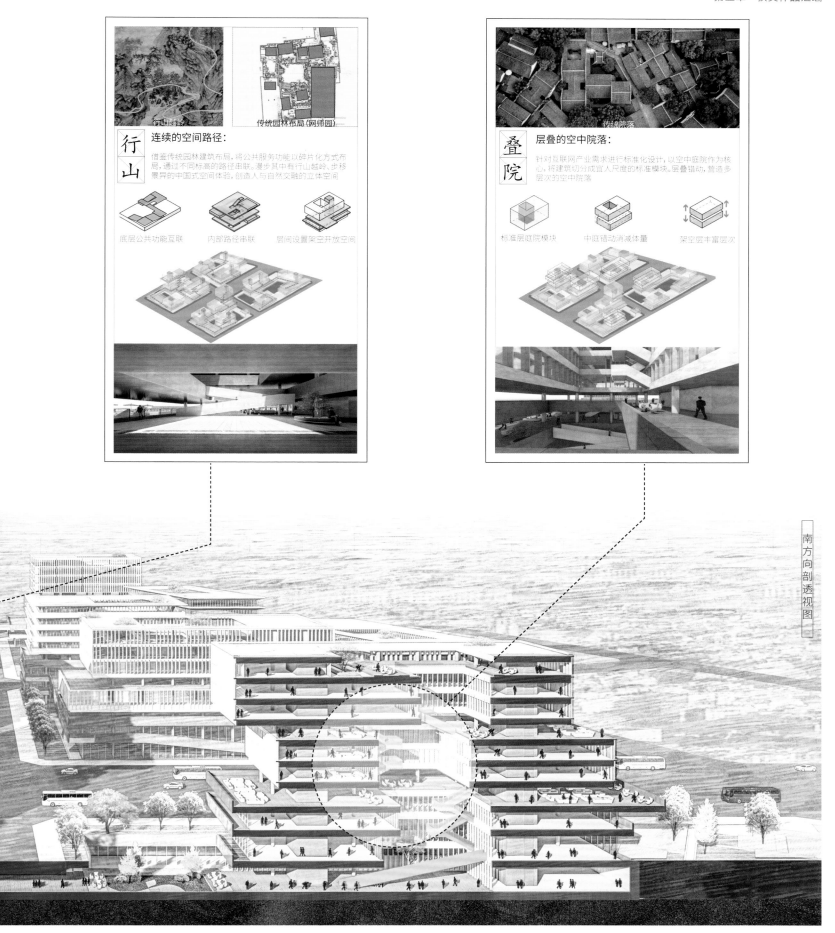

行山

连续的空间路径：

借鉴传统园林建筑布局,将公共服务功能以碎片化方式布局,通过不同标高的路径串联。漫步其中有行山越岭,步移景异的中国式空间体验,创造人与自然交融的立体空间

传统园林布局(网师园)

底层公共功能互联　　内部路径串联　　层间设置架空开放空间

叠院

层叠的空中院落：

针对互联网产业需求进行标准化设计,以空中庭院作为核心,将建筑切分成宜人尺度的标准模块。层叠错动,营造多层次的空中院落

传统院落

标准层庭院模块　　中庭错动消减体量　　架空层丰富层次

南方向剖透视图

平行世界

二等奖

参赛团队： 中机国际工程设计研究院有限责任公司

主创人员： 张程

团队成员： 罗劲、李克、李蕾、唐大有、彭涵

设计试图创造上层与下层两个相互独立却又有所串联的"平行世界"，其中上部"精神世界"代表着蕴含学术科研之旅的教育科研空间

下部"物质生活"则代表着以地域特色和传统文化为载体的生活"新社区"。传统意向与未来空间的有机结合将存在产生未知化学效应的可能性

设计说明：

雄安新区作为具有中国特色的创新示范区，在教学科研建筑的设计上充分考虑结合中式与西式教育的不同模式，创造中西合璧的校园建筑。

设计试图创造上层与下层两个相互独立却又有所串联的"平行世界"，其中"现实世界"代表着以地域特色和传统文化为载体的生活"新社区"；而"未来世界"则代表着蕴含学术科研之旅的教育科研空间。传统意向与未来空间的有机结合将存在产生未知化学效应的可能性。

在传统意向上，以太行山脚下的石头村为原型，体现华北水乡的在地文化。"现实世界"作为社区的延伸，自下而上地将散落的配套功能有机整合；"未来世界"则作为产、学、研三者的拓展，自上而下地提供一个安静舒适的工作与学习研究空间。

区别于传统校园的封闭式管理模式，"平行世界"型的校园空间将作为"产学研综合社区"，为雄安新区的创新创业前景提供多种不一样的可能性。

夜景鸟瞰图

鸟瞰图

建筑生成

未来世界
(科研教学空间)

 围合功能

 院落空间

 山脉形态

现实世界
(社区空间)

 散落功能

 社区空间

村落形态

平行世界交融

总体布局分析

总体布局平面

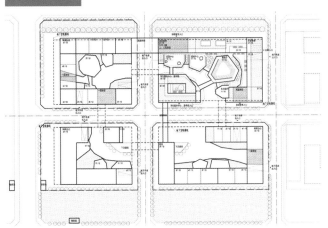

总平面图

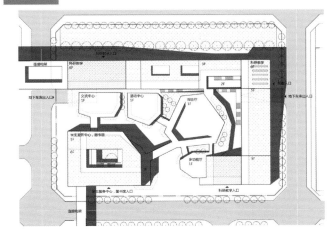

游步道透视图

活动平台透视图

服务中心内庭透视图

单体规划分析

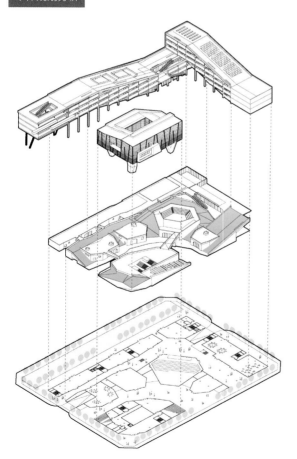

上部世界(山行院落)

科研教学功能与交流空间、屋顶花园和屋顶跑道等有机结合在一起,形成安静舒适的创新科研氛围。

架空层(留白)

架空层将上下两部分一动一静的空间结构通过景观结合在一起,达到一种"浸润式"的教学空间体验。

下部世界(石头村)

将城市道路开放界面设置为商业功能内街部分为报告厅交流中心多功能厅、活动中心以及学生服务中心等公共功能。

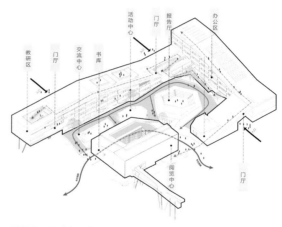

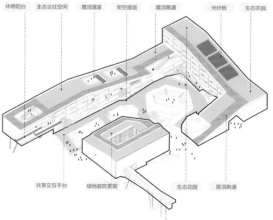

庭院透视图

中国特色建筑设计研究分析

太行山在河北境内绵延百余公里,新建建筑顶部高低起伏,与远处的太行山脉遥相呼应

提取石头村的建筑形式,将采光井、天井、拱桥等元素运用到建筑体块中,传承文化

中国传统园林在有限的空间里,创造了"城市山林""居闹市而近自然"的理想空间

对景为传统园林中常用的手法,将其运用到现代的空间格局中

将传统建筑格局中边庭的形式运用于现代建筑中获得更丰富的空间形态

 负一层平面

一层平面

二层平面

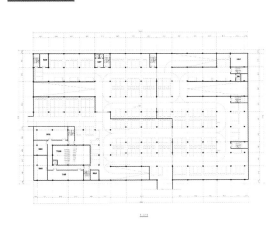
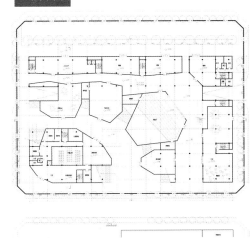
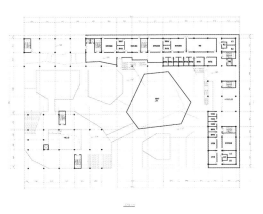

云承万物

参赛团队： 中国建筑设计研究院有限公司

主创人员： 段猛、谷德庆、祝贺、黄文韬、赵瑨

团队成员： 梁洲瑞、齐钰、辛晨野、金依润、李任、张萌

鸟瞰效果图

以现代建筑语言和材料演绎传统，昔日书院树影婆娑、云形浮动，今天的合院重檐传递着传统神韵，丰富交叠的空间层次折射东方园林的起承转合，天人合一的古老文化以当下的形式重获新生。

| 礼乐 | 分合 | 轻重 |

烟波叠宇·云境峰林

朱墨春山·半山抱园

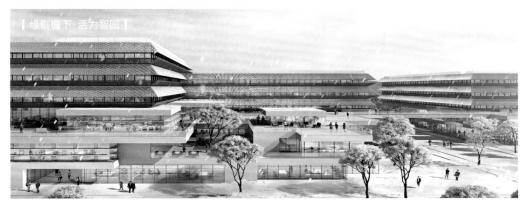

缘侧檐下·活力智园

结合场地区位特点，以流动、跳跃与起伏的"云"方式，融合响应东西城市轴线、轨道交通接驳点及城市绿带等，达成建筑外在秩序的协调。从建筑到城市，从内而外，打造有机整体的"云"校园。

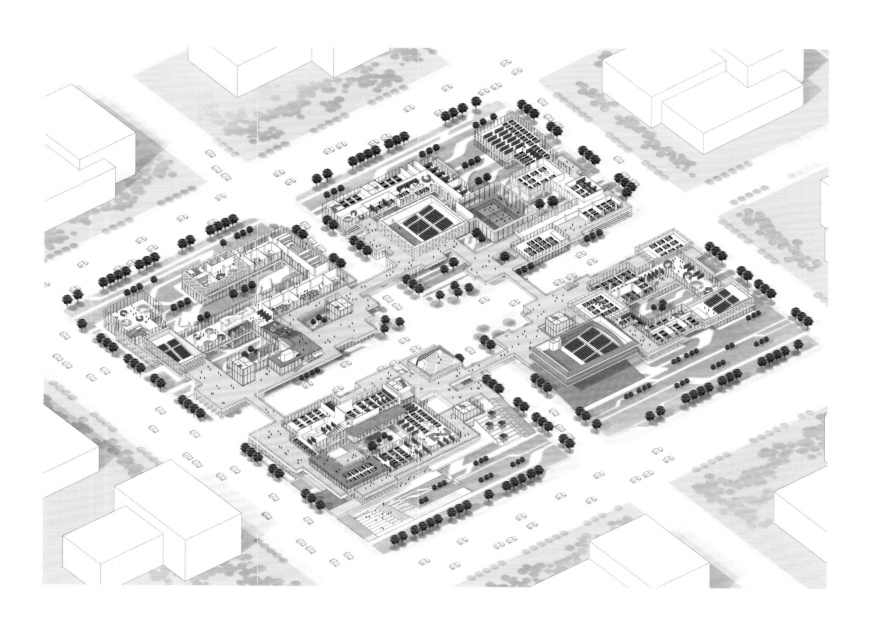

| 缘侧 |

| 重屏 |

| 地下空间 |

公共服务设施地下层结合公共交通与商业配套等功能,容纳多元化的学习与生活行为,
触发非正式交流与共享,使地下空间成为高质量的社会性场所。

琢玉成器

三等奖

参赛团队：中国建筑设计研究院有限公司

主创人员：赵园生

团队成员：杨凯栋、肖涌锋、马伊萱、任建鑫

设计说明：

中国特色的雄安建筑设计竞赛，是一次将本土设计理念实践于当下的探索机会，建筑设计不能仅仅拘泥于对传统建筑形式的写仿的局限，而是尝试将更多元化的中国特色元素和文化心理转化为建筑语言的可能性。特别是在当前"经济、实用、美观、绿色"建筑观的指引下，更多的考量以场地环境和功能特性为出发点去寻找与"中国基因"的对话机会。以新的视角拣选传统文化元素中蕴含着的与当代性重叠的内容，使之更具备普遍的适应性和可识别性，通过写意、象征、抽象，比拟等方式将中国特色的文化元素与当代大学校园端庄、大气、简洁、朴素的需求相结合，完成从原型到建筑的转译。经修磨锻炼，方成器成才。让每一块玉成为珍品，让每一个人茁壮成长。以培育人才之意对应大学教育之器。

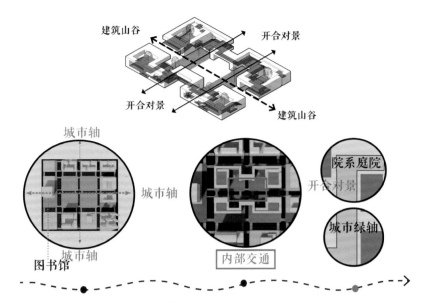

将山水的意境藏纳入建筑和场地之中；将建筑与城市的映射关系转换为展开的城市书卷；将博古架的空间构成和祥云纹样作为建筑表皮和第五立面；将雕琢的痕迹和书写的间架表现为建筑的器度。

琢玉成器——雕琢书写，托物喻人

四组建筑由跨街的公共教室两两相连，成为一个形如"器"字间架结构的整体，将器字本体的象形还原为空间，从而制造了建筑、器物、文字之间的语境——在这种汉字间架结构映射出来的空间中，产生象形文字思维传统与空间观念的思考，启发空间图示与符号的联想。

建筑表皮材料采用灰白色混凝土，其质感温润如玉。建筑形体以抠凿、刻掏的"减法"方式塑造灵动多样的空间。建筑墙面、天井、中庭的开口、穿洞如同透雕的手段。从而使场地和建筑共同形成了一件"器物"应有的古拙简洁、一体同构。

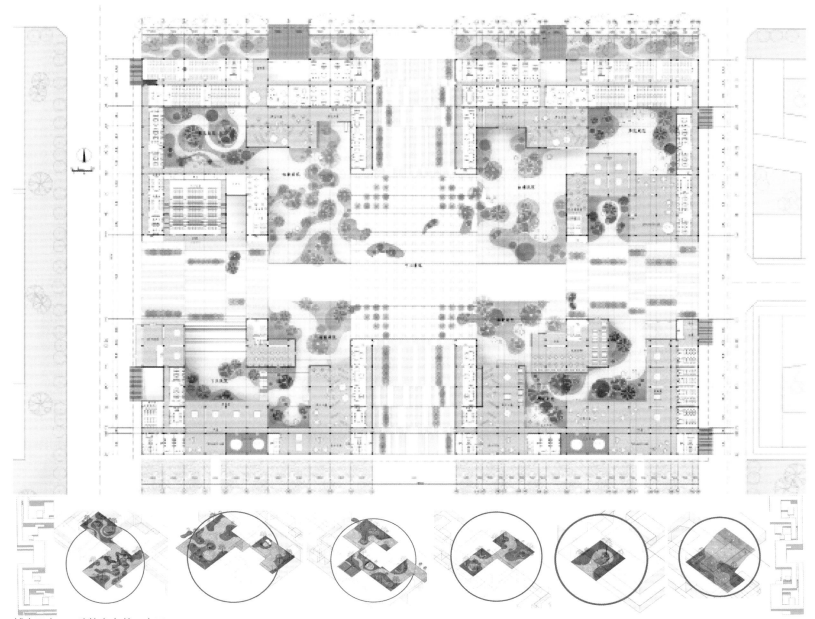

博古云今——建筑表皮 第五立面

中国传统的家具器物博大精深，对当代各类设计有很大启发，其中博古架不仅是收藏者品性学识的载物，兼具收纳书画器物功能的格架本身的空间组合关系与当代审美具有共通的构成美学。如同园林、绘画，博古架作为心性的外延，其中的器物、山水、人物，构成了文化人格的内心世界，这种内在的文化含义与文化教育建筑的功能意义相契合。设计将博古架转化成为建筑的表皮，具有外观可读性又有内在的释义性。同样，屋顶第五立面的云纹既有传统美学中的祥瑞符号的意义，也是当下云科技的象征，可以寄托古今共通的美学与寓意，此外云纹样的线性盘复构图也是适应于教育建筑满足自然通风采光等绿色要求下适宜的体量关系。博古架与云纹，表皮与屋顶，彼此之间的结合可理解为一种云科技中解读历史文化的时代感。

展城入卷——城市为景 建筑为框

从图书馆自西向东而来的城市轴线，是一幅徐徐展开的城市书卷，其间公共空间的景观，室内外各种交流互动，形成以院落、框洞、室内为基本单元的一组组场景。校园的内在活力，"相由心生"的表达为城市的风景，其间的平台路径成为建筑与城市互动的舞台，框洞空间如同台口，房间如同橱窗都将由内而发的行为活动展现、投射、感染到城市之中。反之建筑亦可作为将城市为对象的取景器。建筑的姿态如同半开半卷的画轴，自图书馆一格一格的展开，其间者如卷中之人物。

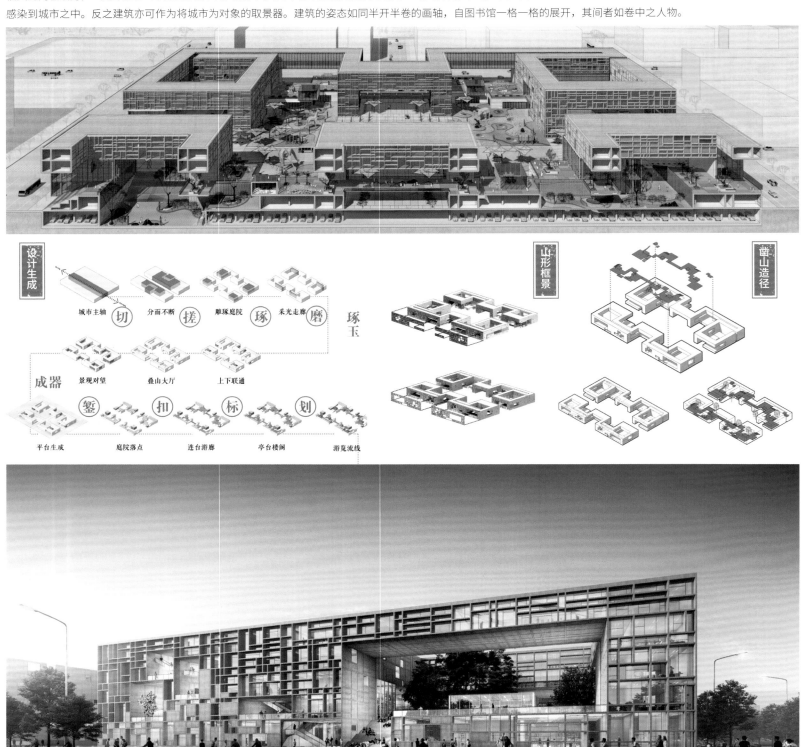

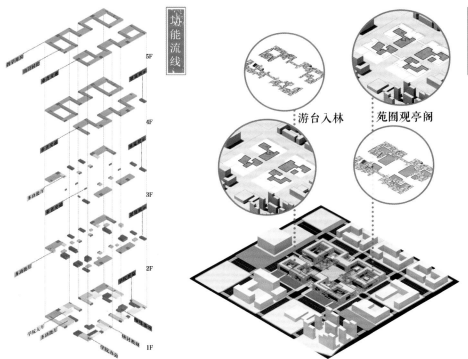

功能流线

益苑对景

游台入林

苑囿观亭阁

藏山意水——山谷空间，校园轴线

场地西侧紧邻城市轨道交通功能绿带，其间布置图书馆等重要公共建筑，城市空间以图书馆为核心，向东延伸为一条城市轴线，四个地块位于轴线南北两侧，形成了一条与图书馆开合对景的城市意象，此轴继续延伸到东侧大学城校园开放街区之中。设计将山谷的意象作为建筑顺势该轴线的方式，南北两侧连续的二层平台曲折上下，形成围合谷地的路径，并串接各组庭院。四个地块儿的外角是相对内敛的围合庭院，营造各具特色的园林空间；中央对应图书馆轴线形成开放的大庭院，通过广场铺装弱化机动车道的割裂感；介于前两者之间的是三面围合的过渡庭院，上下两两相对；

三种庭院整体上形成由内而外不同开放层级的院落组合关系。建筑立面结合高低错落的边庭空间以及串接其间的楼梯，产生藏入建筑之中有起伏山峦和蜿蜒路径的意向，将抽象的山、亭、径嵌入方整的建筑形体之中，以路径的高低变化，空间的开合，沿途的台榭营造城中山林的意境。庭院景观绿化相互间转折联通，营造出泽溪和浮岛的意境，结合平台高低的态势，如临渊涉水的淀泊风光。

三等奖

淀泊浮莲——阴阳互生、虚实相映

参赛团队： 山东省建筑设计研究院有限公司
主创人员： 侯朝晖
团队成员： 吴孟辰、綦岳、闫佳、徐姗姗、李先俭、王振坤、王韬

设计说明：

从雄安的营城理念、自然和人文环境出发，创造"融"于城市的现代城市园林——漂浮的四合院。

以传统语汇为要素，理性与感性相结合，把握空间节奏，体现空间与建筑的 3 种东方美学：自然之美，和谐之美，整体之美；功能混合与资源共享共生、与立体互联互通，营造科研园区的 5 种特质：厚度、浓度、活度、融度、锐度。

①采用中国传统阴阳互生、虚实相映的手法，"大珠小珠落玉盘"，将建筑体量（实）与庭院空间（虚）错落布置，形成松动、通透的园区空间格调。

②底部营造园区共享资源平台，形成绿色园林的空间基底，如同"生态淀泊"，各功能块则如同浮舟，漂浮其上，形成富有特色的空间群落。整体构成上浮而下连的生态共生模式。

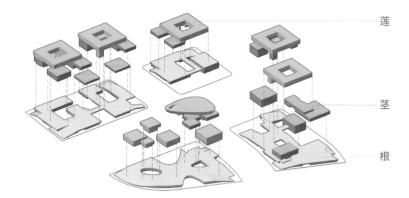

莲

茎

根

③各功能实体的围合、半围合形态，形成各自的"小气候"区块，成为通用单元。

④模块化的空间功能单元，作为基础空间模数，组合成多元使用空间，留有弹性，适应动态多变的使用方式，形成生动、和谐的整体。

鸟瞰图

一点透视图

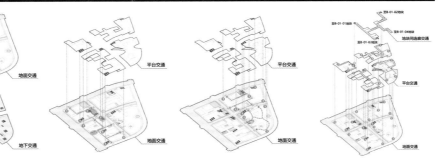

总平面图

基本"庭院"空间

采用南北最佳朝向

大体量

退让出大体量

大体量

加入连接体形成环抱庭院空间

大体量

形成基本庭院空间

顶部覆盖"漂浮的四合院"

不同层级"庭院"
空间的系统组织

"庭院"空间构成关系

群体层级

地块层级

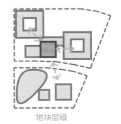

城市层级

鸟瞰图

中国传统建筑拓展方式

现代建筑拓展方式

漂浮的四合院

平面拓展

四合院原型

建筑群落

平面四合院

垂直生长

漂浮的四合院

三段式构图

屋顶
屋身
台基

四水归堂

中国传统建筑中的"四水归堂"

屋顶采用"四水归堂"形式

檐下空间

中国传统建筑中的"檐下空间"

架空"屋顶"形成的檐下空间

园林空间

对景

借景

障景

夜景图

一点透视夜景图

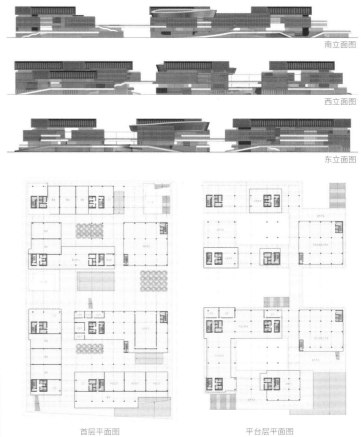

南立面图

西立面图

东立面图

首层平面图

平台层平面图

鸟瞰夜景图

叠落书院·山水画卷

参赛团队： 武汉中合元创建筑设计股份有限公司
主创人员： 晏晓波、邹子曦、李欣
团队成员： 殷媛媛、张定春、胡昕、周凯、王恢洋

设计说明：

传承与迭新——古与今的隔窗对话

由于中国近代化的特殊历史进程和社会条件，从总体上而言，中国近代大学并没有继承中国古代书院的传统。其实，中国大学的构建需要在继承中国古代书院文化的优秀传统基础上，对其精华部分加以现代化转化，使现代大学文化呈现出明显的中国气质。中国书院是中国传统教育的精华，故本方案将书院积淀的文化精神与现代大学需求结合起来，建造一座既具有东方意境，又具有时代面貌，以中华文化基因为内核，面向世界、包容并济的叠落书院。

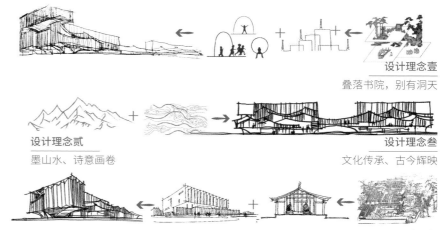

设计理念壹
叠落书院，别有洞天

设计理念贰
墨山水、诗意画卷

设计理念叁
文化传承、古今辉映

设计理念

无穷无尽的中国画意境，留白与层层渲染

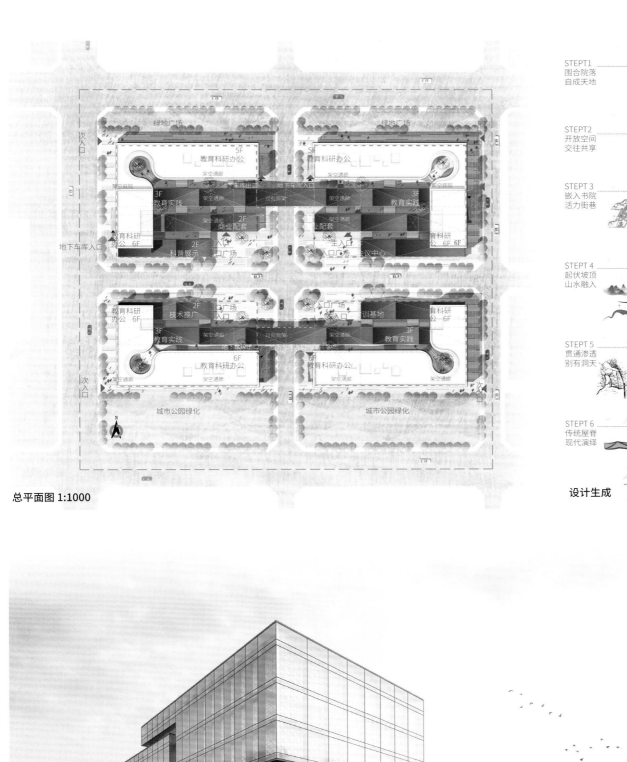

总平面图 1:1000

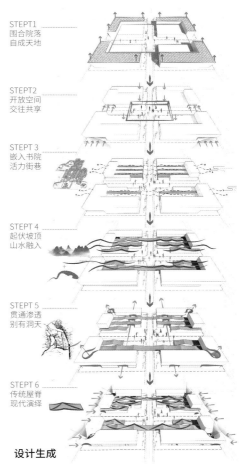

STEPT1
围合院落
自成天地

STEPT2
开放空间
交往共享

STEPT 3
嵌入书院
活力街巷

STEPT 4
起伏坡顶
山水融入

STEPT 5
贯通渗透
别有洞天

STEPT 6
传统屋脊
现代演绎

设计生成

吊脚楼运用与形体穿插

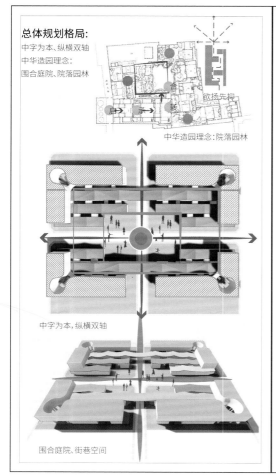

总体规划格局：
中字为本、纵横双轴
中华造园理念：
围合庭院、院落园林

欲扬先抑

中华造园理念：院落园林

中字为本，纵横双轴

围合庭院、街巷空间

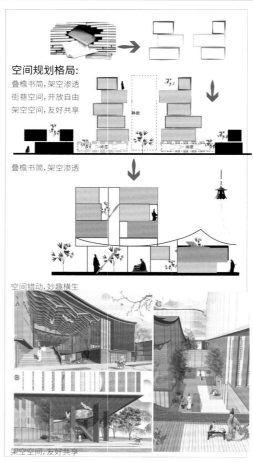

空间规划格局：
叠檐书简，架空渗透
街巷空间，开放自由
架空空间，友好共享

叠檐书简，架空渗透

空间错动，妙趣横生

架空空间，友好共享

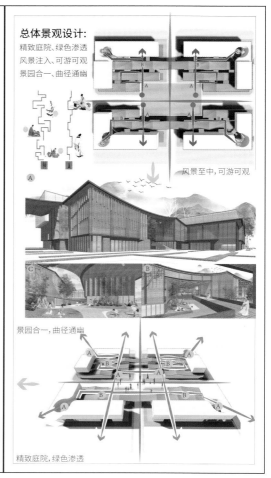

总体景观设计：
精致庭院、绿色渗透
风景注入、可游可观
景园合一、曲径通幽

风景至中，可游可观

景园合一，曲径通幽

精致庭院，绿色渗透

[架空柱的随意性与天井的豁然开朗]

建筑风貌定位: 中古外现、古今辉映、复兴创新的中国特色建筑

文化自信 中华渗透　近山远山 中国意境　国际视野、时代风貌

建筑立意——中国意境、时代风貌

中国意境、流水肌理　古典坡顶 书院气息　可观可游 觅知音的体验

建筑立意——中华内核中华魂——高山流水觅知音

西技中魂、古典折扇　西技中域、古典窗花　时代风貌、玻璃幕墙

建筑立意——国际视野——折扇叠叠且教科

木结构传统搭接的现代演绎

中式建筑+现代风格+地域风貌吸取三者精华,不断创新,引领时代

吊脚楼东方建筑之美、天井东方建筑之妙

淀园——以淀为底·芦为形·叠园共享

参赛团队：东南大学
主创人员：胡亚辉、薛嘉齐、张焱珲
团队成员：胡亚辉、薛嘉齐、张焱珲

一等奖

设计说明：

地块内建筑由上中下三部分组合而成，下层为教学功能区、学生活动功能区及景观广场；中层共享平台以图书馆、研究所、实验室及教师办公空间为主；顶层建筑为学生及教室公寓。地块内车行道路为下沉式道路。

设计灵感：设计灵感取自于白洋淀，白洋淀位于河北保定市安新县（雄安新区）境内，淀内壕沟纵横河淀相通，田园交错
水村掩映。设计将这种淀淀相通，沟濠相连的特点进行抽象化演绎，赋予到一层道路、建筑及景观布局当中，形成了白洋
淀式的建筑山水形态。

打破边界，化零为整：

1. 将原来地块内的四个体块相连接，增加功能分区间的交流。

2. 设计力求室内外空间的统一性，将建筑与周围环境相融合，打破边界，增加更多灰空间。

庭院概念：

庭院可以为底层的建筑空间增加更多的阳光照射，同时可以形成区域范围内的人流集聚场所，是传统集体聚落精神的体现。

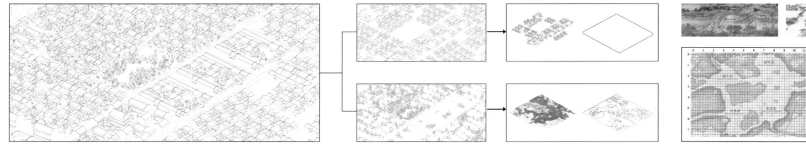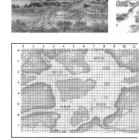

传统建筑聚落划分：（1）集体精神意识（2）共享水淀文化　　　　白洋淀基底进行矩阵化处

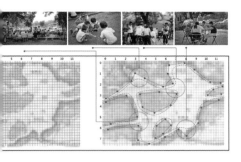
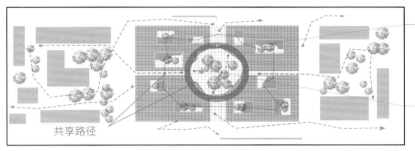

共享路径

场景与聚集行为布置基底路径，融入景观元素。

对集体精神意识（院落形制）与共享水淀文化的融合形成共享包容的科研共同体。

中国建筑特色元素提取

通过提取中国传统建筑富有特色的元素与地域特色元素进行匹配,最终通过叠合、交互、链
接、交互等方式进行转译,从而组织人的行为回应传统空间人的行为的现代化演变。

   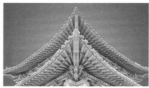 

| 竖柱 | 组团聚落 | 合院 | 檐廊 | 漂浮状态 | 行为 |

草图

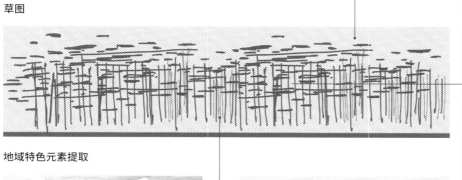

横向元素

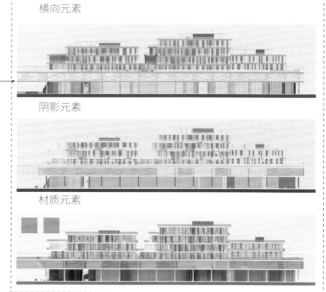

阴影元素

材质元素

地域特色元素提取

+

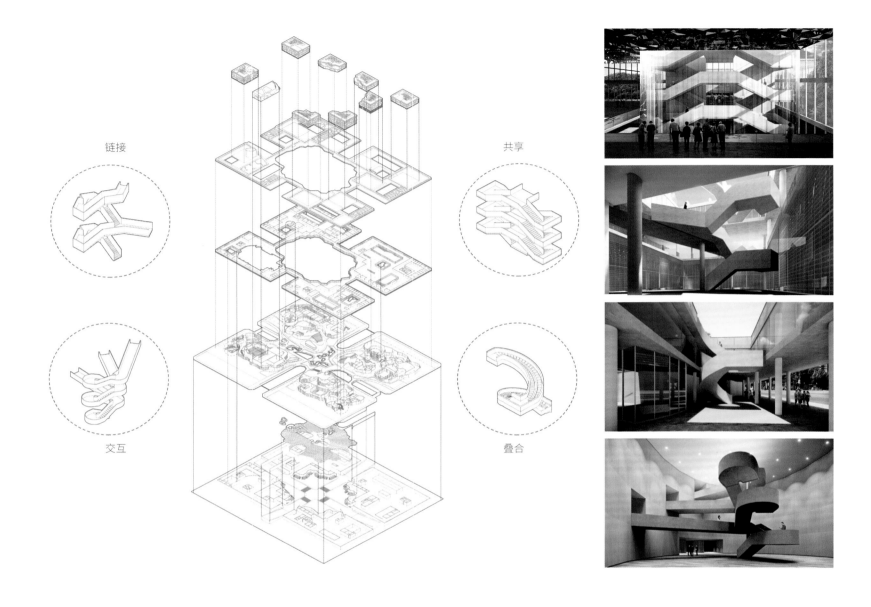

链接

共享

交互

叠合

光域之塔

椽下书堂

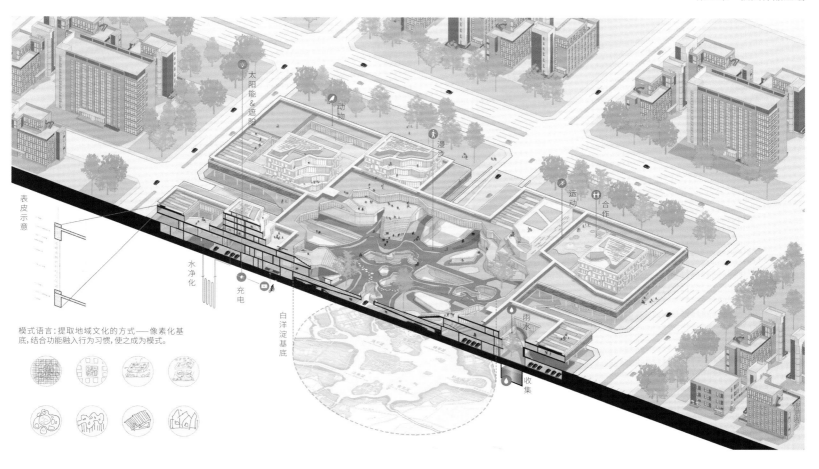

表皮示意

模式语言：提取地域文化的方式——像素化基底，结合功能融入行为习惯，使之成为模式。

太阳能&遮阳

动物

漫步

运动

合作

水净化

充电

白洋淀基底

雨水

收集

多元城市——Urban Pluralism

参赛团队： 广州方得其溯设计有限公司、独立建筑师

主创人员： 石成

团队成员： 郭强

设计说明：

随着经济和科技发展，中国现代城市发展中的问题越发突出：以车行交通为城市交通主导，缺乏尺度适宜的连续步行空间；城市开发模式单一，都市空间类型同质化；公共空间缺乏，环境友好性较差；中国传统文化缺失，城市文化自信缺乏，难以营造"市民精神"。面向未来的"人居城市"，我们试图提出组合多种城市空间类型的提案。通过构建立体多层次的公共步行空间体系，我们能够串联4个不同城市空间类型的地块，并以此为原始单元类型，提出城市向多元类型延伸发展的可能。在提案中我们提出以功能交通为空间主轴的城市连接体空间类型、创造景观连续的功能集约空间类型、首层架空中庭开放的围合型空间、横竖编织错位叠加的垂直叠加型这4种城市空间类型。丰富的空间类型组合，创造了社交机会，为城市提供了持续不断的活力，也为"市民精神"提供了展示的舞台。

		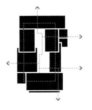	
集合型	**连接体型**	**中庭围合型**	**垂直叠加型**
创造二层地面	交通空间导向	立体院落空间	网格编织肌理

多元城市元素

密路网/多界面

多元城市类型

城市连续公共空间

立体公共步行体系

空间的灵活性与迭代升级

传统文化符号现代转译

设计策略

二层公共空间体系

地面连续开放空间

地下开放空间体系

功能空间的复合使用

机动车流线与慢行系统

城市沿街界面分析

构建景观体系

连续的屋顶形态

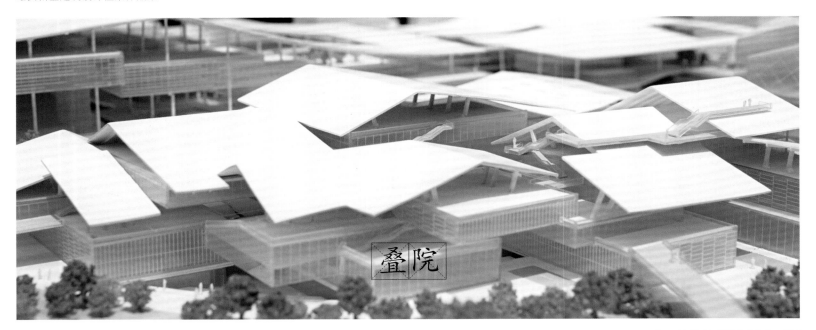

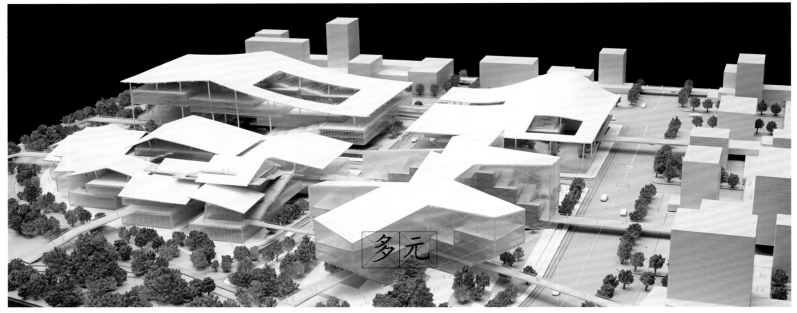

剖面 A-A

整体爆炸轴测图

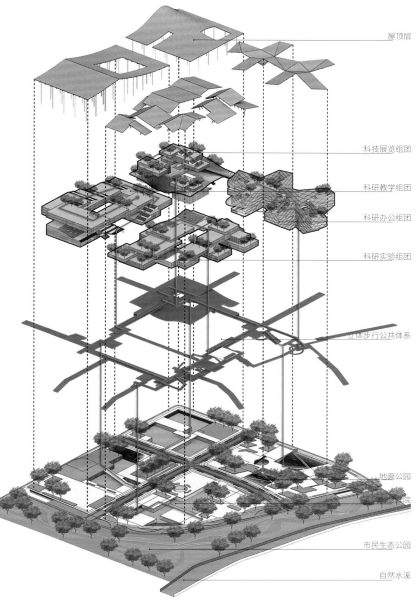

屋顶层

科技展览组团

科研教学组团

科研办公组团

科研实验组团

立体步行公共体系

地面公园

书院

市民生态公园

自然水溪

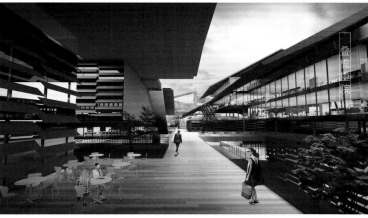

蔓 • GREEN CROSSING

参赛团队： 东南大学建筑学院

主创人员： 高晏如、简海睿、肖强、杨宸、叶波

团队成员： 高晏如、简海睿、肖强、杨宸、叶波

二等奖

设计说明：

　　基地位于科创产业片区东部，与东侧科教创新片区以中央绿谷相隔。由于基地位处科研区与大学城交汇处，紧邻城市绿地，方案希望通过整合延续自然资源、开放连接外部场所，打造多种资源互联，科研与生活交互的步行花园城市。

　　方案基于中国特色社会主义自然观提出"蔓"的概念，将中央绿谷的自然资源蔓延至场地内部，进而与城市绿地有机融合。依托蓝绿系统并借助中国传统庭院的空间原型，打造多层次的外部开放空间与科研组团，穿插布置零售、休闲、文教等服务功能，结合科研周期的多个阶段，将多种规模、多种类型的建筑组团相互融合渗透。实现人与自然和谐共生的自然观，产学研用一体的发展观。

场地	空间	功能
巧借生态自然环境之力	巧用传统院落空间原型	巧构产学研一体化模式

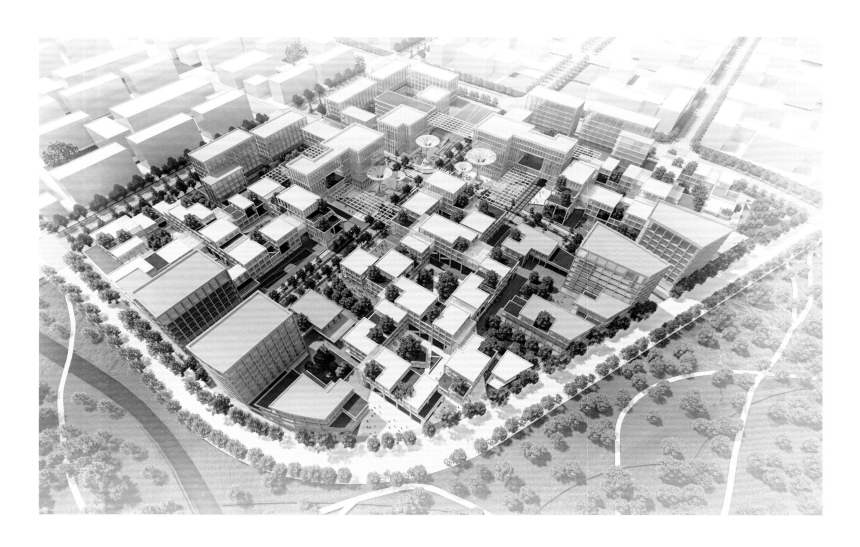

N

②企业 8F
①创智中枢
3F
8F 7F

②企业 12F
5F
③实验室
3F
①创智中枢 11F
4F 8F
②企业 12F

①创智中枢
5F
②企业
11F
③实验室
12F
4F
3F
②企业
4F 8F 12F

②企业 12F
4F
②企业 8F
③实验室
4F
3F
②企业 12F
8F

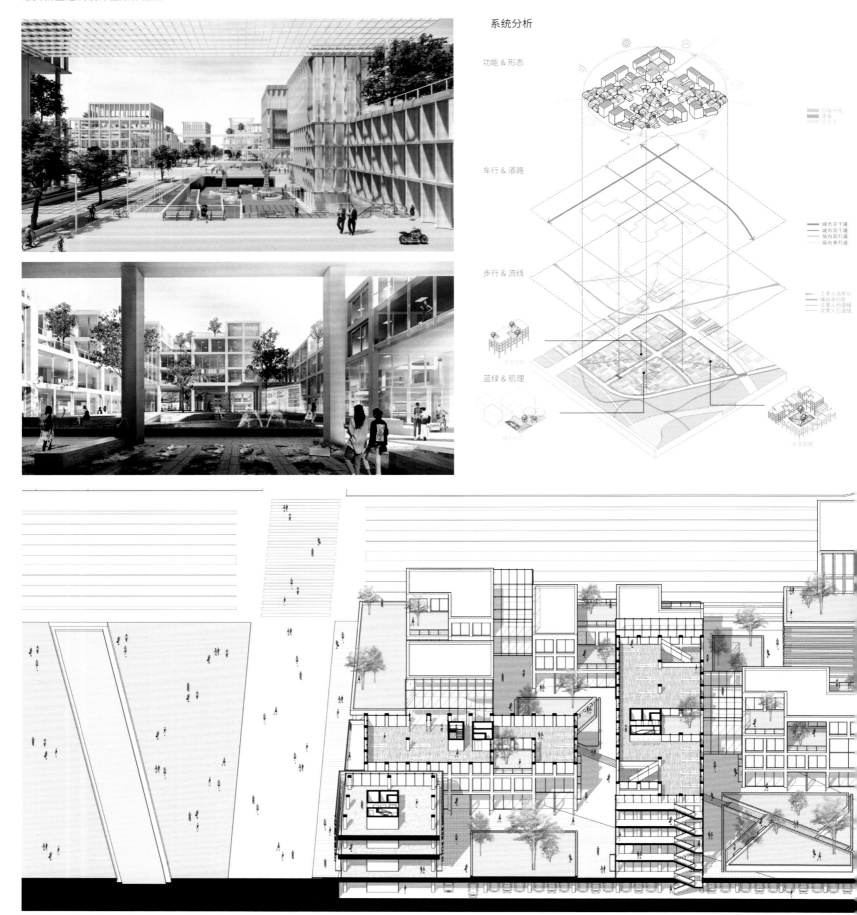

系统分析

功能 & 形态

车行 & 道路

步行 & 流线

蓝绿 & 肌理

当代演绎　　中国传统

共享院落

屋顶花园

高低韵律

立面遮阳

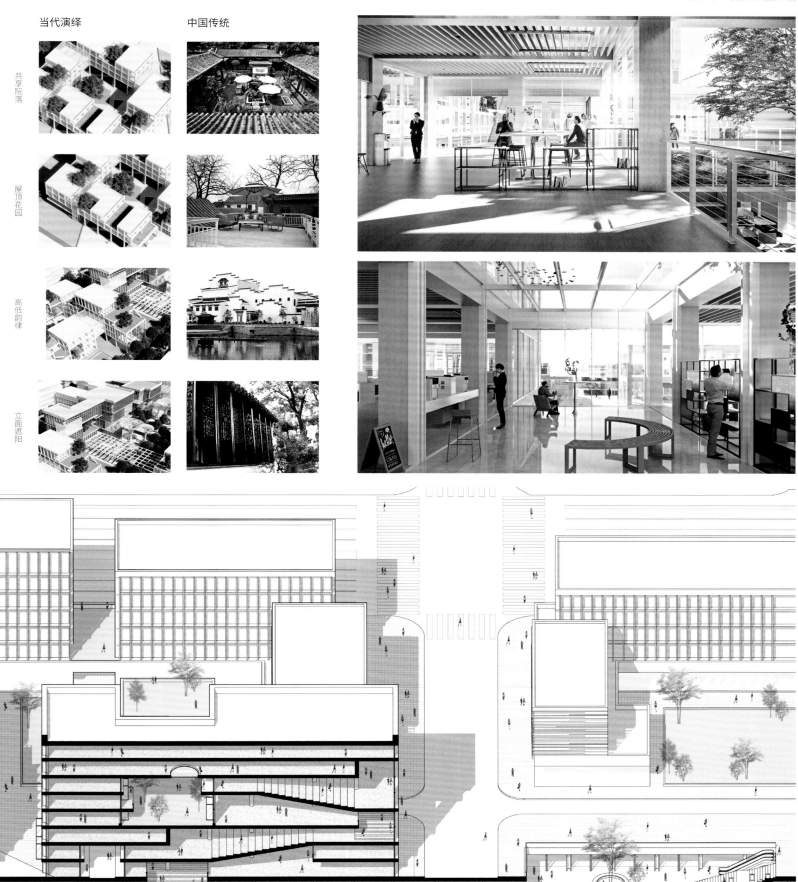

三等奖

链接未来——智能化教学引导下对的无边界校园综合体

参赛团队：东南大学、米兰理工大学
主创人员：王宁
团队成员：周瑶逸、郭浩然、马志强、王凌豪

设计说明：

  本设计以未来校园为导向，旨在为线上教学与智能化教学逐渐普及、多学科交叉融合趋势下的未来雄安新城，创造一个线上与线下、社区与校园、学习与生活多元耦合的校园综合体。

  面对因资源管理的新方法导致的线上线下混合学习方式的出现，未来在校园中引入"非正式教学空间"概念，提供一种公共性质、自由学习的"非正式教学空间"，逐一打破传统教育的时间和空间限制，便于学生未来在线下场所进行线上学习。

  "无边界"是未来校园的另一特征，构建面对社会、面向社区开放共享的"无边界"校园。通过垂直分区，将校园中公共的、可以使用的、共享的空间和绿地开放给公众。同时师生的日常生活与学习之间的"边界"也将不断被打破，新时代的学生可以更加自主地选择学习研究的地点和方式。

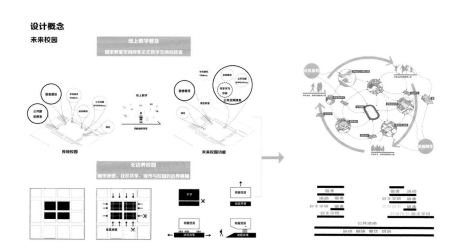

设计概念

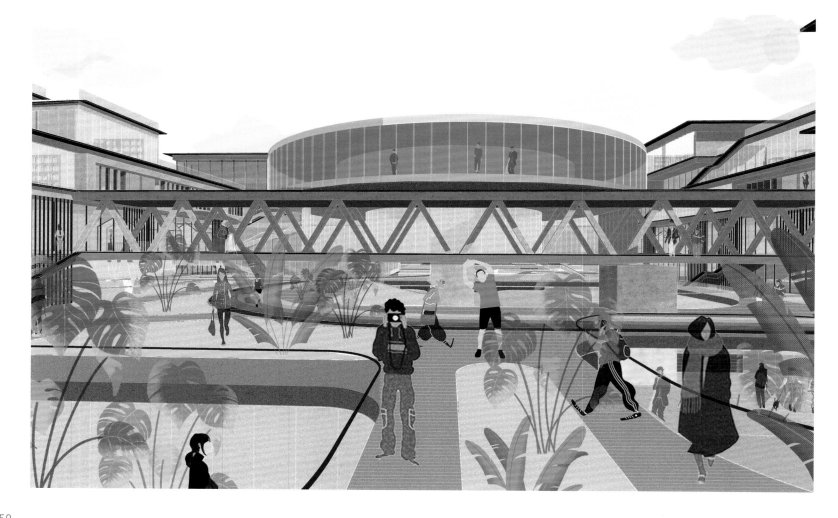

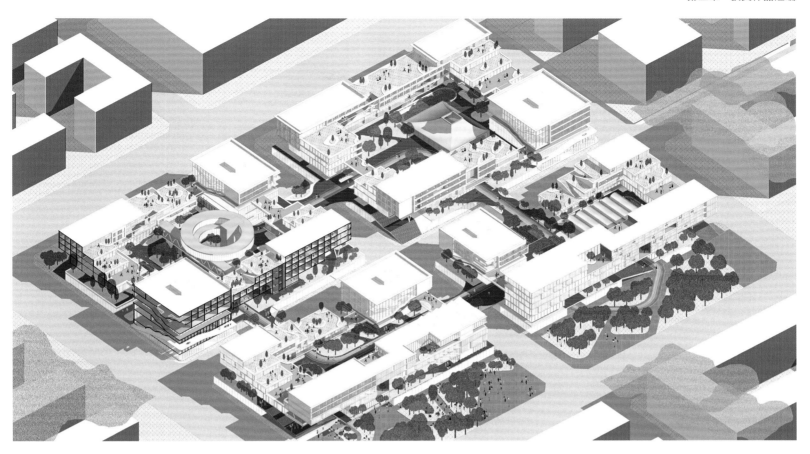

形态生成

城市绿轴渗入　　　　功能排布　　　　合院式布局　　　　模糊边界向城市开放　　　　白洋淀肌理绿岛　　　　公共空间体系　　　　核心公共空间

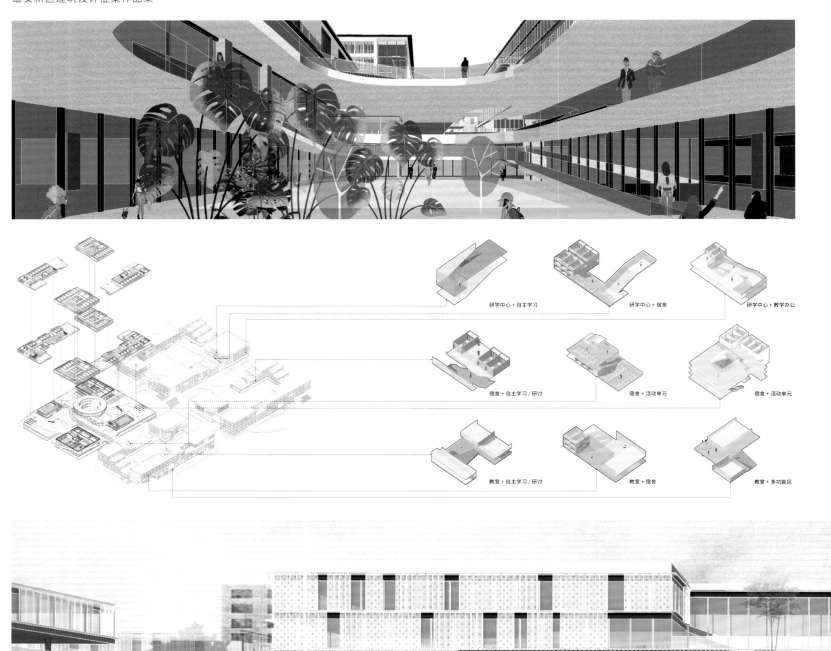

研学中心 + 自主学习

研学中心 + 宿舍

研学中心 + 教学办公

宿舍 + 自主学习 / 研讨

宿舍 + 活动单元

宿舍 + 活动单元

教室 + 自主学习 / 研讨

教室 + 宿舍

教室 + 多功能区

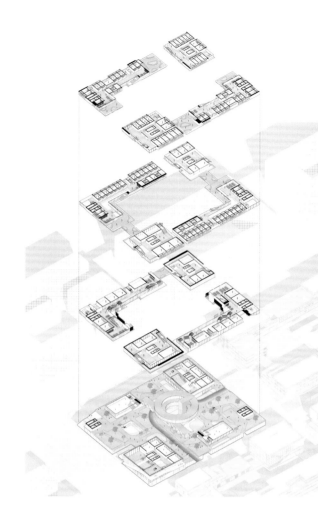

东西方向剖透视图

光影之森

三等奖

参赛团队： 独立建筑师
主创人员： 王洪途
团队成员： 王典会

设计说明：

　　科研建筑的精髓在于交流与共享。本方案通过一个大屋顶将单一地块里的所有建筑联系在一起，形成一个气势宏大的屋顶公园，地块之间也有机地联系到一起，共同形成天际线优美、形式统一的城市空间形象。在建筑单体设计中，通过形体的错落与咬合，形成不同尺度与高度的绿化平台，增强空间的交互与科研人员的交流与分享，呈现出开放包容的建筑形象。

　　屋顶神似华盖，不同尺度的开洞保证了建筑的自然采光，光影斑驳洒落在屋顶花园及建筑上。同时屋盖与屋顶之间形成一个自然通风层，屋盖顶部覆有太阳能光电板，使建筑达到绿色生态、环保节能的使用效果。

华盖

我们的设计理念来源于一条曲线，一条传承了几千年中国文化的"飞檐翘角"

我们的设计理念来源于一个屋顶，一个延续了几千年中国历史的"至美华盖"

博古贯今

我们的设计理念来源于一幅画，一幅绘尽了几千年中国繁华的"清明上河"

我们的设计理念来源于一个博古架，一个贯通了几千年中国底蕴的"博古贯今"

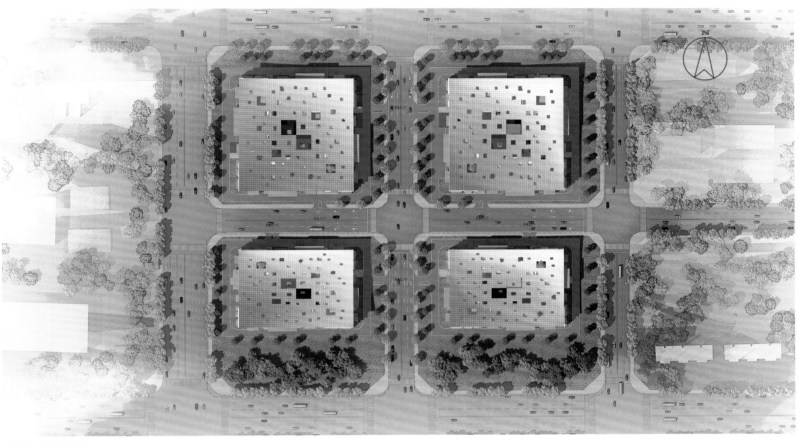

参数变量控制图示

输入建筑体量

传统院落概念融入

道路引入

自成一体又可复制的细胞特性

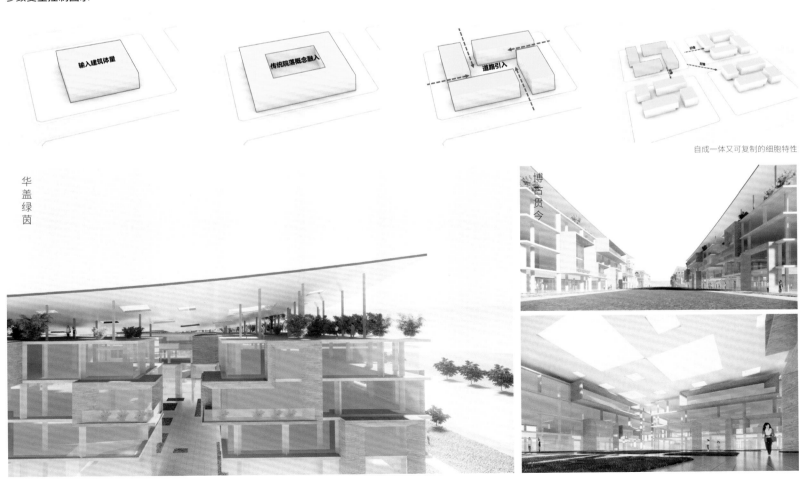

华盖绿茵

博古贯今

和谐

城市客厅理念：

　　追求建筑与绿化和谐共生，绿色自然生长在建筑上，给人以放松舒适的宜人环境。

生态

外凸阳台采用夯土材质：

　　形成的效果能够与环境完美相融，与自然相拥，形成和谐的原生态效果，同时能够体现乡土建筑的地域性特征。

节能

屋面采用太阳能板：

　　合理利用太阳能，达到建筑单体能源自给自足、节能环保的目的。

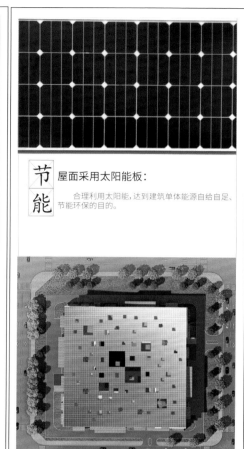

城 市 客 厅

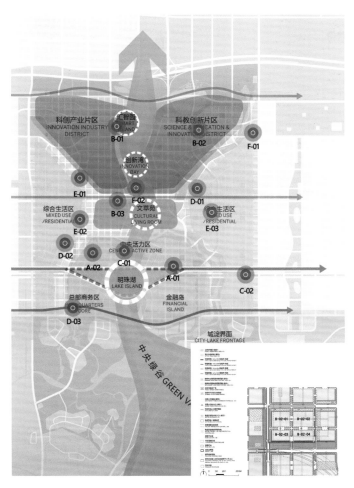

光影之森——光影

光影之森——森林

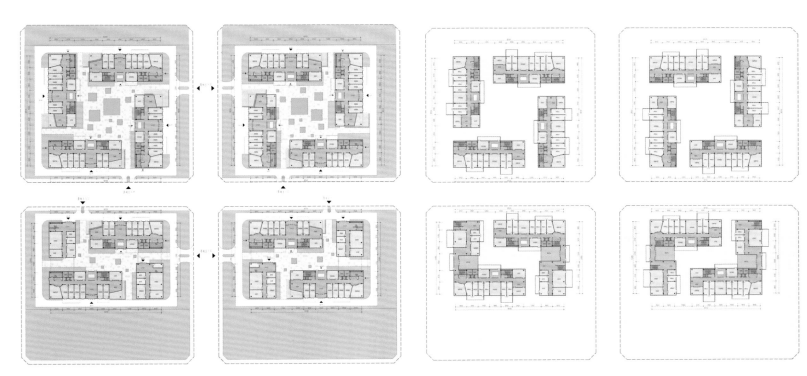

首层平面图

标准层平面图

共生沼泽

参赛团队：独立建筑师

主创人员：陈子尧、刘畅、刘佳利、孟婉婷、徐嘉韵

团队成员：陈子尧、刘畅、刘佳利、孟婉婷、徐嘉韵

三等奖

设计说明：

　　雄安新区是深具山水田园气息的城区，同时也是工业发展较快的地区。随着城市化和工业化的升温，以挤压自然换取经济利益的模式让城市无序发展，环境持续恶化。当代城市谋求升级转型、创新发展，独具魅力的自然条件将成为雄安新区的重要竞争力和吸引力。我们在充分尊重自然、城市与产业需求的基础上提出新的产业园建设模式。未来的产业园区将摒弃传统的粗放式建设模式，向融合自然、多元发展、宜居宜业等新时代发展方向迈进。我们提出"共生沼泽"的概念，通过协调自然、城市和产业的全局方案来构建创智创新区的模型。方案以基地特有的特质为基础，尽可能保护并提升地方品质，将基地特征要素渗透方案全局，在满足雄安淀泊文化内涵的同时，迎接创新创智产业园区崭新的未来。

场地基因提取 —— 苇荡泛舟　　　　　设计意向转化 —— 竹海漫步

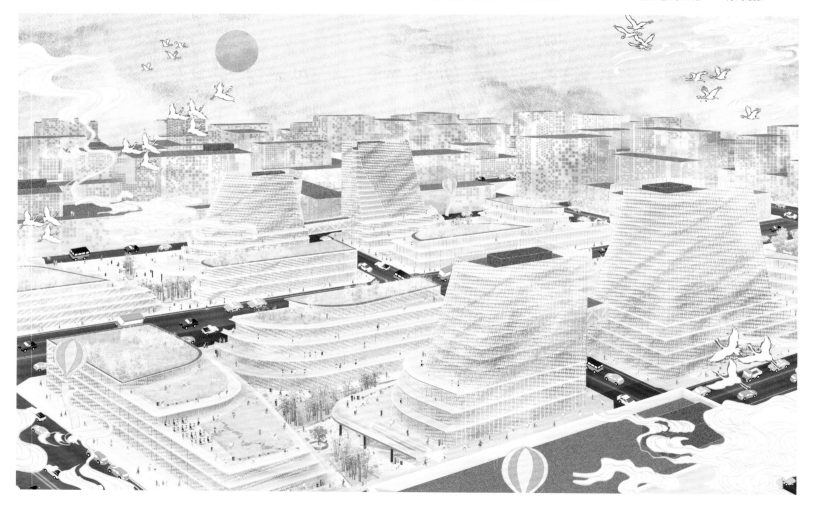

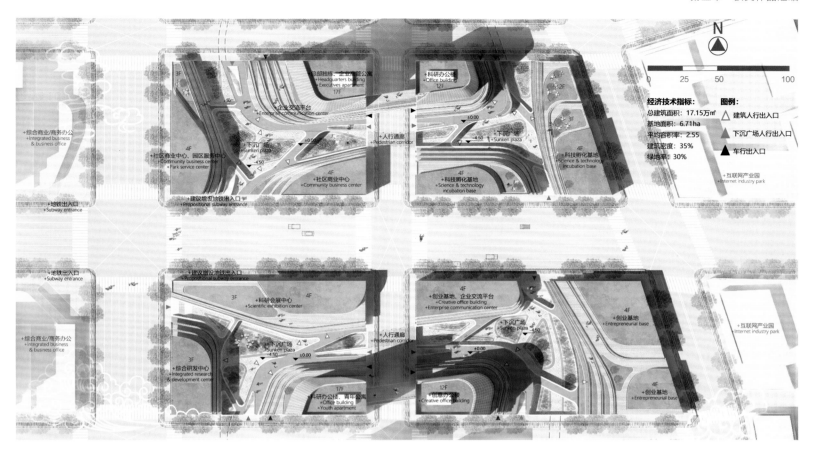

经济技术指标：
总建筑面积：17.15万㎡
基地面积：6.71ha
平均容积率：2.55
建筑密度：35%
绿地率：30%

图例：
△ 建筑人行出入口
▲ 下沉广场人行出入口
▲ 车行出入口

设计理念：淀泊文化——沼泽湿地

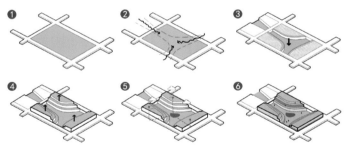

处理场地景观与城市文化成为设计的首要着手点。在尽可能保持原有自然肌理的情况下，我们将之前的平面沼泽拆分为立体沼泽，通过雨水收集和过滤系统进行循环调节，保留原有沼泽调节自然雨水的能力。另一方面，立体沼泽所营造出的自然风光与科技、企业、公共交通、社区、综合服务共生，将为市民提供全新的都市自然景观，为雄安打造不一样的淀泊风光。

透视图

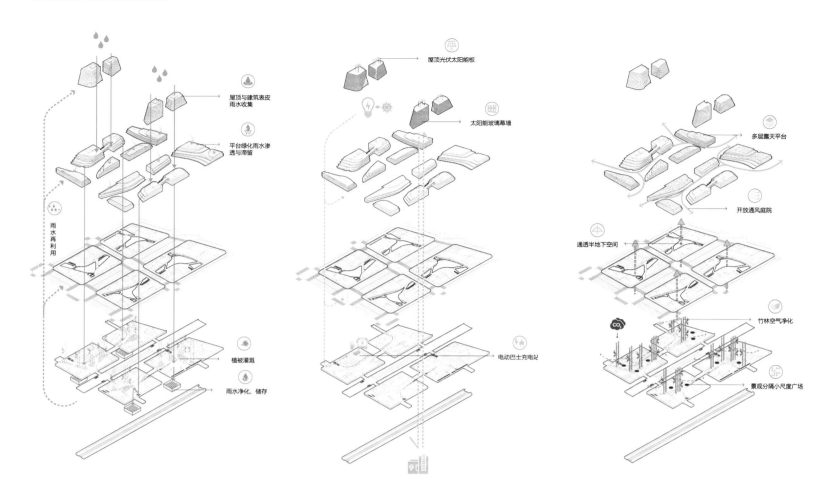

屋顶光伏太阳能板

屋顶与建筑表皮
雨水收集

太阳能玻璃幕墙

平台绿化雨水渗
透与滞留

多层露天平台

开放通风庭院

雨水再利用

通透半地下空间

竹林空气净化

植被灌溉

电动巴士充电桩

景观分隔小尺度广场

雨水净化、储存

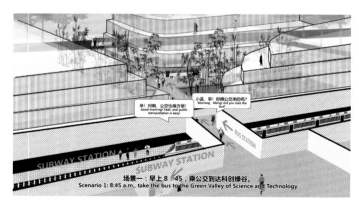

场景一：早上 8：45，乘公交到达科创缘谷。
Scenario 1: 8:45 a.m., take the bus to the Green Valley of Science and Technology.

场景二：早上 9：00，到达下沉广场
Scene 2: 9:00 a.m., arrive at Sinking Plaza.

场景四：下午 2：30，在创业基地交流讨论
Scene 4: 2:30 p.m., exchange discussion at the Entrepreneurship Base

场景五：下午 4：05，来到企业交流中心开会
Scene 5: 4:05 p.m., meeting at the Corporate Exchange

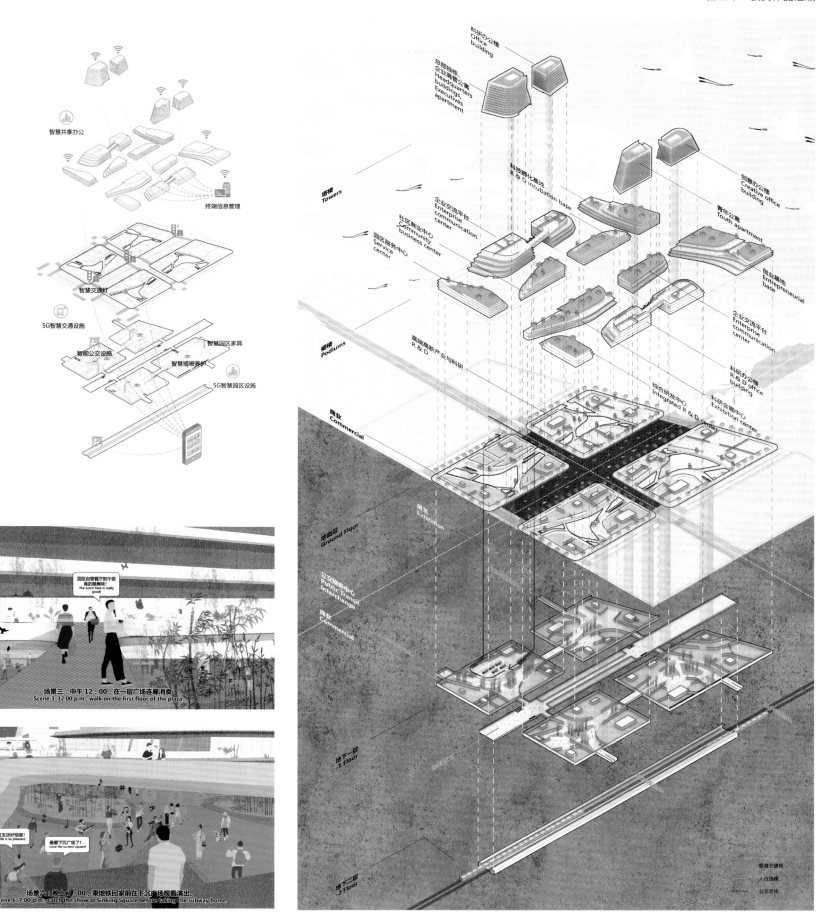

智慧共享办公

终端信息管理

智慧交通灯

5G智慧交通设施

智能公交设施

智慧园区家具

智慧植被养护

5G智慧园区设施

科研办公楼
Office
building

总部独栋
企业高管公寓
Headquarters
buildings,
Executives
apartment

科技孵化基地
R & D incubation base

创意办公楼
Creative office
building

企业交流平台
Enterprise
communication
center

社区商业中心
Community
business center

青年公寓
Youth apartment

园区服务中心
Service
center

创业基地
Entrepreneurial
base

企业交流平台
Enterprise
communication
center

科研办公楼
R & D office
building

综合研发中心
Integrated R & D center

科研会展中心
Exhibition Center

塔楼
Towers

裙楼
Podiums

商业
Commercial

高端高新产业与科研
R & D

展览
Exhibition

地面层
Ground Floor

公交换乘中心
Public Transit
Interchange

商业
Commercial

地下一层
-1 Floor

地下二层
-2 Floor

智慧交通核
人行连接
公交流线

场景三：中午 12：00，在一层广场连廊消食
Scene 3: 12:00 p.m., walk on the first floor of the plaza

园区自营餐厅的干饭真的很美味！
The lunch here is really good!

园区生活好惬意！
The life is so pleasant.

最爱下沉广场了！
Love the sunken square!

场景六：晚上 7：00，乘地铁回家前在下沉广场观看演出.
Scene 6: 7:00 p.m., catch the show at Sinking Square before taking the subway home.

商业服务类

匠志雄心

参赛团队：联创时代（苏州）设计有限公司
主创人员：周婷、唐苏滇、汪丽雯、单达
团队成员：潘雨心、陈志文、王君良

设计说明：

　　鲁班锁作为中国传统文化元素，代表着中国千年来的榫卯精神。

　　本次设计就以鲁班锁为出发点，期望在传承中国传统文化中，碰撞出建筑的时代特性，创建丰富亲近的商业体验空间。

　　鲁班锁多以对称的形式构成，给人秩序、庄严肃穆、整体呈现安静平和的印象，各杆件在三维空间中通过重复，并列、叠加、相交、切割、贯穿等方法。相互组织在一起，表现出榫卯结构的美感。

　　老子"有无相生"的命题在鲁班锁中得到充分的体现，杆件之间的空隙所产生的的空间虚实对比关系，重复基本形正负交替排列，同一基本型再左右上下位置上，造成空间的节奏感和流动感，因此给人以轻快通透紧张的感觉。这同样可以运用到我们的建筑空间的设计中，让建筑在同一的外形体块下，拥有千变万化的内部空间，形成虚实场面，打造不一样的商业空间体验。

概鸟瞰图

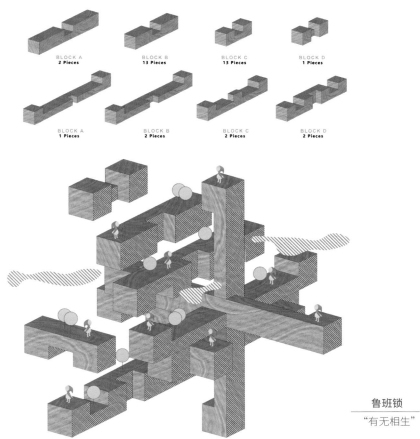

鲁班锁

"有无相生"

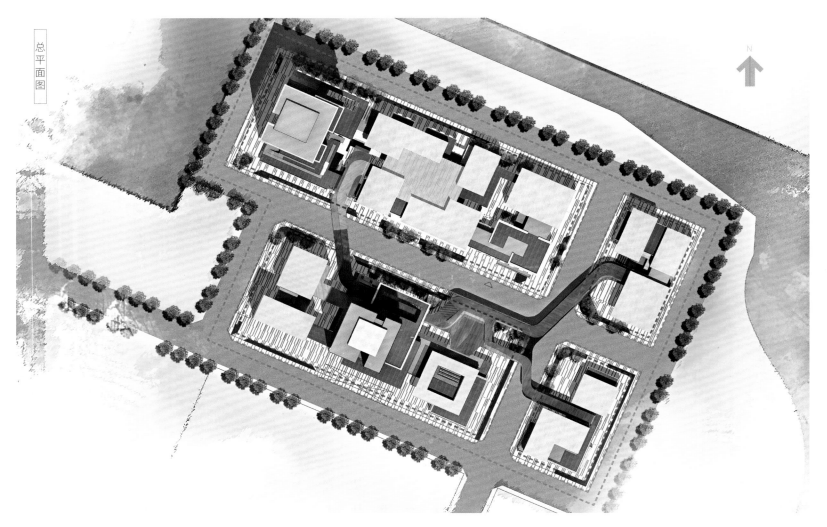

总平面图

N

设计以鲁班锁为出发点，形体上将鲁班锁拆分为不同单元，将鲁班锁的结合方式内化为建筑手法上的错落堆叠与相互咬合，形成丰富的建筑空间肌理。

空间逻辑

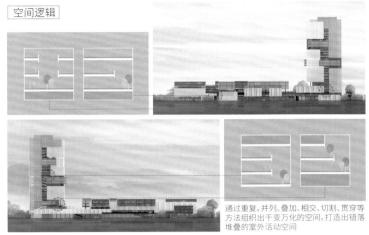

通过重复、并列、叠加、相交、切割、贯穿等方法组织出千变万化的空间，打造出错落堆叠的室外活动空间

高层规划为商务酒店，客房、办公、会议、活动等多元化功能都包含在其中
标准层通过穿插体块带来更多的空间变化，给人以节奏感和流动感

体块生成视

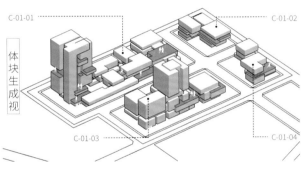 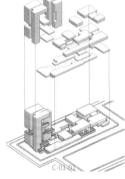 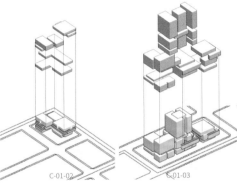 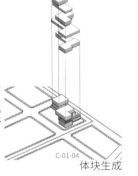

体块生成

通过对传统鲁班锁构件的变形，重组，切割，贯穿与叠加，构成围合的灰空间，例如，空中花园与平台空间。不同尺度与形状的体块交错，增强了空间的节奏感与流动感，给人以通透，轻快，丰富的空间体验。四个地块以相似对称的构件组合在一起，给人以秩序，庄严的感受，整体呈现安静平和的美感。周边不同体块的衬托，又体现出建筑的跳跃与轻快感。两者对比与中和，带来强烈的视觉冲击

广场透视图

飘带廊桥形成的空中舞台

错落空间下的架空层庭院空间

高层裙房层叠的平台围合起的庭院空间

云锁摇台

风锁游廊

雨锁闲庭

烟锁叠榭

月锁广寒

实景鸟瞰图

绿色生态

景观展望台
景观展望台
空中花园
空中花园
空中花园
共享庭院
共享庭院
共享庭院
楼梯 楼梯

廊桥流线 地面流线

流线分析

建筑形体促进人与自然生态的有机融合

平面图

标准层平面图

五层平面图

中庭透视图

剖面图

高层透视图

二等奖

雨林城市——面向未来的多用途弹性空间

参赛团队：南京大学建筑规划设计研究院有限公司
主创人员：王铠
团队成员：沈宇辰、王问、童晨韵

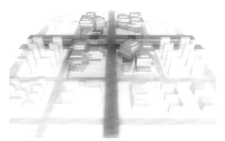

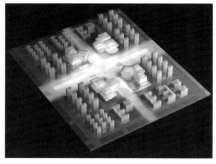

群体建筑模型

设计说明：

中国当代城市商业空间——市井空间类型的集成

　　中国当下的城市商业空间，正在成为历史各种市井空间类型的集成。大型的商业中心街道商业、soho、创意文化空间……涉及任何衣食住行的日常，以及城市公共性的聚集、交往交流、娱乐等等空间场景，都有可能与其不同程度的融合。

雨林城市——面向未来的多用途弹性商业空间

　　本设计试图探讨一种商业空间模式，如同热带雨林的生态系统，多层次立体化，多系统组合高效利用空间资源，并且具有极强的适应性和弹性发展可能。垂直交通是主干，通达屋顶，深入地下；结构是系统的空间网络格构，冗余的平台或孔洞带来功能和空间的多种组合；巨型底层架空和褶皱人工地表，形成开放性的人性化场地空间。

设计概念
雄安——时代精神 (Xiong'an - The Spirit of the Times)

建筑三段式的空间构成，是对柯布西耶萨伏伊别墅的再次致敬，也是从卢吉埃原始棚屋到当代建筑自然拟象传统的反思。而其空间的弹性和组合，在水平和垂直两个维度展开，回应城市公共空间的传统和当代商业空间的复杂性，街道、广场、院落的城市空间，和人工地表、天台、孔洞的自然意向，形成相互交织的平行系统。借助雨林城市的概念，形式的模拟带来空间系统的变化，大量的立体户外空间，既是商业的多用途空间，也为市民的文化交往提供了无限变化的场景。

The Primitive Hut,
Marc-Antoine Laugier.
1753

Villa Savoye,
Le Corbusier. 1928

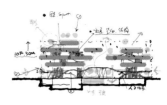

雨林城市，雄安 . 2020

喧闹的北方庙会与宁静的胡同酒吧

白洋淀水陆交错的特色人文地景，白石山自然造化的层积风化地貌，成为建筑空间形体意向的重要来源

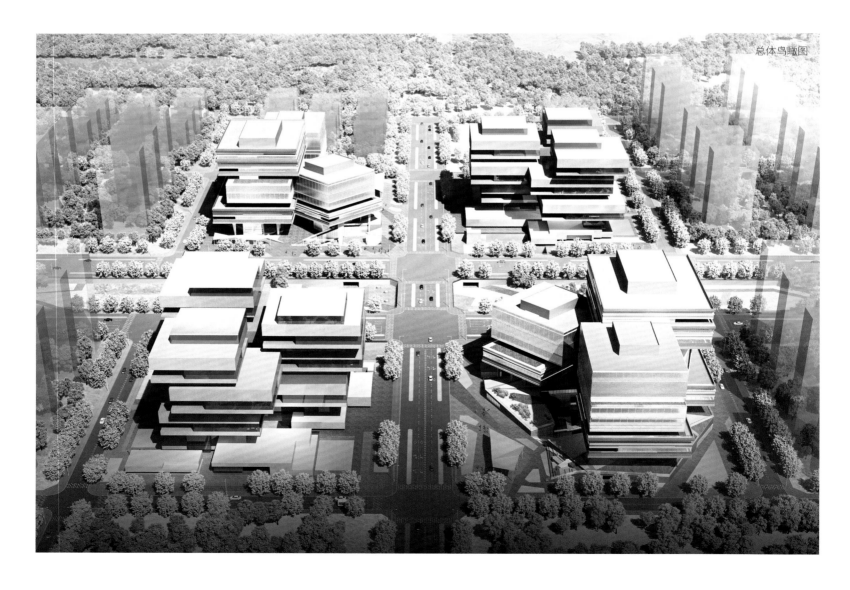

总体鸟瞰图

景观大道沿街透视

功能体块分析

城市空间结构分析图

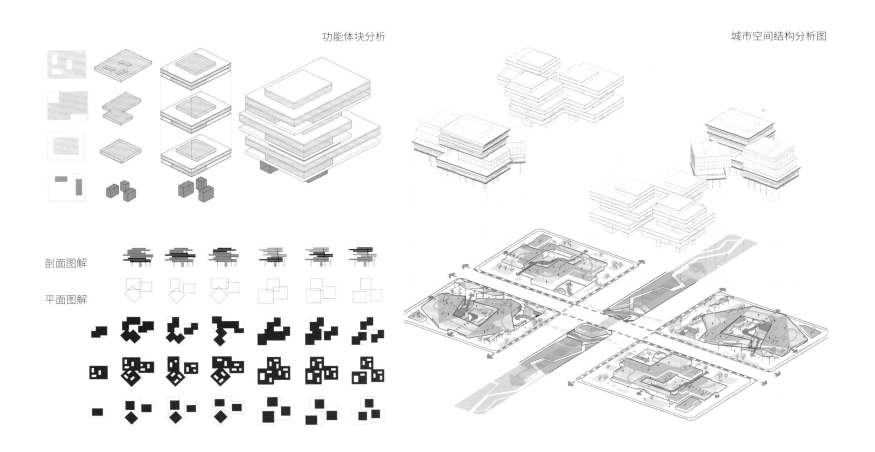

剖面图解

平面图解

东侧沿街透视

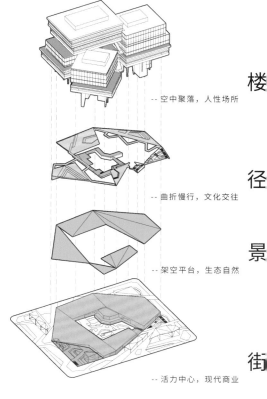

-- 空中聚落，人性场所

楼

-- 曲折慢行，文化交往

径

-- 架空平台，生态自然

景

-- 活力中心，现代商业

街

架空平台透视

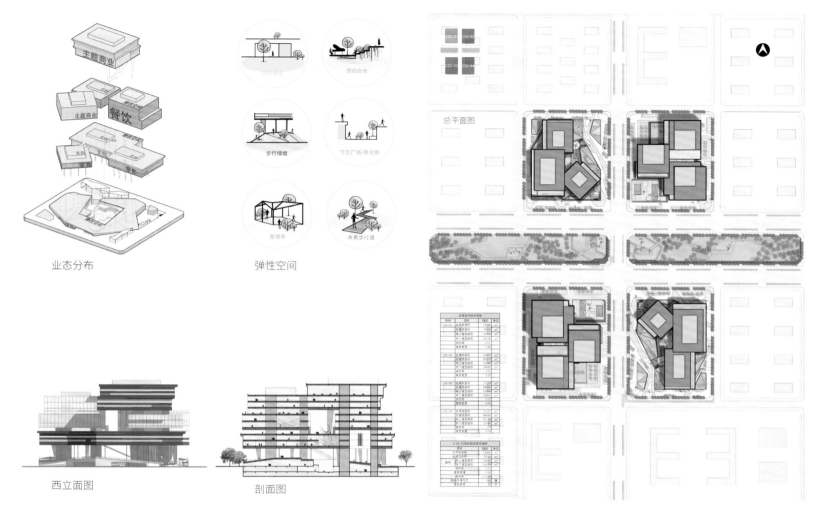

业态分布

弹性空间

总平面图

西立面图

剖面图

内广场透视

古城印象

参赛团队： 上海杰地建筑设计有限公司
主创人员： 徐龙飞、刘畅、李枫
团队成员： 徐龙飞、刘畅、李枫

设计说明：

　　本方案建筑的概念设计从空间模式、建筑形态、立面表情等多个方面展开，以现代的设计手法阐释中国北方的传统建筑文化，同时呼应白洋淀湖区的自然风貌。以雄安新区的淀泊景观为依托，在组团间构建生态湿地网络，以景观水体串联各功能板块，在滨水湿地界面形成慢行系统，形成人与自然相和谐的绿色生态体系。在城市沿街界面，引用了古城墙，城门楼等中华传统城市意象，运用现代的建筑设计语言进行转译，传承古代匠人营国的造城文化，打造有中国特色和时代精神的多元共融城市风貌。利用建筑的下沉广场，底层架空，层层退台，顶部悬挑，垂直院落等综合手法的运用，在不同标高形成有机结合的创造充满活力与交互性良好的立体街区，在保证启动区办公与商业功能高效使用的同时，为空间使用者营造出类似传统街坊空间的感受。

BAIYANGDIAN
白洋淀泊

引入自然水系及本土植物
打造融于湿地景观的城市空间

CHINA COURTYARD
中国院落

营造多维度庭院空间
再现中式生活图景

ANCIENT & MODERN
时空串联

兼具人文与效率
观照传统且面向未来

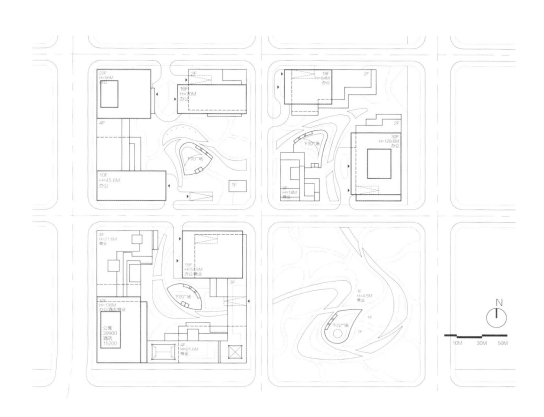

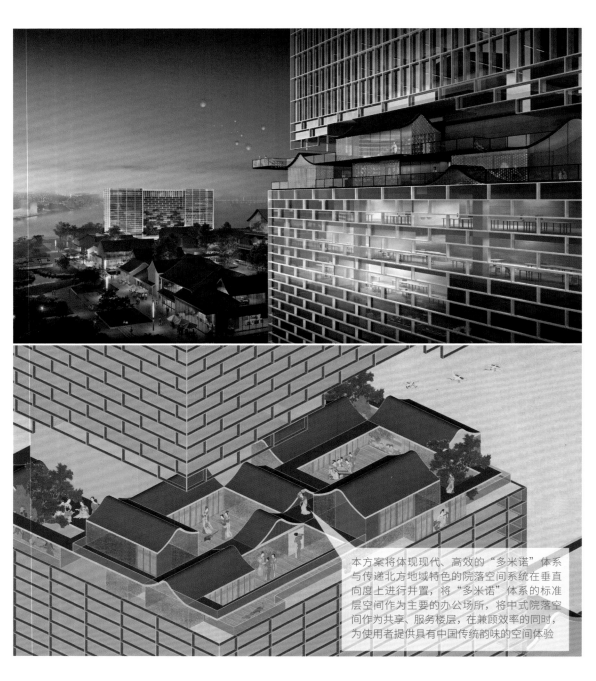

本方案将体现现代、高效的"多米诺"体系与传递北方地域特色的院落空间系统在垂直向度上进行并置，将"多米诺"体系的标准层空间作为主要的办公场所，将中式院落空间作为共享、服务楼层，在兼顾效率的同时，为使用者提供具有中国传统韵味的空间体验

Domino 体系
便利高效的办公空间

中国院落
慢生活的共享服务空间

&

卷棚顶
北方民居的屋顶形式

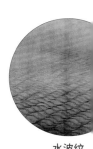

水波纹
白洋淀的装饰

将连续的卷棚顶与水平向构件相
形成了具有一定韵律感与动态感
形态，呼应了白洋淀湖水形态的

本方案将传统砖墙的砌筑肌理作
为设计语言，在使用砖墙与透空
砖墙的同时，以塔楼遮阳百叶与
外立面装饰构件的形式呼应北方
建筑朴素的材料与工艺之美

本土材料
传递青砖的文化记忆

&

砖作样式
再现砖作的丰富肌理

智慧细胞

参赛团队: 青岛热土建筑设计事务所有限公司

主创人员: 郝赤彪、解旭东、魏易盟

团队成员: 李陶、李家加、梁马予祺

三等奖

设计说明:

本方案的核心概念为"智慧细胞",旨在用工厂预制的木结构被动式节能建筑单元,采用装配式建造方法来生成建筑。木构被动式房屋能耗仅为普通建筑的20%,其全生命周期的碳排放量却比普通建筑少70%。

每个"智慧细胞",即每个木结构单元,将会承载不同的服务性功能来配合主体建筑的需要。由于其功能便捷,使得将一个建筑细分为诸多功能的复合体成为可能。这意味着单体建筑可以整合使用者"工作—休息—娱乐—社交"等更为广域的生活线,从而实现由"单建筑"到"宏建筑"的演变。

街区范围内,数个高度复合的建筑将集合成为一个辐射范围更广的综合体。大型的公共区域将开始承载一定的城市性功能,配合实现区中心化的城市结构,从而实现更为便捷宜人的"微城市"尺度。

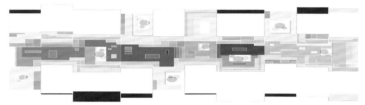

空间概念:"参差错落"的街巷空间

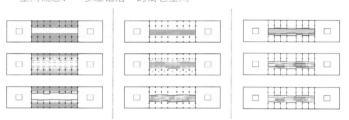

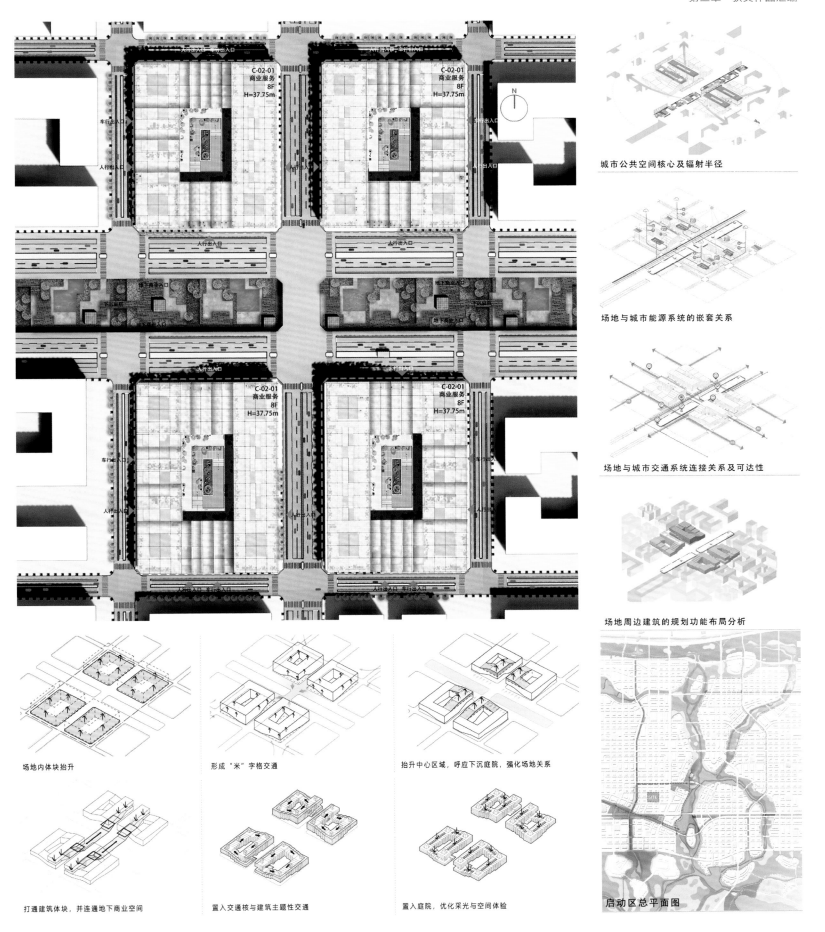

城市公共空间核心及辐射半径

场地与城市能源系统的嵌套关系

场地与城市交通系统连接关系及可达性

场地周边建筑的规划功能布局分析

启动区总平面图

场地内体块抬升

形成"米"字格交通

抬升中心区域，呼应下沉庭院，强化场地关系

打通建筑体块，并连通地下商业空间

置入交通核与建筑主题性交通

置入庭院，优化采光与空间体验

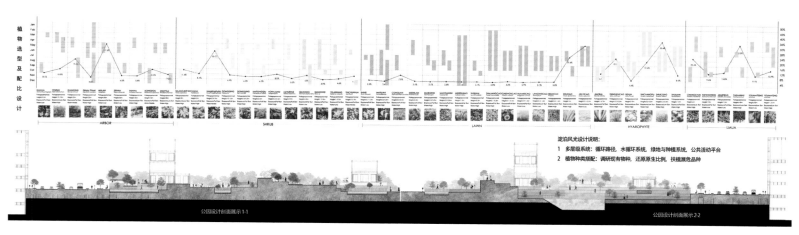

淀泊风光设计说明:

1 多层级系统: 循环路径, 水循环系统, 绿地与种植系统, 公共活动平台

2 植物种类搭配: 调研现有物种, 还原原生比例, 扶植濒危品种

公园设计剖面展示1-1

公园设计剖面展示2-2

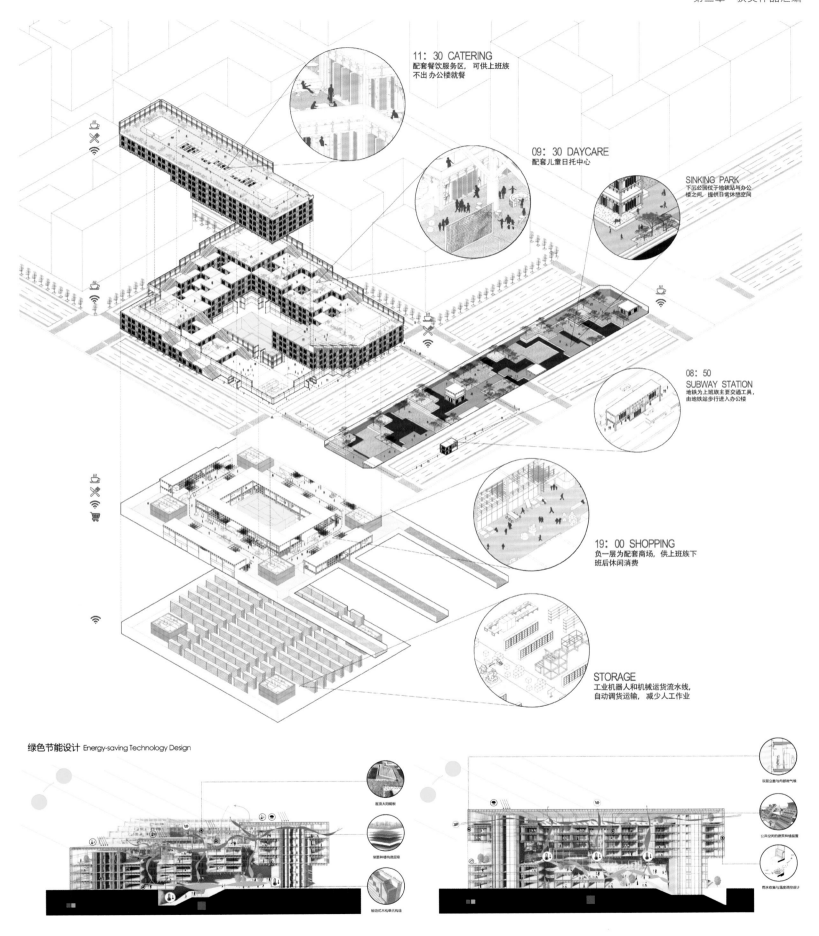

11：30 CATERING
配套餐饮服务区，可供上班族
不出办公楼就餐

09：30 DAYCARE
配套儿童日托中心

SINKING PARK
下沉公园位于地铁站与办公
楼之间，提供日常休憩空间

08：50
SUBWAY STATION
地铁为上班族主要交通工具，
由地铁站步行进入办公楼

19：00 SHOPPING
负一层为配套商场，供上班族下
班后休闲消费

STORAGE
工业机器人和机械运货流水线，
自动调货运输，减少人工作业

绿色节能设计 Energy-saving Technology Design

现代市井，淀泊水城，都市林窗，渗透呼吸

参赛团队： 哈尔滨工业大学建筑设计研究院

主创人员： 张岩、胡晓婷、赵传龙

团队成员： 李书颀、徐尧、杜保霖

设计说明：

设计旨在打造"现代市井"，中国传统商业的现代化转译，不仅体现在建筑形制上，更体现在渗透性布局与传统市井的创新组合上。新区商业将兼具传统与现代的体验感，综合各种形制，形成开放渗透的新布局。外层具有强方向性，设置主力店加强吸引力，且提供丰富的城市公共空间和内层路径，结合内院加强图底关系的呼吸感，不同尺度的院落提供承载不同活动的公共场所。此外，传统商业依水兴商，雄安区位具有独特的淀泊风光，新区的商业将引水围城，呼应历史，调节生态，呼应自然淀泊肌理。地块紧邻中央绿谷，学习自然森林中林窗的视野原理，在现代都市中的效率与人的体验感中找到平衡，避免在人行视野中出现巨型建筑。用绿化建筑模块构筑兼具低密度生态体验与现代效率的商业新城，在加快建设的同时最大程度保护生态。

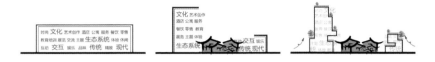

现代市井

新区商业将兼具传统与现代的体验感，将单体型的渗透感，街道型的动线方向性与院落型的丰富空间格局提取转译，形成具有中华积淀，淀泊风光的"现代市井"型空间布局。外部圈层方向性强，将自然之景借入场地，内部圈层自由高度，学习"林窗"效应避免人行视野内出现巨型建筑。此外，立面构成也在不同圈层选择不同处理手法，结合立体的呼吸廊道，形成材质、尺度宜人的竖向层次。

	用地面积/m²	建筑面积/m²	容积率	建筑高度/m	绿化覆盖率/%
C-01-01	19927	79000	3.95	99	52
C-01-02	5066	12000	2.35	35	58
C-01-03	15893	63000	3.97	78	49
C-01-04	5052	12000	2.37	35	42

1：1000

规划布局生成

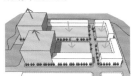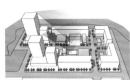

体量确定：外部连续感+内部体验感　内层：现代市井高层+避免视野压迫　内外渗透：打造不同尺度公共空间　内层：都市林窗+呼吸廊道　外层：空中景廊+淀泊水景　立面细化：功能要求+空间体验

空中景廊

外部流线及出入口

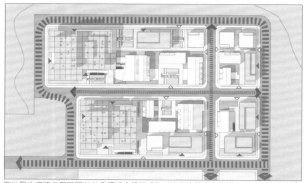

- ⬤┈┈ 传统机动车道路
- ⬤ 人车共享道路
- ◁ 地块出入口
- ◀ 建筑主入口

用地周边道路与景观和公共空间结合设计成为以人为本的共享街道，4个地块与周边地块的人行出入口规划连贯，加强步行联系

内部车行流线分析

- ┈┈ 机动车行流线
- ▱ 地面停车区域

车行流线尽可能布置在4个地块的外侧，一方面可以满足临时停车的需求；一方面可以使人车分流，保证内部商业步行街的安全舒适性

内部人行流线分析

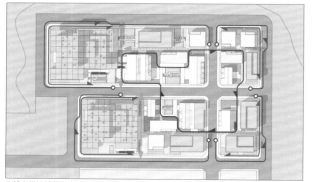

- ━━ 商务办公流线
- ━━ 后勤辅助流线
- ━━ 消费者流线
- ┈┈ 步行通道

内部人行流线的分布满足人群分流的要求，4个地块间可随意穿行，加强商业环境氛围的营造，提供传统街坊的步行体验

消防流线分析

- ━━ 消防流线

消防车道采用基地内部通路与广场相结合的组织方式，满足《建筑设计防火规范》关于消防车道、建筑登高面的要求

现代市井

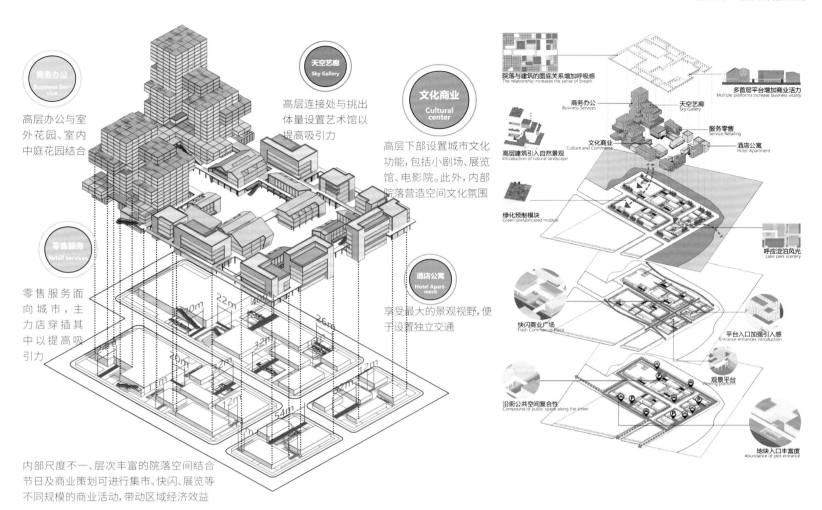

商务办公
Business Service

高层办公与室外花园、室内中庭花园结合

天空艺廊
Sky Gallery

高层连接处与挑出体量设置艺术馆以提高吸引力

文化商业
Cultural center

高层下部设置城市文化功能，包括小剧场、展览馆、电影院。此外，内部院落营造空间文化氛围

零售服务
Retail services

零售服务面向城市，主力店穿插其中以提高吸引力

酒店公寓
Hotel Apartment

享受最大的景观视野，便于设置独立交通

内部尺度不一、层次丰富的院落空间结合节日及商业策划可进行集市、快闪、展览等不同规模的商业活动，带动区域经济效益

院落与建筑的图底关系增加呼吸感
The relationship increases the sense of breath

多首层平台增加商业活力
Multiple platforms increase business vitality

商务办公
Business Services

天空艺廊
Sky Gallery

文化商业
Culture and Commerce

服务零售
Service Retailing

酒店公寓
Hotel Apartment

高层建筑引入自然景观
Introduction of natural landscape

绿化预制模块
Green prefabricated module

呼应淀泊风光
Lake park scenery

快闪商业广场
Flash Commercial Plaza

平台入口加强引入感
Entrance enhances introduction

观景平台
Viewing platform

泊街公共空间复合性
Compound of public space along the street

地块入口丰富度
Abundance of plot entrance

淀泊水城

中国雄安 · 山水集

参赛团队：上海帝派安建筑设计有限公司
主创人员：浦海鹰、傅靖
团队成员：YAP TENG JI、黄逸云、陆嘉荣、王思纯

设计说明：

在北京西南方向距离市中心 120 千米左右的地方，有一片华北地区少有的内陆湖泊，既有"北地西湖"之称，又有"华北明珠"的美誉。雄安新区的改变，切切实实地正在发生。此时，雄安新区正朝着山水城市迈进。雄安新区将在体制、机制方面做出彻底变化，尝试为中国城市今后的发展走出一条新路。雄安新区要打造成水城相融、蓝绿互映的生态宜居之城，绿地面积要超过 50%。在规划中，要坚持"世界眼光、国际标准、中国特色、高点定位"。

集市是人们交换商品的地方。古时候由于交通不便，各家各户所需的生活用品难以自给自足。于是人们约定，在某个特殊的日子，聚集到同一个地方，把自己剩余的物品卖出去，也换取一些自己缺少的物品。而人们在这特殊的一天，到集市交换商品的活动，也被称之为赶集。随科学技术的进步，交通也越来越便利，人们可以随时在商店买到自己想要的东西。但赶集，这一古老的文化传统，却在社会飞速的发展中被保留下来了。现在的人们赶集，大概不再单纯是为了物品或是钱财，而是在体味这种古老的文化，感受热闹的气氛。

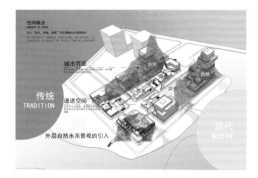

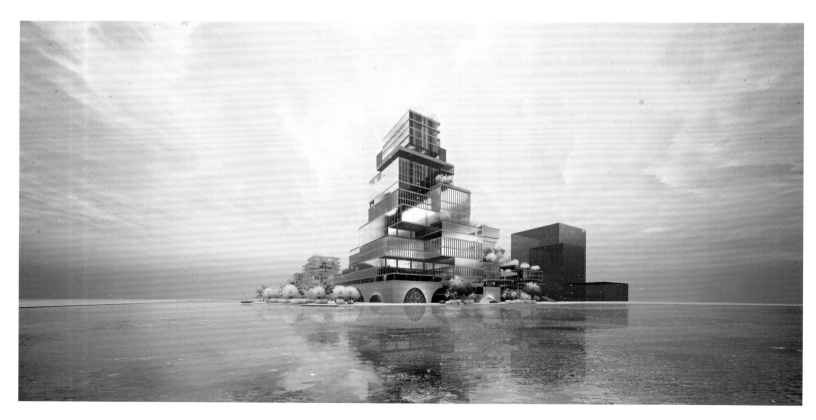

地块代码：C-01-01,C-01-02,C-01-03,C-01-04

用地性质：C-01-01 商业／商务办公用地 B1/B2（I）

C-01-02 商业／商务办公综合用地 B1/B2（II）

C-01-03 商业／商务办公用地 B1/B2（I）

C-01-04 商业／商务办公综合用地 B1/B2（III）

用地面积（ha）： C-01-01 1.9927
C-01-02 0.5066
C-01-03 1.5893
C-01-04 0.5052

容积率： C-01-01 4.0
C-01-02 2.5
C-01-03 4.0
C-01-04 2.5

建筑总面积（平方米）： C-01-01 77 711
C-01-02 12 952
C-01-03 63 956
C-01-04 12 929

建筑高度（米）： C-01-01 100
C-01-02 36
C-01-03 80
C-01-04 36

参数变量控制图示

| 强排 | 引入 | 退台 | 蔓延 | 连接 |

建筑＋景观

山水集市

1 山下村落式店铺
VILLAGE SHOP UNDER THE MOUNTAIN

在高楼围合下的村落式商业，商业氛围浓厚，错落连续的商铺也增加了客流量以及商业的可逛性。

THE VILLAGE-STYLE COMMERCE SURROUNDED BY HIGH BUILDINGS INCREASES THE COHESION OF COMMERCIAL ATMOSPHERE. THE SCATTERED AND CONTINUOUS SHOPS CAN ALSO INCREASE THE PASSENGER FLOW AND THE WALKINGABILITY OF COMMERCE.

2 天桥两侧店铺
SHOPS ON BOTH SIDES OF THE BRIDGE

从古到今，为了增加商业的可逛性以及留客率，在街道的两侧会增加连续性的商铺。

FROM ANCIENT TO MODERN TIMES, IN ORDER TO INCREASE THE WALKABILITY OF COMMERCE AND THE RETENTION RATE, CONTINUOUS SHOPS OF CHANG WILL BE ADDED ON BOTH SIDES OF THE STREET.

4 高山塔楼
MOUNTAINS TOWER

高低起伏的塔楼将底下裙楼和山下村落式商铺包围起来，从而达到汇聚人气的目的。

UPS OF THE TOWER WILL BE UNDER THE SKIRT AND THE MOUNTAIN VILLAGE TYPE SHOPS SURROUNDED, SO AS TO ACHIEVE THE PURPOSE OF GATHERING PEOPLE.

3 园林流廊式天桥
GARDEN FLOW CORRIDOR BRIDGE

流廊式天桥连接 4 个地块的所有二层商业与周边的绿地以及周边广场。将一层地面的人流和车流分离。

THE FLOW GALLERY FLYOVER CONNECTS ALL THE SECOND FLOOR BUSINESSES OF THE FOUR PLOTS WITH THE SURROUNDING GREEN SPACES AND SURROUNDING SQUARES. SEPARATE THE FLOW OF PEOPLE AND VEHICLES ON THE GROUND FLOOR.

一等奖

半山抱园，浮城叠景

参赛团队： 独立建筑师、同济大学建筑设计研究院（集团）有限公司、华建集团华东建筑设计研究总院
主创人员： 崔鹏
团队成员： 苏恒、陈焕彦、崔仁龙

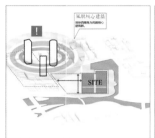

统筹城市格局
整体布局空间

多维整合交通
高效激活城市

多个地块
整合开发

设计说明：

1. 立体游园，中国空间：以园林空间以及自由立体的行走路径作为设计出发点，在商业层板之上营造了"步移景异"的视觉观感。
2. 山城一体，中国意象：高层形体如山峦起伏的自然意象，商业及公寓均质布局，形如聚落化的微型城市。
3. 尺度渐变，群组肌理：大尺度的整体街墙；中尺度的商业与公寓；小尺度的商业街。共同形成了中国式的群组建筑关系。
4. 浮城叠景，咫尺自然：设置垂直立体的院落体系，形成多维度的交流空间，用垂直的空间布局再现古人的生活方式。
5. 适应气候，东西有别：规划设计适应气候条件，是古人智慧的传承与体现。高层布局在用地西侧，阻隔西晒与冬季风向；建筑面向东侧与南侧退台、错位，最大限度利用日照条件。

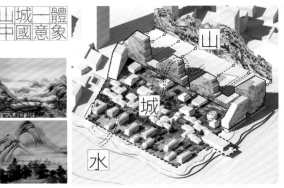

立體遊園
中國空間

山城一體
中國意象

尺度漸變
群體肌理

街牆

層板與自由路徑
設計了兩層約商業層板，
將人的主要活動層面設計
在 10 米標高

山
城
水

大尺度
完整且連續
如山形的高
層酒店辦公
SOHO 布置
在用地周邊

中尺度
商業作為獨立
扎根于大板

小尺度
商業街採用小尺度坡屋
頂，聯系地塊南北

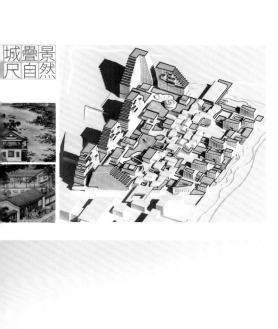

消防　　　綠化　　　步行　　　車行

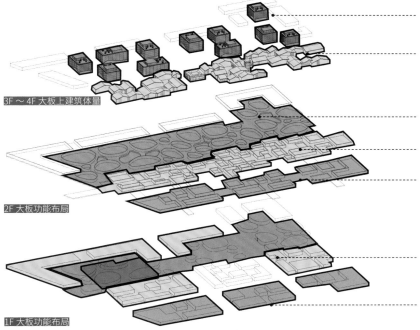

次主力店（书店、网咖、展厅、文化宫、数码体验、水族馆、高端医疗）

商业街：特色餐饮＋文创店铺＋休闲体验

3F～4F 大板上建筑体量

白洋淀空间，制造特色的游走体验：儿童类业态＋文化展览＋新型零售＋艺术沙龙＋精品零售＋科技体验＋农业体验

商业街：特色餐饮＋文创店铺＋休闲体验＋社区配套服务

社区服务：餐饮＋医疗＋精品超市＋生活配套＋滨水餐厅

2F 大板功能布局

白洋淀空间：潮牌＋服装＋轻餐饮＋高端零售＋设计产品＋数码产品

社区服务：餐饮＋医疗＋精品超市＋生活配套＋滨水餐厅

1F 大板功能布局

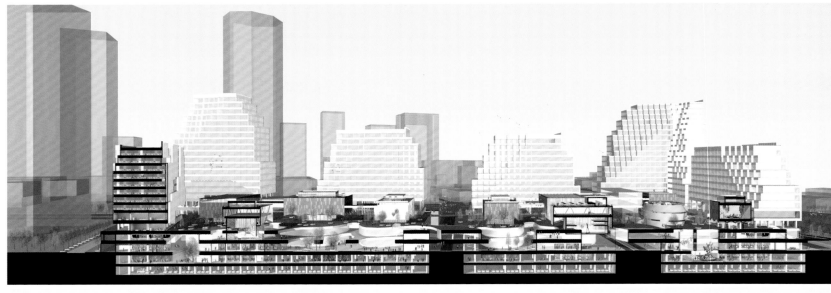

民式建築

江南民居

我国古代建筑可分为官式建筑和民式建筑两大类，官式建筑以古代都城为代表，民式建筑以江南地区为代表。

商业层板上几个商业体量，利用传统元素"负形"的方式，将传统民式建筑的坡屋顶蕴含在形体之中。

中國古代官式建築當代演繹

在对中国传统建筑形式的思考上，我们提取了中国古代官式建筑的形态。将其分解为"屋顶——斗拱——开间——基座"四个部分。

在高层建筑的风貌设计上，我们将这古建筑的这四个部分进行了抽象化的转译，分别对应高层建筑的"退台立面——木质吊顶——架空空间——基础底座"这四个部分。在抽象转译的过程中，我们保留了古建筑的神态和韵味，采用了现代建筑的功能空间和材料结构。

官式建築

重檐廡殿

重檐庑殿顶是古代中国宫殿建筑的一种屋顶样式。这种顶式是明清代所有殿顶中最高等级。

鬥拱梁栿

斗拱梁栿是中国古代建筑主要结构构件，在立柱顶或构架间，从枋上加的层层出挑的承重结构叫拱，拱与拱之间垫的方形木块叫斗，合称斗拱。宋《营造法式》中称为铺作，清工部《工程做法》中称斗科。通称为斗拱。

面闊開間

面阔是中国古代建筑的专用名词，用以度量建筑物平面宽度的单位。中国古代建筑把相邻两榀屋架之间的空间称为间，间的宽度称为面阔。

基礎底座

基座是中国古代建筑中具有承重、加固、房屋作用，也是等级地位的象征。基座按外部样式可以分为须弥座和平素座两种。平素座多见于等级较低的建筑中；须弥座常用于宫殿、庙宇、牌楼等建筑。

當代演繹

峰巒疊嶂

立面上采用重重叠叠的山的形态形成高度不一的退台空间，重新构建中国古代官式建筑的重檐庑殿顶。

木構吊頂

架空层吊顶空间采用现代木构做法来模拟中国古代建筑的铺作。

架空空間

架空层在功能上作为商业底板和高层办公的过渡空间，采用四面开敞无围护结构的方式，在垂直纬度完成空间序列的转换。同时这种围护和结构分离的现代性也和传统木结构柱开间具有精神上的契合。

堅實底盤

高层办公楼的底座为办公大堂和局部商业，用厚实简朴的体量模拟古代建筑的基础底座。

"融"归故里——城在山水间，山水在城中

二等奖

参赛团队：汇张思（上海）建筑咨询有限公司、深圳柏涛设计公司
主创人员：周明亮
团队成员：嵇文鑫

设计说明：

　　本设计旨在探讨建筑和环境互相融合的关系。灵感来自传统中国山水画中、河北水乡中自然山水和传统民居聚落融合共生的状态。建筑基地刚巧处于雄安新区启动区中轴景观的重要节点，建筑规划形态融入中轴湿地公园，结合商业动线，形成了一处在山水之间、悠闲自得的城市休闲放松目的地。

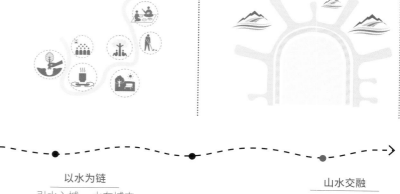

以水为链
引水入城，水在城中

山水交融
以山为形，山水融合

方案生成

以山为形

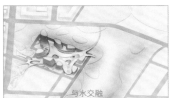

与水交融

聚落天成

方案解读

规划解读-01核心

规划解读-02联动

基地解读-03业态策划

基地解读-04地块整合

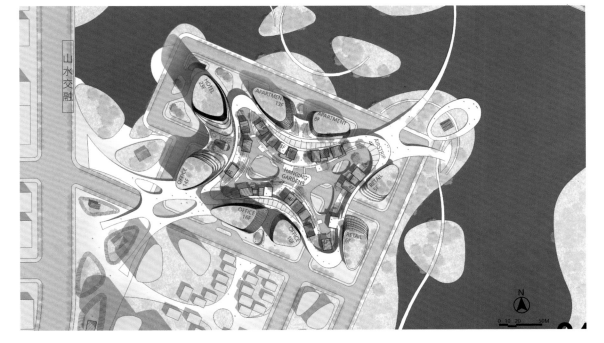

PART1	PART2	PART3	PART4	PART5	PART6
自然融合 Natural Fusion	层层屋檐 Layers of EAVES	聚集跌落 Collective fall	构造和色彩 Structure and color	自由平面 Free plane	阴翳和阳光 Shadows and sunshine

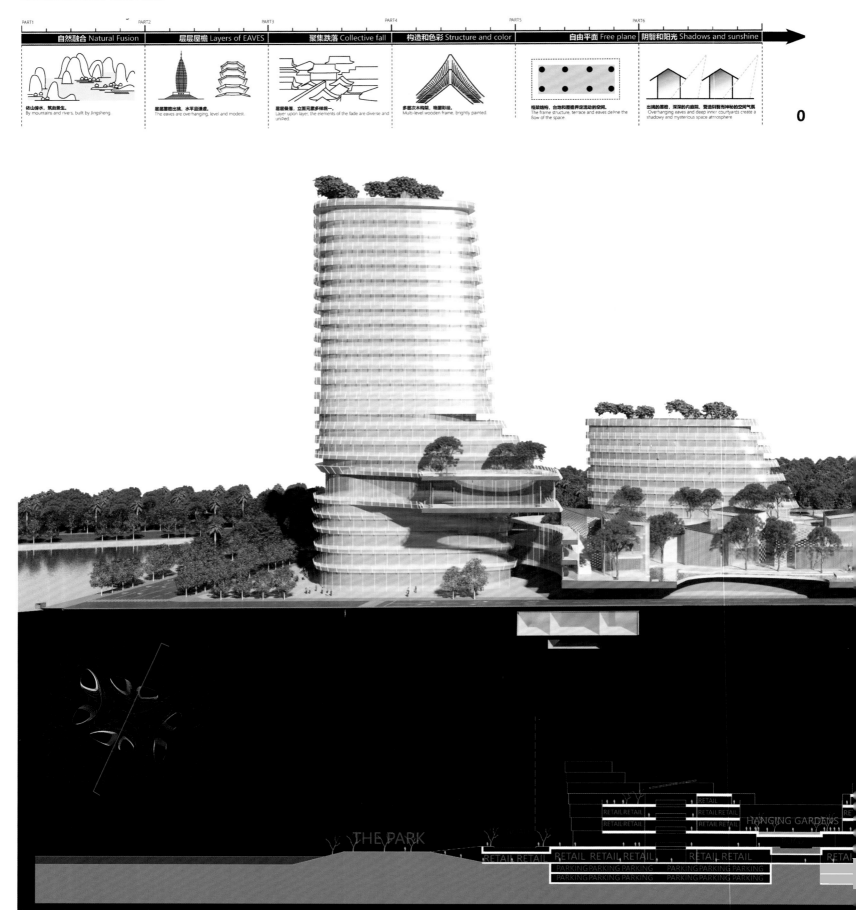

依山傍水，筑由景生。
By mountains and rivers, built by Jingsheng.

屋层屋檐出挑，水平且谦虚。
The eaves are overhanging, level and modest.

层层叠落，立面元素多样统一。
Layer upon layer, the elements of the fade are diverse and uniPed.

多层木构架，艳丽彩绘。
Multi-level wooden frame, brightly painted.

框架结构，台地和屋檐界定流动的空间。
The frame structure, terrace and eaves dePne the Bow of the space.

出挑的屋檐，深深的内庭院，营造阴翳而神秘的空间气氛。
Overhanging eaves and deep inner courtyards create a shadowy and mysterious space atmosphere.

0

THE PARK

RETAIL RETAIL
RETAIL RETAIL
RETAIL RETAIL
RETAIL RETAIL
HANGING GARDENS
RETAIL RETAIL RETAIL RETAIL RETAIL RETAIL RETAIL
PARKING PARKING PARKING PARKING PARKING PARKING
PARKING PARKING PARKING PARKING PARKING PARKING

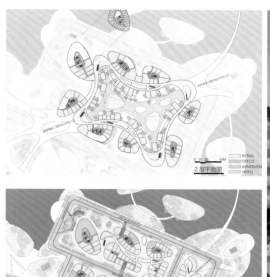

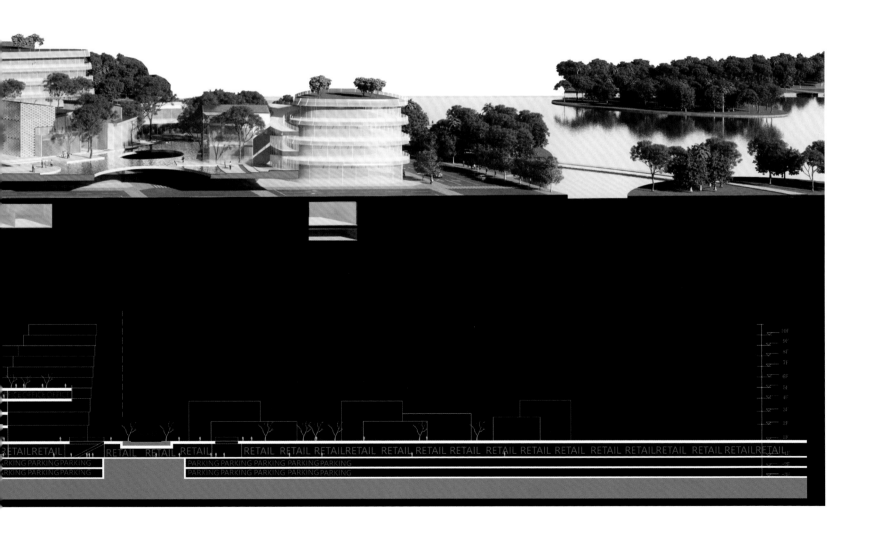

融合·漫景公园

参赛团队： 南京大学

主创人员： 宋宇珺

团队成员： 顾妍文

设计说明：

　　本方案从场地出发，延续场地的景观特征，强调淀湾绿谷的发展定位，结合对传统的街巷空间、建筑类型、公共空间以及材料质感的研究，将起伏的绿化公园与蕴含传统内涵的商业街巷融合，重新定义商业空间，创造漫景公园。

　　从外部来看，一个个带有传统特征的体量落于绿色的山坡上，形成丰富的生态步行空间；从内部来看，则是现代化的商业空间，提供内外交错的空间体验。三维街巷，绿意覆盖，古今结合，趣味良多，商业不再只是满足售卖功能，而是完全地融入了生活。

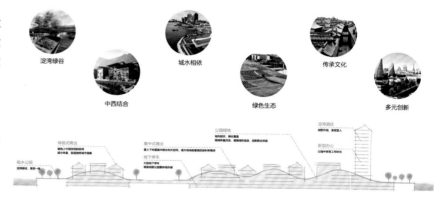

方案生成

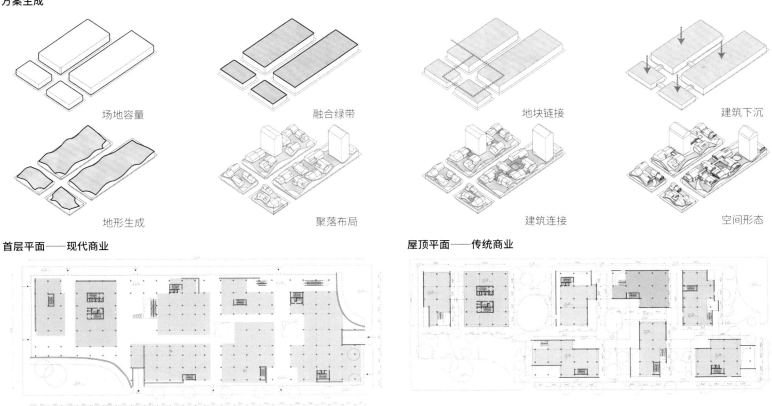

场地容量　　　　融合绿带　　　　地块链接　　　　建筑下沉

地形生成　　　　聚落布局　　　　建筑连接　　　　空间形态

首层平面——现代商业　　　　屋顶平面——传统商业

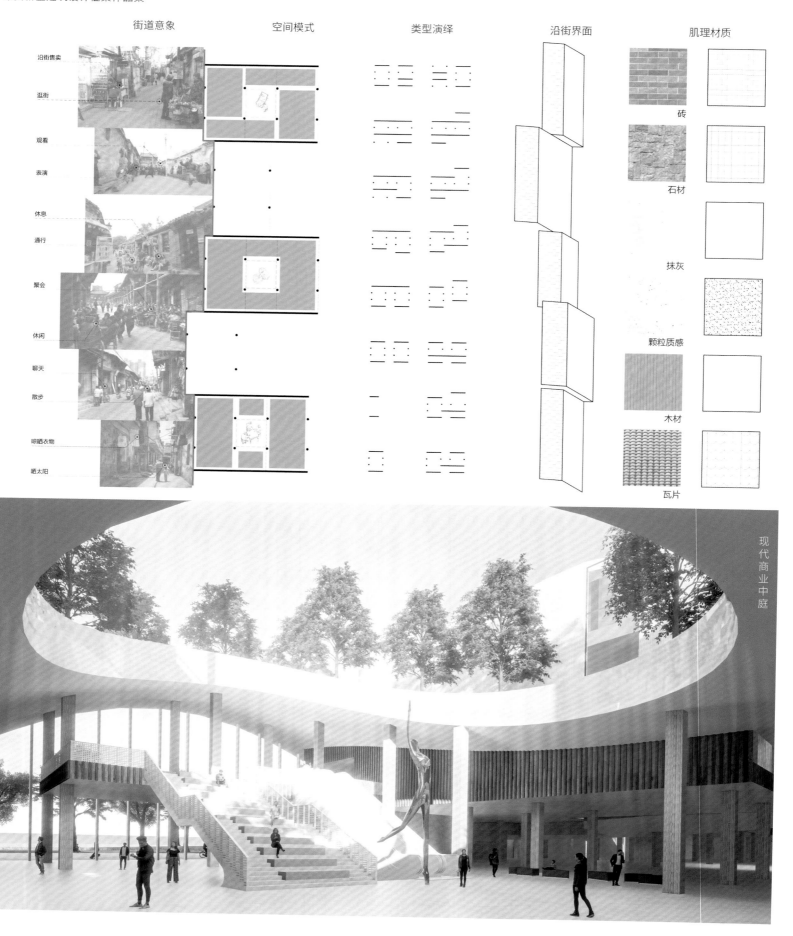

街道意象　　空间模式　　类型演绎　　沿街界面　　肌理材质

沿街售卖
逛街
观看
表演
休息
通行
聚会
休闲
聊天
散步
晾晒衣物
晒太阳

砖
石材
抹灰
颗粒质感
木材
瓦片

现代商业中庭

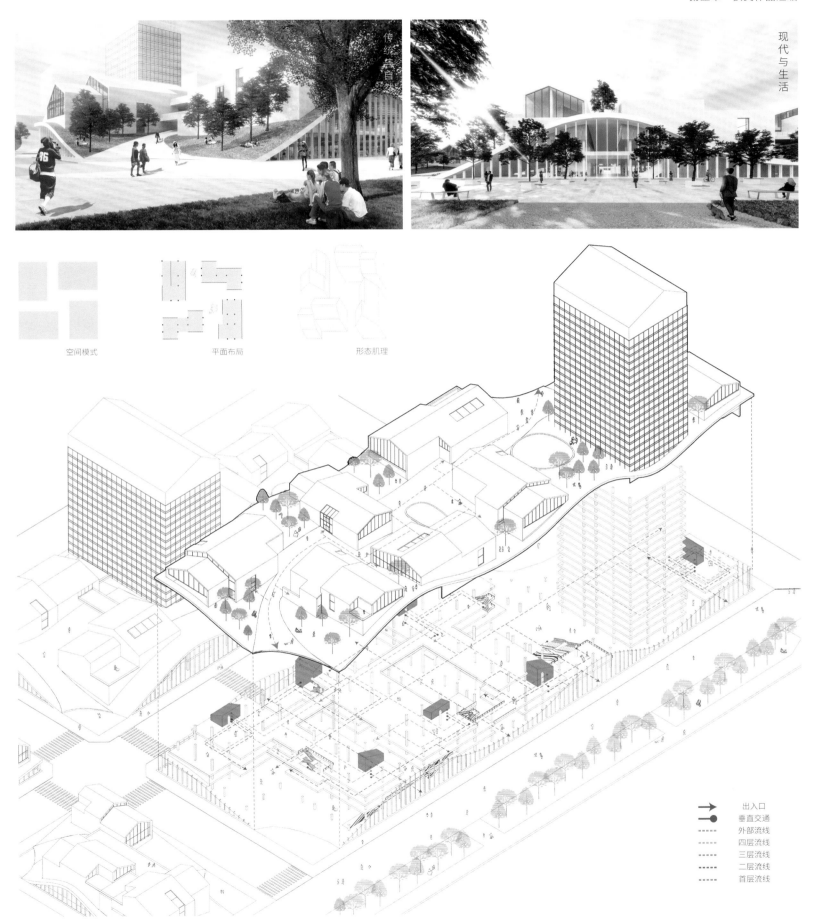

传统与自然

现代与生活

空间模式

平面布局

形态肌理

出入口
垂直交通
外部流线
四层流线
三层流线
二层流线
首层流线

三等奖

街巷·合院

参赛团队： 中建八局第一建设有限公司设计研究院

主创人员： 冯景明、王良超、刘岩、段辉、王家兴

团队成员： 冯景明、王良超、刘岩、段辉、王家兴

设计说明：

　　本项目通过引入胡同街巷的理念，以开放亲人的姿态融入周边地块，利用基地内设置的主要流线，积极导入各个方向的外部人流，引湖边景观进入基地，实现项目的可达性和景观的可视性，提升其商业价值，将各个地块编织为一体。

　　在此基础上，提取北京合院的建筑肌理，并通过改变其合院开口大小与方向来对街区进行细致的梳理，形成各类围合空间，通过退让、错位的手法再次塑造商业建筑的小体量体块，创造出多个围合院落、巷道、广场。在建筑形式上，提炼了传统建筑元素，使用中国传统民居灰砖黑瓦坡屋顶建造形式，延续文脉记忆。

街巷

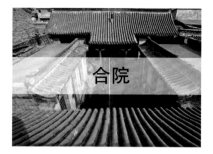合院

元素

胡同肌理

提取

图底关系

生成

场地呼应

形体推演

利用景观优势,引导人流进入场地　　引入胡同肌理,优化尺度　　形成院落,优化空间　　引入高层,丰富城市天际线　　提炼传统坡屋顶形式,延续文脉记忆

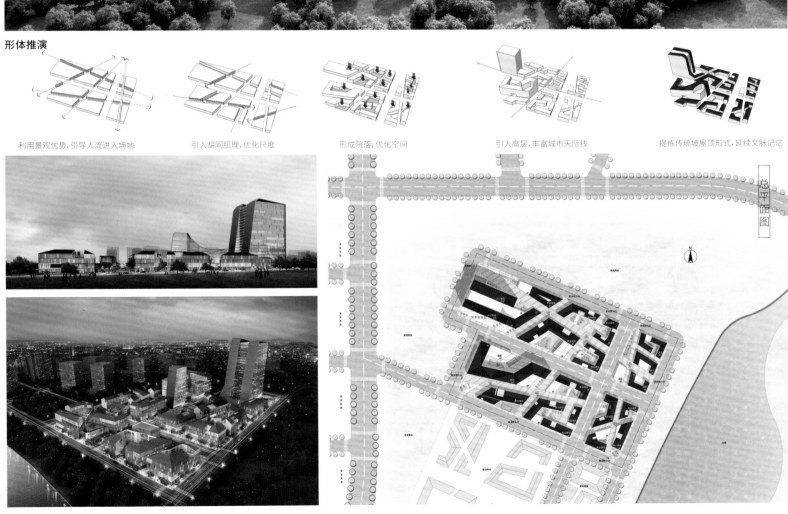

总平面图

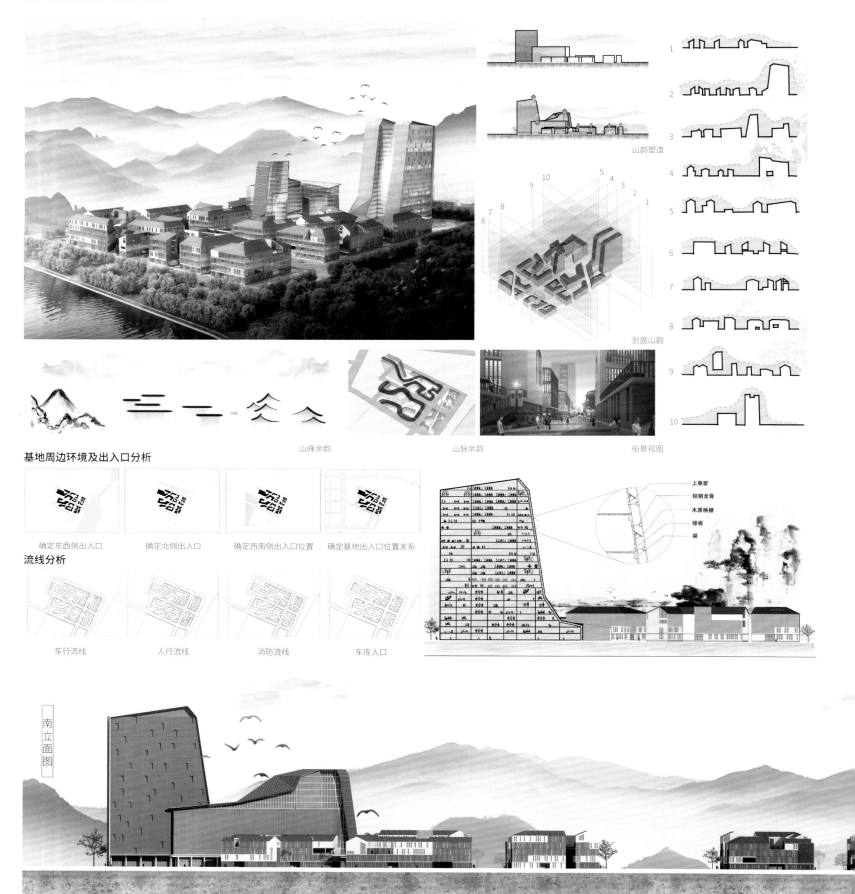

山韵塑造

剖面山韵

山峰余韵　　　　　　山脉余韵　　　　　　街景视图

上悬窗
轻钢龙骨
木质格栅
楼板
梁

基地周边环境及出入口分析

确定东西侧出入口　　确定北侧出入口　　确定西南侧出入口位置　　确定基地出入口位置关系

流线分析

车行流线　　　　　人行流线　　　　　消防流线　　　　　车库入口

南立面图

理论溯源

米利都城　普南城　提姆加德
西方：希波丹姆规划模式

曹魏邺城　唐长安　明清北京
东方：《考工记》模式

原始地块切分
分割模式理论

北立面图

剖面图

聚连雄安

参赛团队： 独立建筑师
主创人员： 黄中汉、黄世豪
团队成员： 黄中汉、黄世豪

设计说明：

  "聚连雄安"的设计概念始于对中国传统空间形态的解构和提炼，将原有规矩、串联的聚落方式进行提炼和重组。新的聚落模式交织融合，单体之间在空间和流线上多向连接，形成一种积极欢迎的新商业组织形态。"聚连雄安"在地块内部连通着每个商业单体，提供多重的可达性和外部商业活动的多样性；在不同方向上连接着城市的外部道路和滨水空间，创造了不同于传统商业建筑封闭式的单体形态。平面上体量各异的灵活单元满足不同商业的需求，流线上也不受大型独栋商场的制约。错落布置的塔楼为独立的单体，形式自由丰富，在城市天际线上与整个文脉网格相呼应。

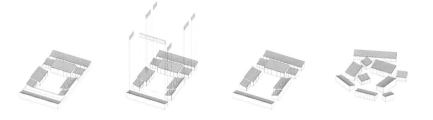

中国特色建筑设计研究

滨水公园
滨水步道

主要人行出入口　　　地下停车场出入口　　　主要人行出入口

商务塔楼

商业裙房

塔楼1
15F

3F

3F

2F

3F

塔楼2
10F

3F

2F

3F

C-01-01

3F

3F

塔楼3
12F

3F

3F

塔楼4
10F

C-01-02

3F

主要人行出入口　　　主要人行出入口　　　主要人行出入口

主要人行出入口　　　主要人行出入口　　　主要人行出入口

3F

塔楼5
13F

C-01-03

3F

3F

3F

3F

塔楼7
10F

3F

C-01-04

塔楼6
14F

3F

3F

3F

0　10 M　　　50 M

主要人行出入口　　　主要人行出入口　　　地下停车场出入口　　　主要人行出入口　　　主要人行出入口

总平面图 1 ∶ 800

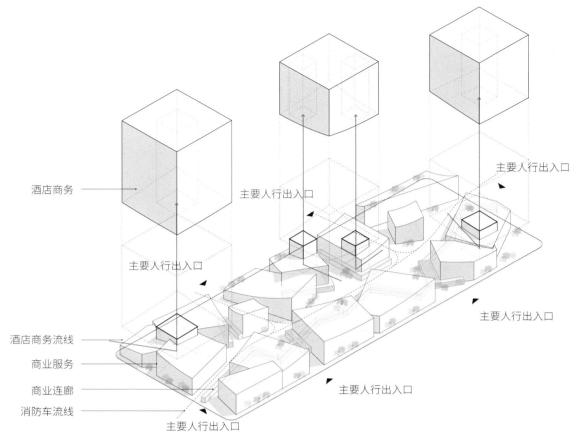

酒店商务

主要人行出入口

主要人行出入口

主要人行出入口

主要人行出入口

酒店商务流线

商业服务

商业连廊

消防车流线

主要人行出入口

主要人行出入口

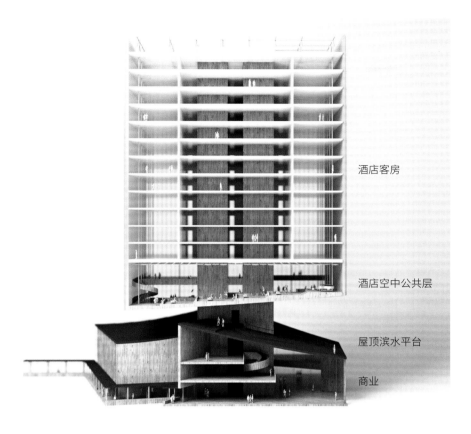

酒店客房

酒店空中公共层

屋顶滨水平台

商业

C-01-01地块1号塔楼剖面

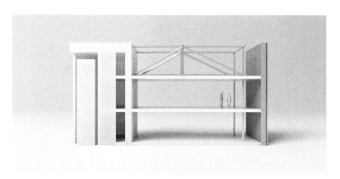

结构上,核心筒作为支撑塔楼的主结构。楼板悬挂于屋顶的桁架,从而形成了柱子不落地、从外部看像漂浮于裙房之上的整体效果

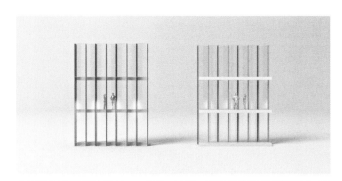

立面采用中国传统建材——瓦片,创造一种凹凸交替的规律变化。凹和凸之间的交接缝则作为机械换气装置

塔楼结构设计

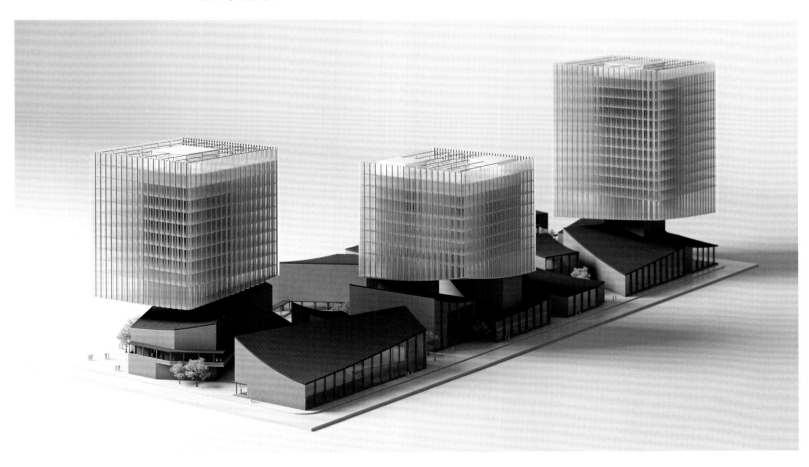

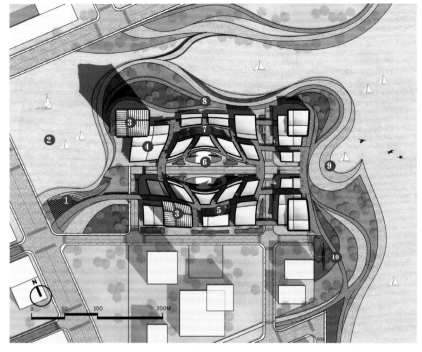

① 休闲看台　② 水幕电影／溜冰场　③ 扬帆塔　④ 购物中心　⑤ 科技坊
⑥ 创新广场　⑦ 智慧坊　⑧ 健身氧吧步道　⑨ 游船码头　⑩ 雄安眼

三等奖

水岸街巷，雄安新坊

参赛团队： 华东建筑设计研究院、同济大学建筑设计研究院

主创人员： 何一雄

团队成员： 高懿、吴冠华、刘溪

设计说明：

　　本设计从中国传统北方城市公共空间中寻找灵感，将市井街巷亲近宜人的尺度特点运用到现代都市的商业空间设计之中。加强对滨河界面的打造，形成蓝绿交织、高低错落、淀城相融的生态景观岸线。现代简洁的建筑造型、联系紧密的地下广场、围合向心的商业院落、开放自由的立体慢行平台共同为雄安新区向宜居型、生态型、智慧型城市发展提供无限可能。

　　一处亲近自然，步移景异的滨水绿廊；

　　一条尺度宜人，活力四射的市井街巷；

　　一片古今交融，面向未来的智慧新坊。

遥看白洋水
帆开远树丛
流平波不动
翠色满湖中

概念逻辑 · 生成

街坊
通过正交网格，将基地划分成亲切、宜人小尺度的街坊，将华北地区传统的胡同空间置于其中

广场
基地中部通过网格的变形放大形成广场，广场成为地块的空间核心，汇聚人流。南北地块原本被机动车道割裂，通过下沉广场的形式联系两个地块，将其缝合统一

建筑
通过网格的疏密变化、错动形成丰富变化的建筑图底关系

院落
通过做减法的方式，局部区域挖空形成围合的院落空间，丰富空间体验

体块
将网格形成的建筑区域按照不同的功能需求，提升为高低不同的裙楼及塔楼体块

平台
二层设置平台及退台，串联起不同地块的建筑体量。同时，平台延伸到地块外，连接了城市步行系统，也提供了观赏水景的休闲平台

屋面
波浪形屋面的起伏变化，如同白洋淀上波风吹起的波纹。高低错落的坡屋顶也是对传统建筑语言的现代诠释

造型意向 · 再现

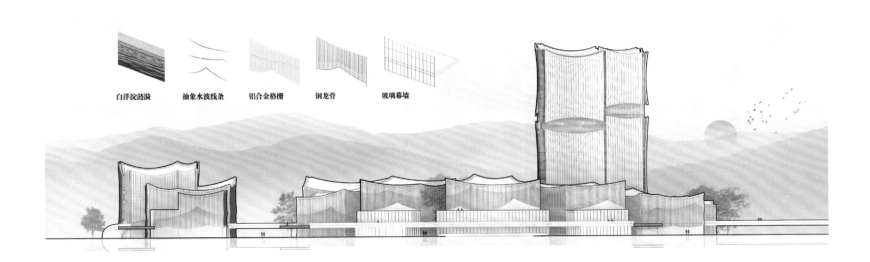

白洋淀涟漪　　抽象水波线条　　铝合金格栅　　钢龙骨　　玻璃幕墙

217

智慧坊

雄安悬月

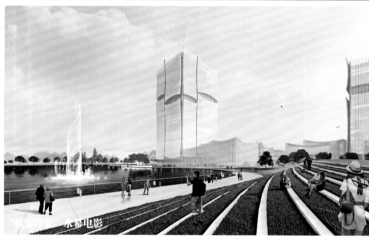

"雄安印象"水幕电影

创新广场

传统空间 · 寻根

北京香串胡同

小尺度 — 感受亲切，自在徜徉

街坊

传统北方戏台

场所感 — 提供汇聚向心的力量

广场

剖面示意 · 纵深

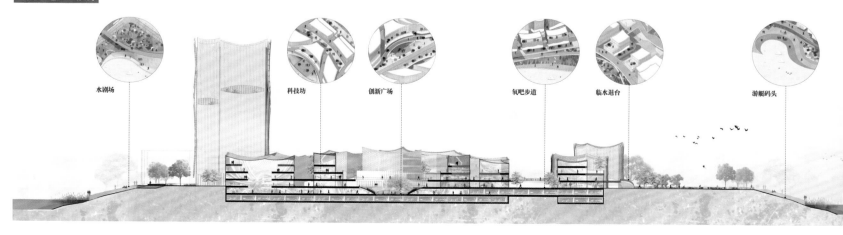

水剧场　　　科技坊　创新广场　　　氧吧步道　临水退台　游艇码头

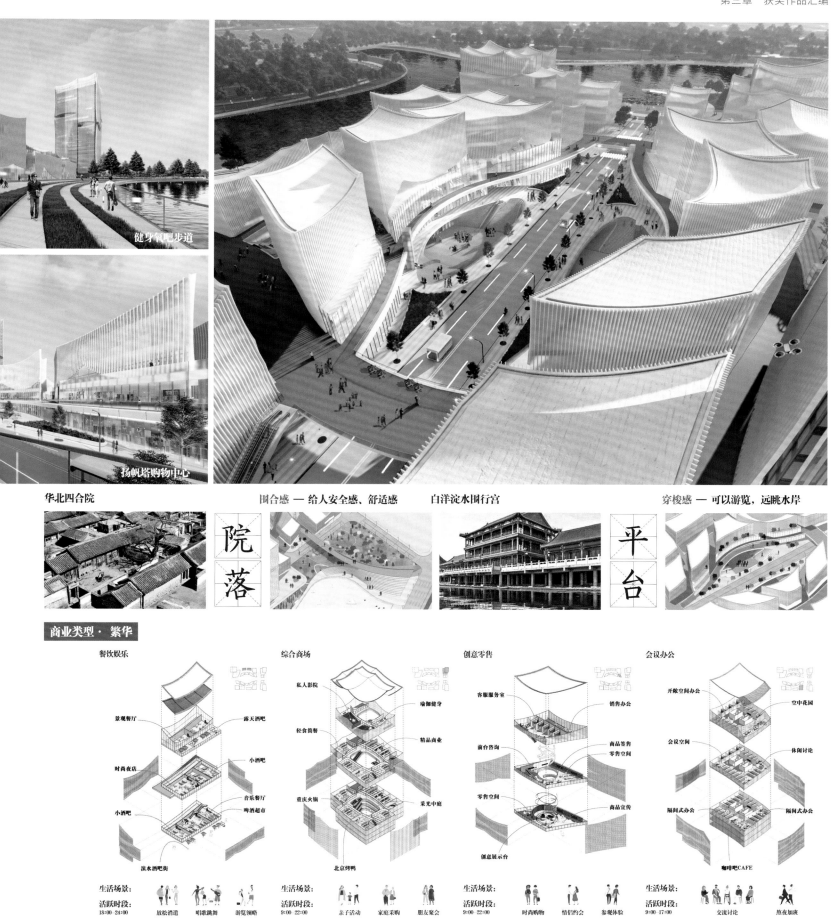

健身氧吧步道

扬帆塔购物中心

华北四合院

围合感 — 给人安全感、舒适感

白洋淀水围行宫

穿梭感 — 可以游览，远眺水岸

院落

平台

商业类型 · 繁华

餐饮娱乐

景观餐厅
露天酒吧
时尚夜店
小酒吧
音乐餐厅
小酒吧
啤酒超市
滨水酒吧街

生活场景：
活跃时段：
18:00-24:00　放松消遣　唱歌跳舞　游览领略

综合商场

私人影院
瑜伽健身
轻食简餐
精品商业
重庆火锅
采光中庭
北京烤鸭

生活场景：
活跃时段：
9:00-22:00　亲子活动　家庭采购　朋友聚会

创意零售

客服服务室
销售办公
前台咨询
商品售卖
零售空间
零售空间
商品宣传
创意展示台

生活场景：
活跃时段：
9:00-22:00　时尚购物　情侣约会　参观体验

会议办公

开敞空间办公
空中花园
会议空间
休闲讨论
隔间式办公
隔间式办公
咖啡吧CAFE

生活场景：
活跃时段：
9:00-17:00　交流讨论　熬夜加班

居住及社区配套类

自给自足的城市

一等奖

参赛团队： Guallart Architects

主创人员： Vicente Guallart

团队成员： Elisabet Fàbrega, Honorata Grzesikowska, Firas Safieddine

设计说明：

本项目是北京附近新区建设规划的一部分，将会为中国和世界的城市规划定义一种新型生态城市原则。

项目的四个街区被设计为一种城市结构，街区中的居民将形成一种 21 世纪的典型的生活方式，一种应对新的生活挑战与气候变化的生活方式。

自给自足的城市

新冠病毒危机加速了未来的到来。我们发现如果我们专注于为未来的挑战寻求解决方案，我们将取得非凡的成果。就像习主席所说，城市需要重塑自我来发展生态文明。

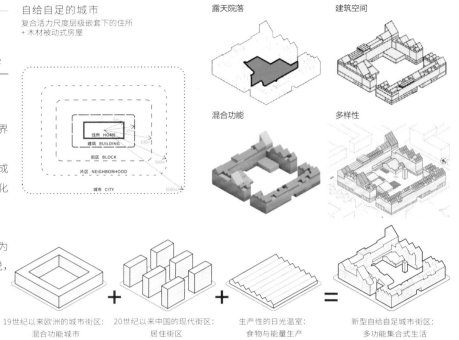

自给自足的城市
复合活力尺度层级嵌套下的住所
+ 木材被动式房屋

露天院落　建筑空间　混合功能　多样性

19世纪以来欧洲的城市街区：混合功能城市　＋　20世纪以来中国的现代街区：居住街区　＋　生产性的日光温室：食物与能量生产　＝　新型自给自足城市街区：多功能集合式生活

自给自足的城市

城市新陈代谢

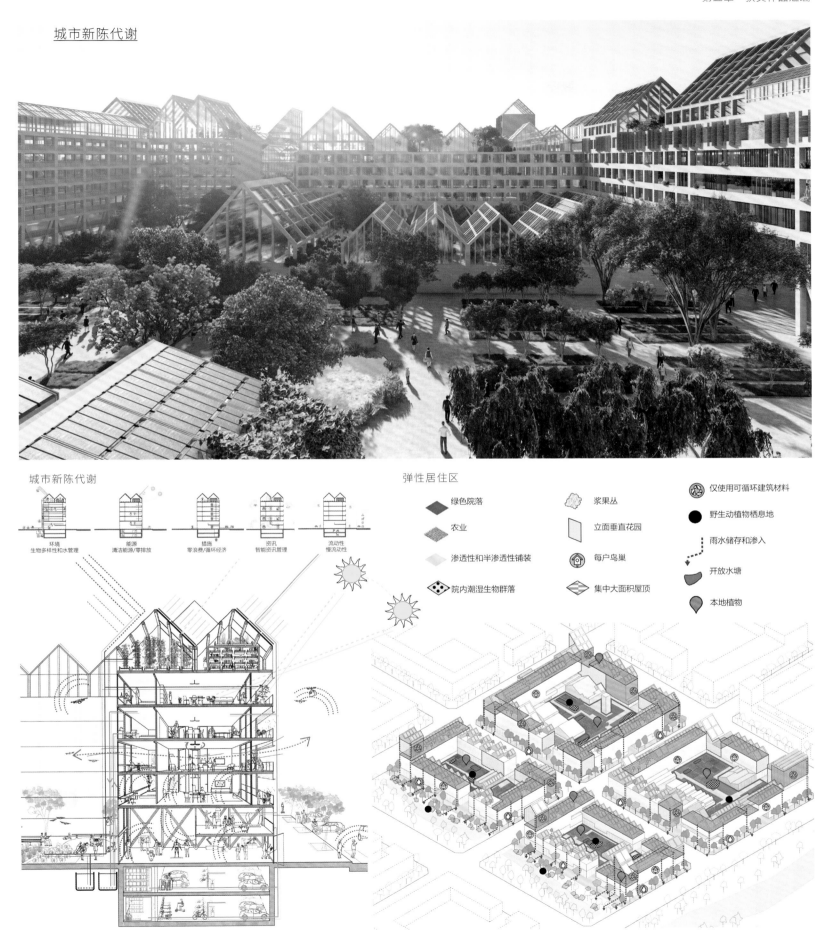

城市新陈代谢

环境	能源	措施	资讯	流动性
生物多样性和水管理	清洁能源/零排放	零浪费/循环经济	智能资讯管理	慢流动性

弹性居住区

绿色院落

农业

渗透性和半渗透性铺装

院内潮湿生物群落

浆果丛

立面垂直花园

每户鸟巢

集中大面积屋顶

仅使用可循环建筑材料

野生动植物栖息地

雨水储存和渗入

开放水塘

本地植物

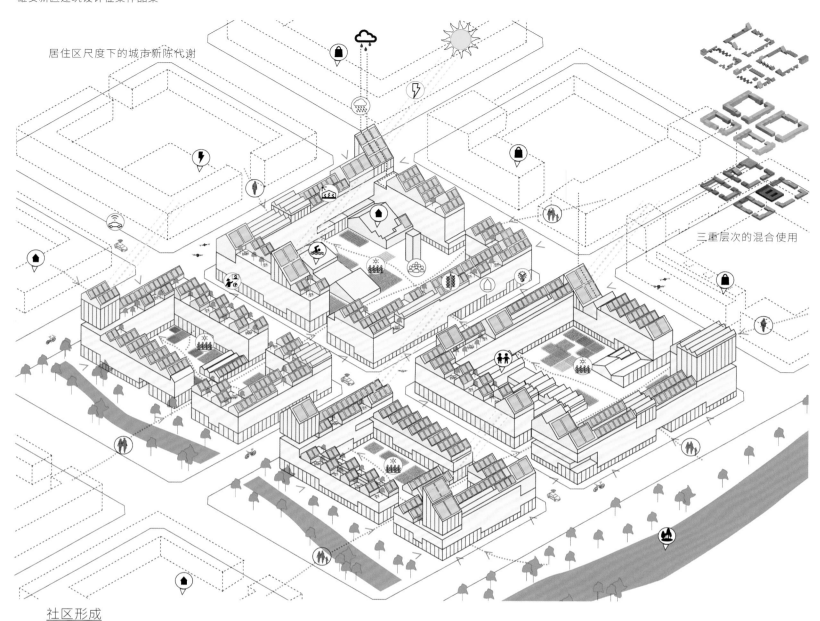

居住区尺度下的城市新陈代谢

三重层次的混合使用

社区形成

食品市场和餐厅

游泳池

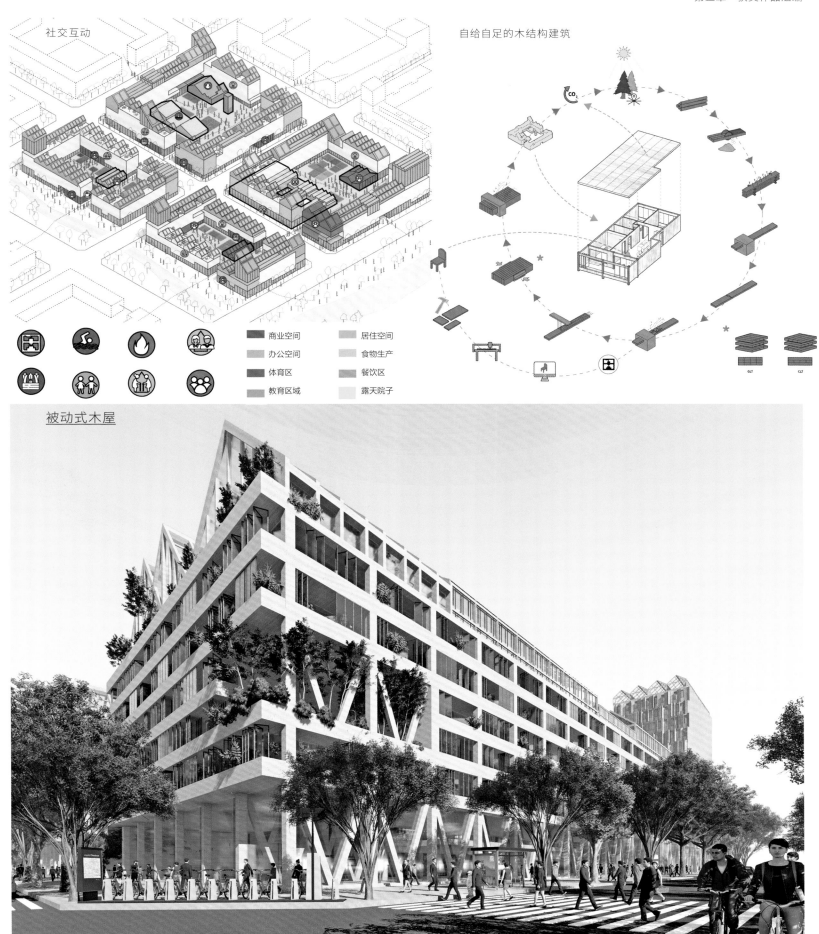

社交互动

自给自足的木结构建筑

商业空间　　居住空间
办公空间　　食物生产
体育区　　　餐饮区
教育区域　　露天院子

GLT　　CLT

被动式木屋

多功能公寓

多功能公寓

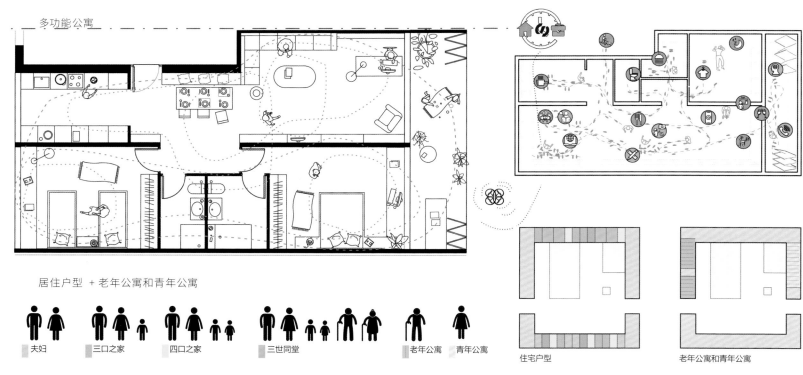

居住户型 + 老年公寓和青年公寓

夫妇　　　三口之家　　　四口之家　　　三世同堂　　　老年公寓　　青年公寓

住宅户型　　　　　　　　　老年公寓和青年公寓

带露台的拓展式公寓

居家生活　LIVING

居家休息　RESTING

居家生活　WORKING FROM HOME

远程办公准备就绪　TELEWORK READY

扩展到所有人的露天平台　EXPANDED TERRACE TO EVERYONE

无人机投递准备就绪　DRONE DELIVERY READY

露台

食物生产
水栽种植 垂直LED种植

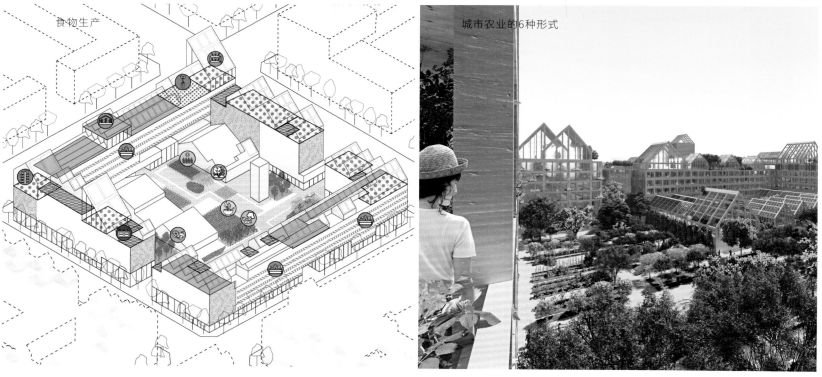

食物生产

城市农业的6种形式

新型办公形式

 创新实验室

 创业园区

 远程办公

 传统办公

 公共办公

动态经济

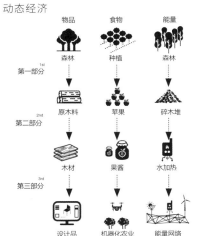

物品	食物	能量
森林	种植	森林
第一部分 (1st)		
原木料	苹果	碎木堆
第二部分 (2nd)		
木材	果酱	水加热
第三部分 (3rd)		
设计品	机器化农业	能量网络

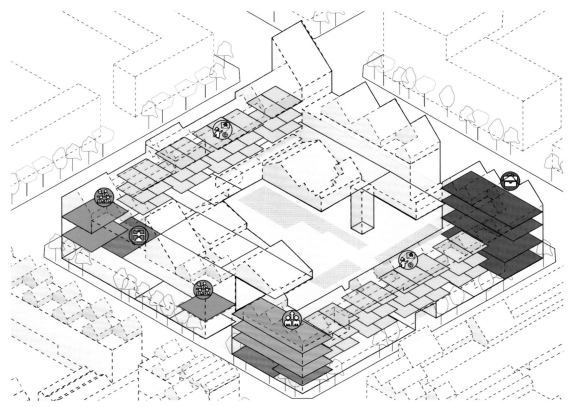

区域创新实验室

交华织彩·立体合院——交互社区设计

二等奖

参赛团队： 中国建筑设计研究院有限公司
主创人员： 宋波、程开春
团队成员： 郭皇甫、袁泽、张沛琪、周培强

设计说明:

本方案以"交华织彩·立体合院"为设计理念,倡导交互社区设计。白洋淀湿地景观是由水下、水面、水上三维度生态系统交互作用,构建了互融共生的淀泊风光。交互社区设计,就是从不同维度出发,将与社区相关联的不同属性进行有效串联与对接,形成平衡多样的互动关系。从城市—社区—街区,从功能—空间—文化,通过多维度交互空间的设计,多层次交流空间的营造,不仅为社区居民提供一种多样健康的生活方式,更鼓励人们走出来,融入社区、融入城市、融入自然。多样的交互空间,叠合的功能布局,中式的围合院落,积极的交流活动,构建出绿色健康的立体合院,迸发出持续的活力。

设计概念

　　本地块充分考虑与周边城市因素的交互关系，通过积极空间积极空间的开放性引入，消极空间的活力性营造，使社区空间与城市空间互融互通。整合利用相邻地块间的地下空间，强化互通，提高利用率。合理协调配套与居住之间的功能交互，发掘积极互动的共享空间。适当设置东西向建筑，形成中式传统合院空间，营造静谧惬意的居住氛围。设置下沉景观、地面院落、底层架空、共享平台、空中庭院、屋顶花园等，为居民提供更多可选择的室外交流空间。可消洗入户花园、收纳升级玄关、可分离居室、多元功能客厅、洁污分离卫生间、室外露台、弹性多功能空间、自然通风采光、科技生活设施等设计，打造有超强免疫力的健康居家生活空间。

     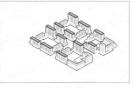

合院单元　　　　街区交互　　　　　城市交互　　　　　功能交互　　　　　空间交互　　　　　文化交互

东南方向鸟瞰图

曲苑回廊

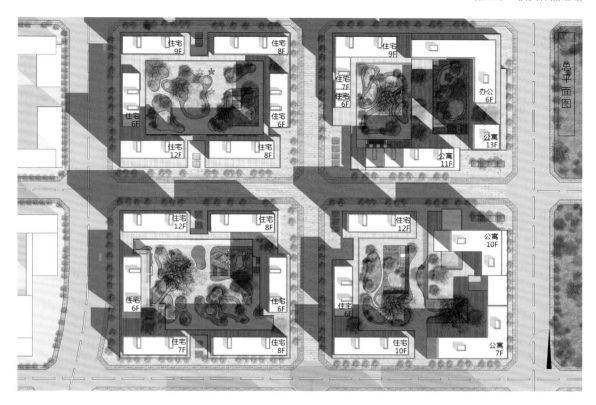

总平面图

层递错落

市井街巷

raction: Community and Culture

屋顶花园

阳台

下沉院落

中心庭院

共享空间

室外活动平台

传统空间意向转译：

中国传统建筑以院落为特色空间，设计中将传统院落现代化，置入住区、地下空间，各户、各楼层屋顶，设置不同尺度院落空间，呈立体分布；使用对景设计手法，创造丰富且有层次的空间；选取传统廊下空间作为屋顶活动场所设计原型，通过柱廊，斜屋面，景观，营造廊下休闲场所

传统生活方式衍生：

中国自古重视家庭生活，夫妻相敬，教子养老，设计尊重传统观念，并与现代生活方式，建筑空间进行结合，营造适应不同年龄人群需求的居住场所；设置可清洗入户花园，可分离居室，洁污分离卫生间，打造超强免疫力的健康居家生活空间

C 型户型

C 型户型

地域淀泊风光转化：

提取白洋淀芦苇荡地域景观，抽取白洋淀河道、沙渚、水面等特色景观在庭院中进行抽象转译，在住区庭院内部营造了淀泊式的空间体验。设计采用锈蚀钢板与防腐木板打造高低起伏的景观种植区，配合乔灌草不同层级的植被种植，给穿行其间的人们丰富的空间体验

①屋顶花园场景，利用屋顶空间，作为居民的活动场所

②屋顶采用太阳能电池板，将太阳能转化为电能

③庭院内部分绿地采用下凹式绿地，调蓄雨水

235

邻里之环，健康社区

参赛团队： 上海有客建筑设计有限公司

主创人员： 张文博、付瑶

团队成员： 刘飞、李业林、张兴龙、陈宝鑫

设计说明：

　　本方案缘起绿色生态宜居家园主题，4 个地块围绕幼儿园进行多业态设计，进而提出"邻里之环"的概念，用主要的一个商业大环线依次串联所有 4 个地块，形成开放式街区和邻里地块大环线的概念；同时，4 个地块内部有次一级小环线，形成地块内部社区的高效开放连接，每个地块均为舒适的建筑体量搭配，底部开放 2 至3 层的商业业态，商业屋面多为开放式露台和公园绿化，形成大社区的立体式交通东线和大量的休憩空间，依次呼应雄安新时代宜居绿色等全新理念，住宅部分限高 45 m，考虑将其设计为小高层洋房，并适当组合出退台的体量搭配，形成错落起伏的天际线和多元化的建筑空间。建筑材料以色彩为低饱和度的红砖、真石漆、金属板、玻璃等为主，稳重大气，轻松明快，形成未来宜居社区的鲜明特点。

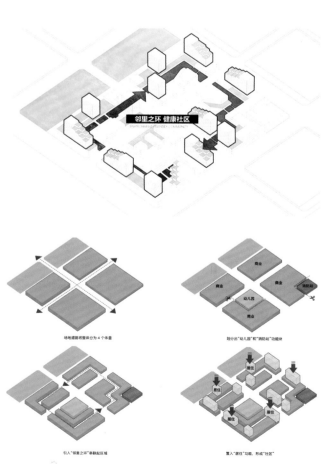

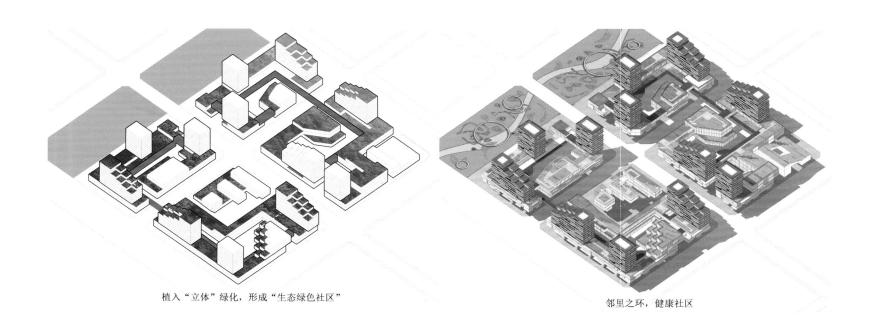

植入"立体"绿化，形成"生态绿色社区"　　　　　　　　　　　邻里之环，健康社区

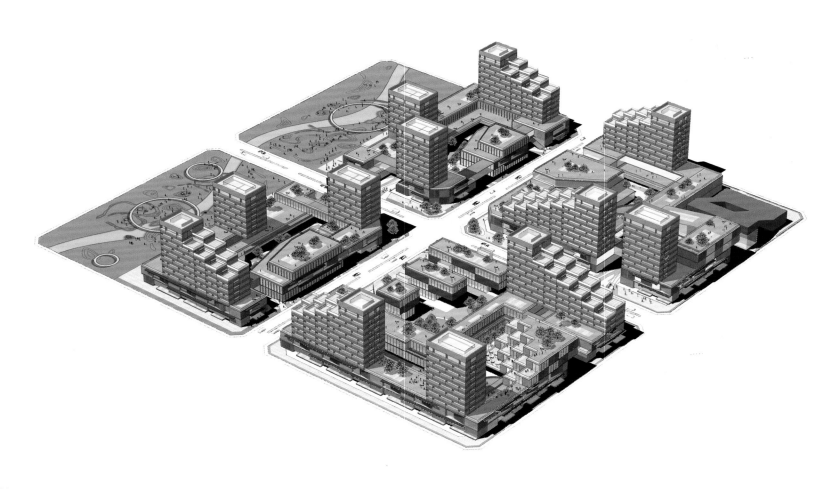

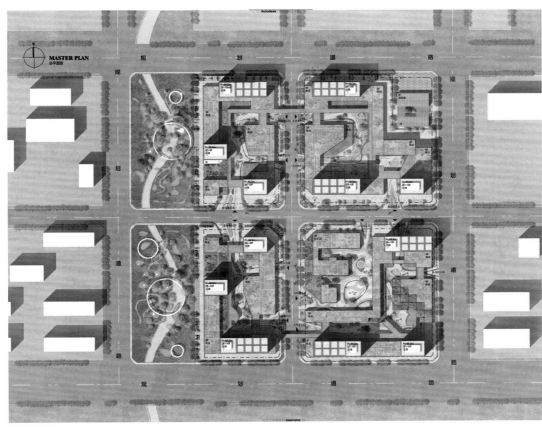

总平面图

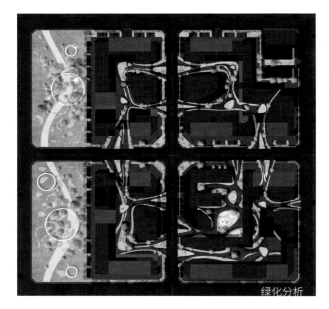

绿化分析

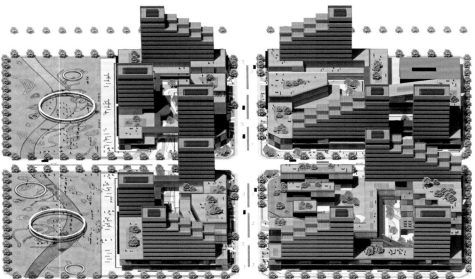

漫巷·融城

参赛团队： 中国建筑西南设计研究院有限公司
主创人员： 李赫、唐浩文
团队成员： 李博、苏杭、张亦丁、王伟东

三等奖

设计说明：

街坊围合形成的公共街道是社区行为的重要载体，方案通过合理的空间组合与道路断面设计创造丰富开放的邻里交往界面，以"漫巷"为题重塑当代社区公共生活。丰富融洽的邻里交往行为依赖于城市公共空间品质的塑造，住区与街道有机融合可促进更多的邻里交往行为发生，并推动社区文明建设，形成亲切融合的城市文化。

■ 城市篇——模块化设计，以差异化功能模块完善城市公共空间。

■ 社区篇——打造街区，形成功能过渡关系，以本土化设计语言，营造街道生活氛围，再塑当代社区公共生活。

■ 街坊篇——街坊单元内以活力慢行绿环围合形成高品质的街坊景观系统，打造怡人的居住品质。

■ 形态篇——按垂直风貌划分，低区传统、中区本土、高区现代，最终形成中西合璧、以中为主的当代雄安风貌。

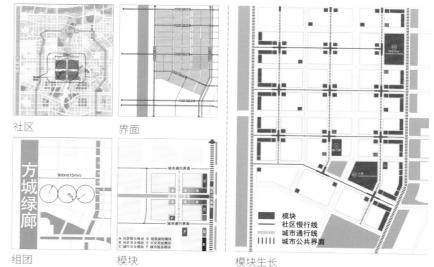

社区　　　界面

组团　　　模块　　　模块生长

■ 模块
—— 社区慢行线
⊪ 城市通行线
⫴⫴ 城市公共界面

- 方案通过梳理场地周边与内部街道的不同尺度关系,识别与定义了不同的城市界面:
■ 社区慢行界面
■ 城市公共界面
■ 城市通行界面
- 依据外部界面的不同或用地性质的差异,分别形成差异化的功能模块,以适应不同的外部条件。
■ 社区服务与商业模块:面向社区内部解决居民的生活服务
■ 城市商业模块:面向城市主干道或城市景观系统,提供零售餐饮商业功能
■ 城市服务模块:面向周边其他功能场地提供相应的配套服务,例如为基地西南侧的教育用地提供儿童活动场地或相关教育培训功能。
- 通过不同模块与界面的塑造,方案希望在更大的城市尺度上形成一套有序的通行脉络,例如沿社区服务核心到城市公共服务核心形成连贯的慢行界面,沿社区周边形成城市通行界面,不同界面相互独立又交织互补,形成一套完整有序的城市生活脉络

1 卫生服务站	A 临时集会场地
2 老人照料中心	B 卫生检疫&康养场地
3 文体活动站	C 老年人健身场地
4 社区居委会	D 文体活动场地
5 果蔬便利店	E 球类活动场地
6 美容美发店	F 儿童活动场地
7 社区食堂	G 街坊活力绿环
8 餐饮	
9 洗衣店	
10 共享办公	

空间塑造＆材料运用

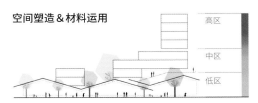

高区为浅色调简洁明快的现代体量,中区使用本土化的建筑材料,低区运用具有中国特色的传统空间语言

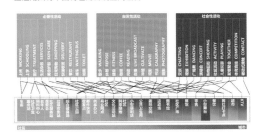

全邻友好的社区管理模式

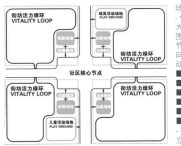

场地＆功能划分
- 依据上位规划形成4大主要社区功能模块,围绕地块中心形成核心节点,同时形成6处面向街道开放的公共活动场地
■ 球类运动场地
■ 儿童活动场地
■ 临时集会场地
■ 文体活动场地
■ 卫生检疫场地
■ 老年人健身场地
- 街坊单元内部形成独立街坊活力绿环

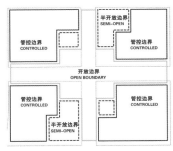

管理边界三级划分
-依据不同的场地划分,社区形成三种不同的管控边界
■ 开放边界
4个街坊内部围合形成的街道为开放边界,社区的商服模块面向街道形成开放的友好邻里环境
■ 半开放边界
6处活动场地为半开放边界,面向社区及附近居民开放
■ 管控边界
4个街坊围绕各自的景观绿地形成封闭的住区景观界面
-社区的开放与管理有赖于公共文明的建设,灵活的管控边界有利于塑造良好的邻里关系,方案通过三级划分将更多的公共资源面向城市开放,以期创造全邻友好的社区文化环境

道路断面分析

1 社区卫生站
2 社区居委会
3 饮品店
4 糕点烘焙店
5 果蔬店
6 便利店
7 美容美发店
8 社区食堂
9 咖啡厅
10 商铺
11 社区老年人照料中心
12 社区图书馆
13 社区文体活动中心
14 儿童乐园
15 便民早餐店
16 花店
17 洗衣房
18 餐厅酒吧

社区办事处

社区果蔬店

创客办公

"疫"路"行走"——韧性社区

三等奖

参赛团队： 武汉中合元创建筑设计股份有限公司
主创人员： 晏晓波、舒昌荣
团队成员： 赵辉、李里、殷媛媛、刘奥龙、邹子曦、殷宗楷

设计说明：

在一场突发性公共卫生事件的考验下，现行居住模式存在诸多问题，本方案旨在塑造韧性社区规划系统。

规划以弹性社区兼容"公共健康"；通过宜居共享实现"邻里有交融"；利用社会可持续衔接"未来智慧生活"。

建筑以装配式集成化为内核，人视感知为立面分层，"层峦叠翠、立体游园"为主题，探索多维立体的新中式空间美学。

住宅以"一栋楼里的回溯与狂想"为概念，打造主题化、成长型垂直社区，来应对雄安新区在未来发展中的人群结构变化。

云破日出，春暖花开；"疫"路"行走"——韧性社区，我们是小居大家的社区成长共同体。

这里能承载你的青春梦，也能安下你的未来生活

1 条件分析

D-02居住配套地块

1 FAR2.1 商混≤25%	2 FAR2.2 商混≤50%
3 FAR1.8 配套≤10%	**4 FAR2.2 商混≤50%**

地块均以居住功能主导,商配比例最高为50%

D-02居住配套地块

2+4
商混≤50%
约**3**万平方米

2+4号商混比例均为50%,合约3万平方米

约**3**万平方米
社区级服务
15min生活圈

3万平方米配套规模为社区级,需满足15分钟生活圈

地铁 TOD

15分钟生活圈,应尽量依托TOD公共交通集散周边

3 规划结构

以公共交通为引导
社区中心区外衔接
共享功能分级系统
15分钟社区中心
10分钟邻里中心

街区中心

邻里 中心 **社区 中心**

街区中心

2 上位环境

交通性主干道
交通性主干道
控规层次
社区级中心服务带 生活性兼交通性主干道

西、北侧道路为交通性,东侧道路为生活性兼交通性,控规东侧为社区级中心服务带

居住
居住
居住
商业住宅混合
商业办公混合

50%商混规模,强调区域用地衔接与过渡融合

早交通方向
居住
居住
服务 界面
商业办公混合
晚交通方向

TOD引导、服务串联、形成"T"形服务界面

总平面图

4 规划分析

15分钟—10分钟—5分钟生活圈

地上—地面—地下,立体生活空间

人—车—物,分流系统

街—巷—院—园,开放层级

5 防疫系统

大开放—中防控—小隔离

洁—染分层、分流系统

交通管控——物理隔离

弹性公服——卫生防疫分区

6 空间场景

"均好性"高低配空间构成

未来生活场景

防疫生活场景

共筑共栖,共享共安

依托逐级开放体系

生活需求: 无人售货机 → 生鲜超市 → 生活商超

就医需求: 居家观察 → 社区初检 → 隔离——就医

出行需求: 小组团独立出入口 → 邻里中心出口 → 社区街道出口

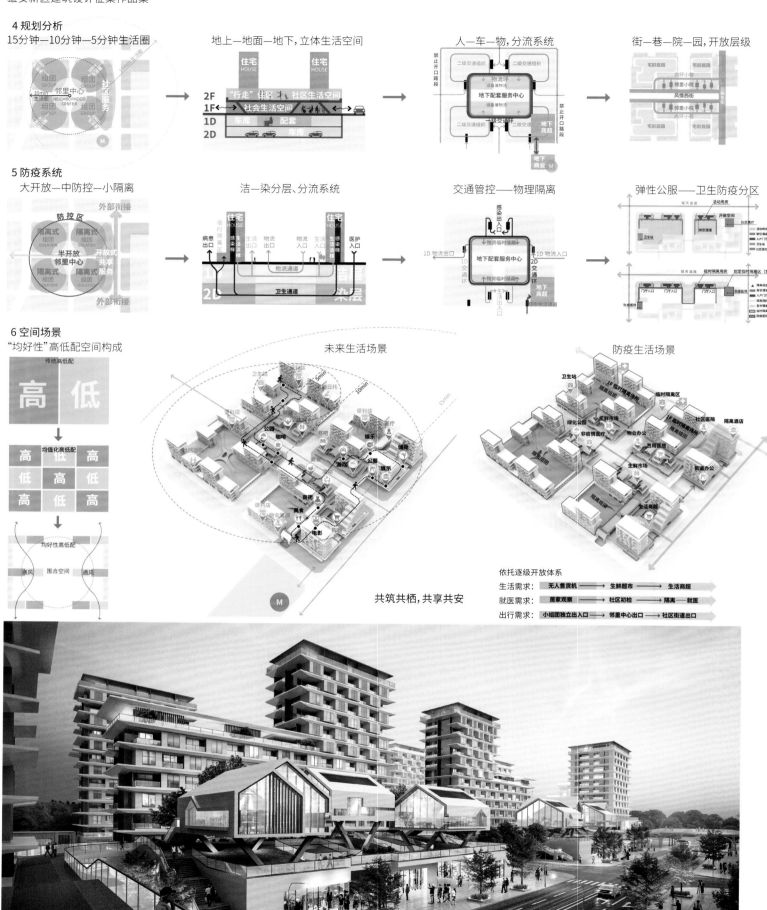

7 建筑风貌

立面风貌分层设计

层峦叠翠&立体游园
风貌分层：群山、村郭、幽园

建筑色彩构成

高层住宅：
模块化、整体性
强调高效灵活

公共建筑：
强调村落意境
中式风格
人性尺度

活动空间：
多层休闲空间
活动平台
覆土空间
亲近自然

屋顶
青灰色
青瓦

中间段
浅灰色
灰砖墙
白色
白抹灰墙

底层
原木色
门、窗
座椅等

园林
绿色
植物
台阶

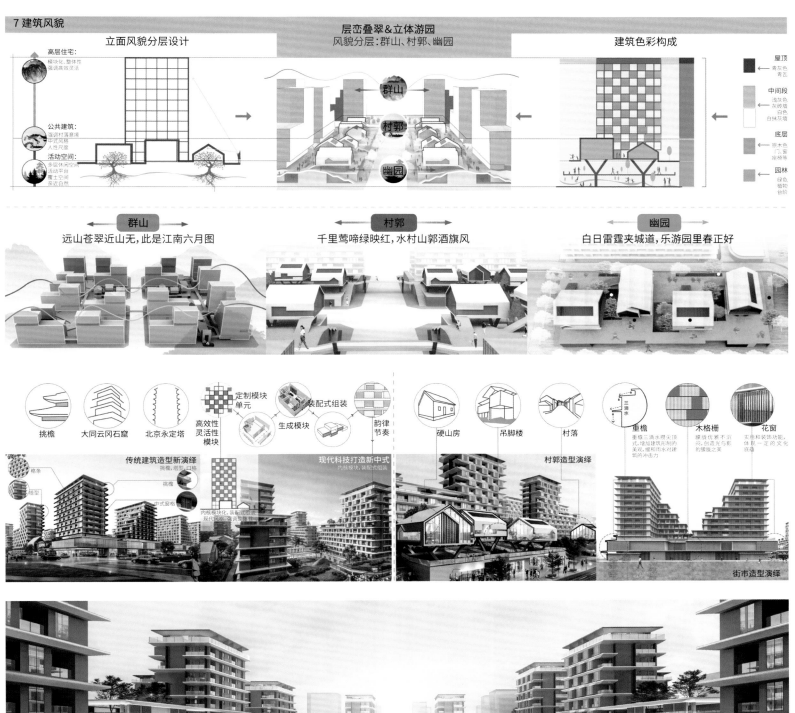

群山
远山苍翠近山无，此是江南六月图

村郭
千里莺啼绿映红，水村山郭酒旗风

幽园
白日雷霆夹城道，乐游园里春正好

挑檐　大同云冈石窟　北京永定塔　高效性 灵活性 模块　定制模块单元　生成模块　装配式组装　韵律节奏

硬山房　吊脚楼　村落

重檐　木格栅　花窗

传统建筑造型新演绎　现代科技打造新中式　村郭造型演绎　街市造型演绎

三等奖

空中"合"院

参赛团队：浙江大学建筑设计研究院有限公司

主创人员：莫洲瑾、雷斌

团队成员：伊曦煜、杨帆、金林建、郭淑睿、苏仁毅

设计说明：

随着经济的迅猛发展，城市快速扩张，高楼林立，中国传统合院的空间形式在现代城市高密度发展下逐渐迷失。

方案设计从追溯到畅想，从传统走向未来，以传统空间的"院"为切入点，以"合"为设计手段，珍惜中国传统合院形式带来的人情温暖，将其中不适应现代生活的空间进行重构。社区营造以满足现代人的生活需求、精神需求为出发点，设计了一个"有序、复合、可持续发展"的空间网格，营造富有活力的"人情交织"社区。

注重健康的建造方式——采用装配式集成设计，大量现场湿作业在工厂完成，现场吊装，以此来减少施工噪音、碳排放、建筑垃圾。

注重使用者的健康生活——"空中合院"能使居住者获得更好空气的同时，促进邻里之间的交往，低层及连廊为社区提供丰富的服务及文化活动空间，鼓励人参加户外活动，促进居民身心健康。

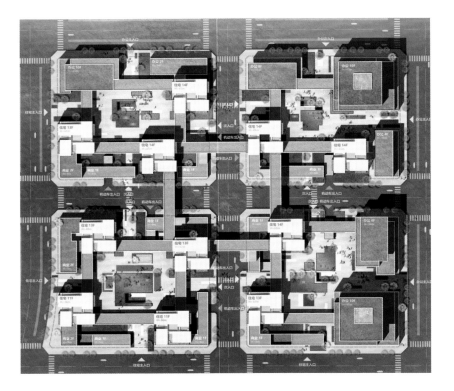

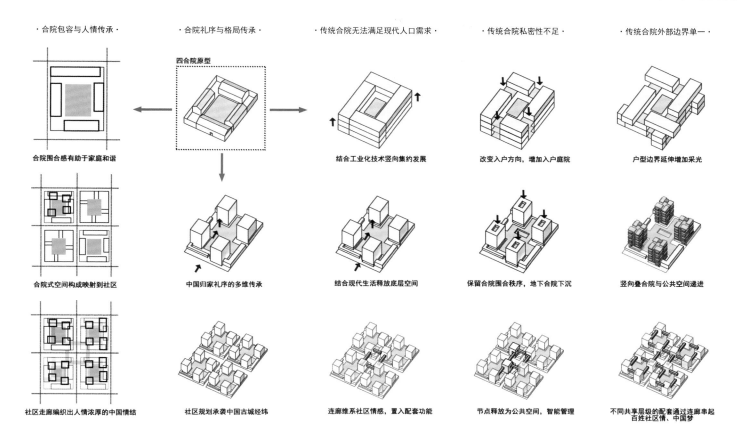

·合院包容与人情传承· ·合院礼序与格局传承· ·传统合院无法满足现代人口需求· ·传统合院私密性不足· ·传统合院外部边界单一·

四合院原型

合院围合感有助于家庭和谐 结合工业化技术竖向集约发展 改变入户方向，增加入户庭院 户型边界延伸增加采光

合院式空间构成映射到社区 中国归家礼序的多维传承 结合现代生活释放底层空间 保留合院围合秩序，地下合院下沉 竖向叠合院与公共空间递进

社区走廊编织出人情浓厚的中国情结 社区规划承袭中国古城经纬 连廊维系社区情感，置入配套功能 节点释放为公共空间，智能管理 不同共享层级的配套通过连廊串起
百姓社区情、中国梦

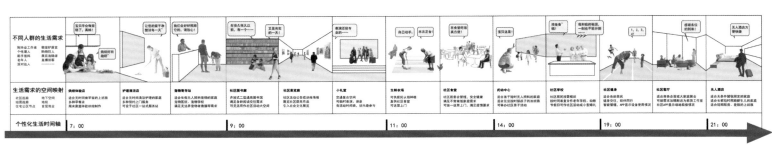

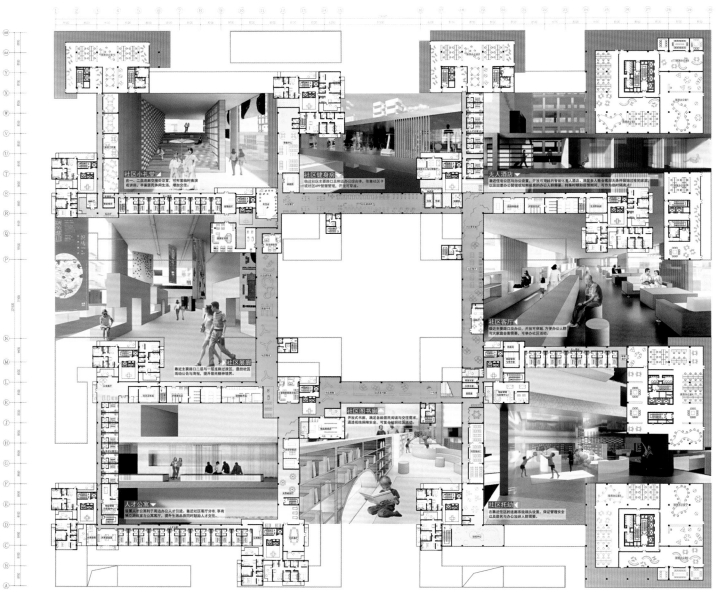

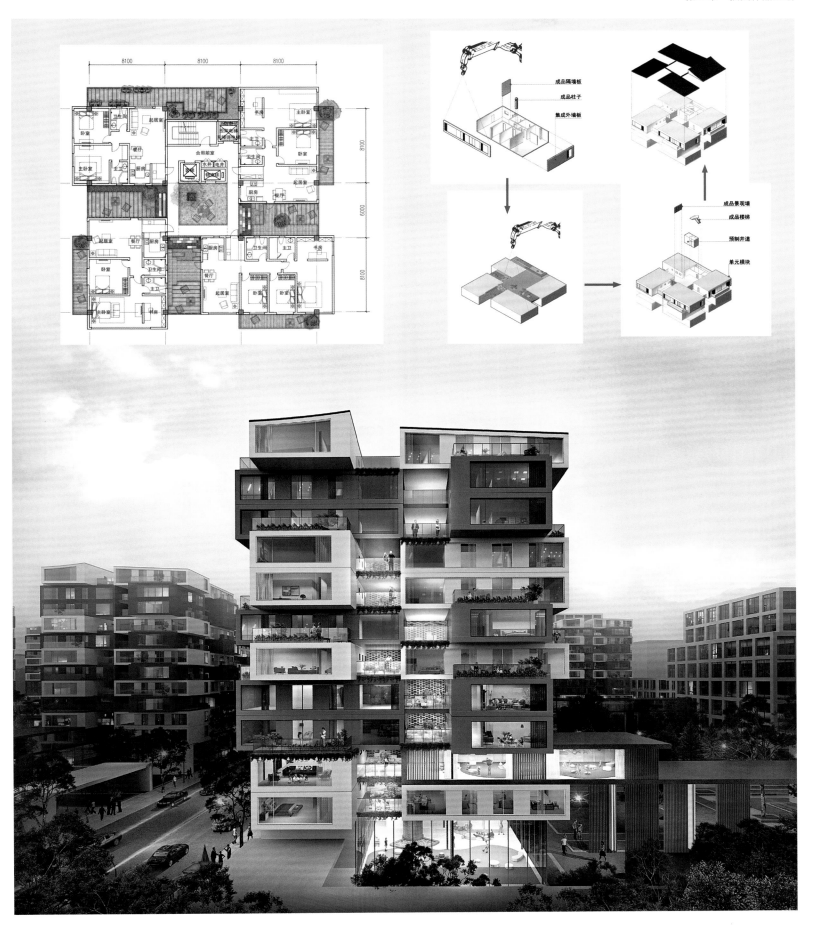

一等奖

里坊制重塑下的自给自足——弹性的未来生产性社区模式构想

参赛团队： 天津大学

主创人员： 郑婕、卢昱樟、孙璐璐、吕雅婷

指导老师： 张玉坤、卞洪滨

设计说明：

　　本方案中我们选择在 D-02 地块探究弹性的未来生产性社区的模式，尝试借鉴里坊制的 城市空间结构和社会结构秩序效应，进行资源整合与重构，满足单元的自给自足。方案从空间文脉入手，以古代城市里坊制为出发点，进行结构划分，重塑空间秩序，形成模块化系统。接着以社区为单元，将食物、能源、水等的生产活动融入社区空间，倡导本地化生产，以期提高综合承载力，实现人与自然的可持续发展。在此基础上，我们对资源系统进行整合重构，基于多资源的相互关系进行统筹设计，希望可以沿着中华文明里坊的记忆，实现自给自足，构建弹性的生产性社区模式，在一定程度上应对突发事件。

设计概念

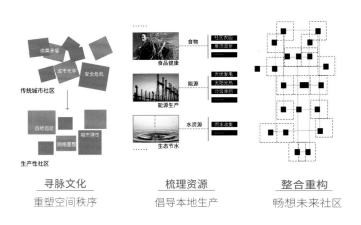

寻脉文化
重塑空间秩序

梳理资源
倡导本地生产

整合重构
畅想未来社区

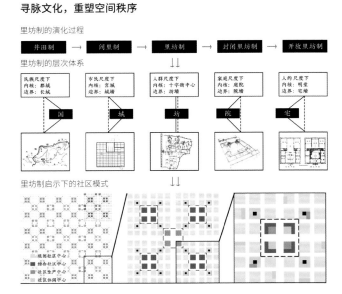

寻脉文化，重塑空间秩序

里坊制的演化过程

井田制 → 闾里制 → 里坊制 → 封闭里坊制 → 开放里坊制

里坊制的层次体系

| 民族尺度下 内核：郡城 边界：长城 | 市民尺度下 内核：宫城 边界：城墙 | 人群尺度下 内核：十字街中心 边界：坊墙 | 家庭尺度下 内核：庭院 边界：院墙 | 人的尺度下 内核：明堂 边界：宅墙 |
| 国 | 城 | 坊 | 院 | 宅 |

里坊制启示下的社区模式

综合各社区中心
社区生产中心
社区休闲中心

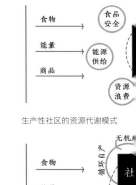

梳理资源，倡导本地生

传统社区的线性代谢模式

食物 → 食品安全
能量 → 能源供给
商品 → 资源浪费

生产性社区的资源代谢模式

食物
能量
商品

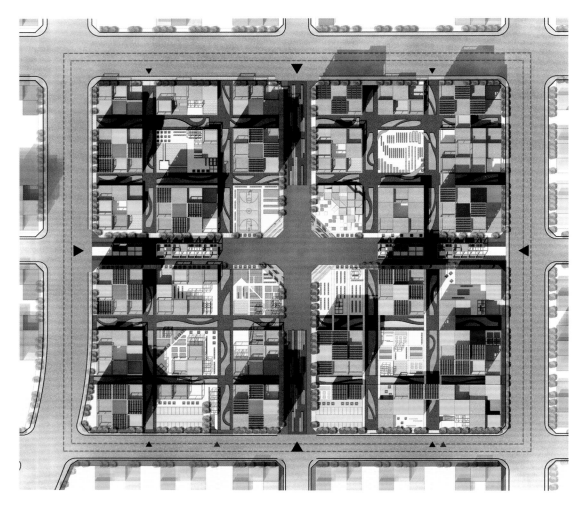

生产性社区的资源整合关系

有机废物
废气
固体废物

份地农园　屋顶温室　公共农园　农夫市集　绿色住宅　公共建筑

光伏发电　科技走廊　雨水回收　智能泊车　休闲运动　淀泊景观

减少的输出

包括各种
生产性用地类型
在内的多种用地整合的
生产性社区模型

生活
生产
生态

整合重构，畅想未来社区

空间功能系统

资源循环系统

突发事件下的社区空间应对策略

平时状态下

形态布局　　　　　　　　　功能布局

应急状态下

形态布局　　　　　　　　　功能布局

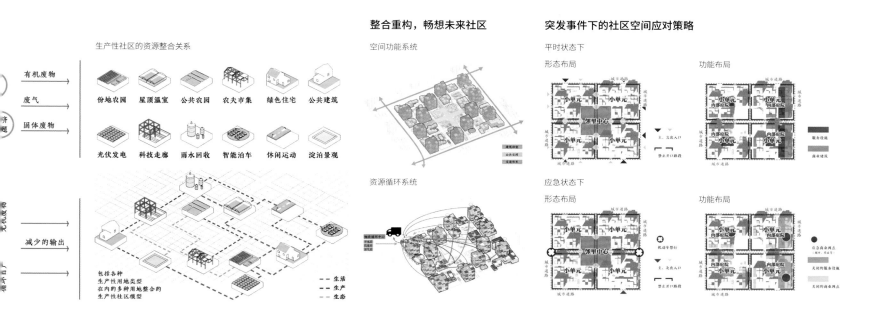

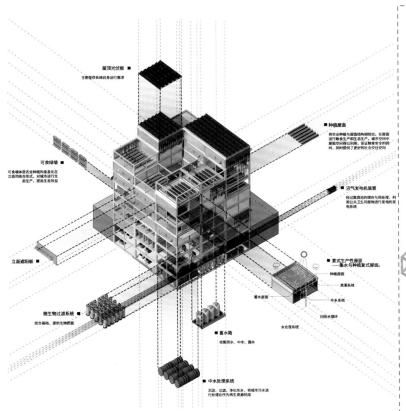

屋顶光伏板
主要提供系统自身运行需求

种植屋面
将农业种植与屋面结构相结合。在屋面进行粮食生产的微农生产。为屋顶屋面空间预留活动时间，保证粮食安全的同时，提供了更好的社会交往空间

可食绿墙
可食墙体是农业种植的微垂直化立面的结合形式，对城市进行生态生产、屋面生态效益

沼气发电机装置
经过氢氧池的储存与预处理，利用公共卫生间废物进行发电的发电系统

立面遮阳板

复式生产屋面
——集水与种植复式屋面。
种植屋面
灌溉系统
蓄水屋面
中水系统
水处理系统
回收水循环

微生物过滤系统
结合基础，提供生物质能

蓄水箱
收集雨水、中水、露水

中水处理系统
沉淀、过滤、净化灰水，跨城市污水进行处理运作为再生资源回用

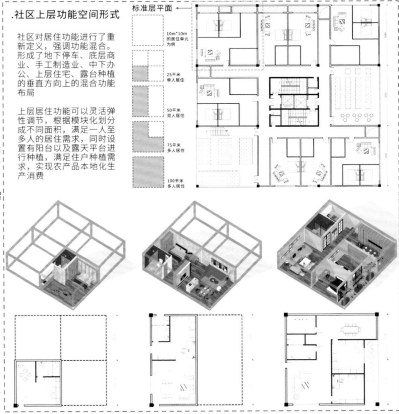

社区上层功能空间形式

社区对居住功能进行了重新定义，强调功能混合。形成了地下停车、底层商业、手工制造业、中下办公、上层住宅、露台种植的垂直方向上的混合功能布局

上层居住功能可以灵活弹性调节，根据模块化划分成不同面积，满足一人至多人的居住需求，同时设置有阳台以及露天平台进行种植，满足住户种植需求，实现农产品本地化生产消费

标准层平面

10m*10m的居住单元为例

25平米 单人居住

50平米 双人居住

75平米 多人居住

100平米 多人居住

社区中低层空间功能形式

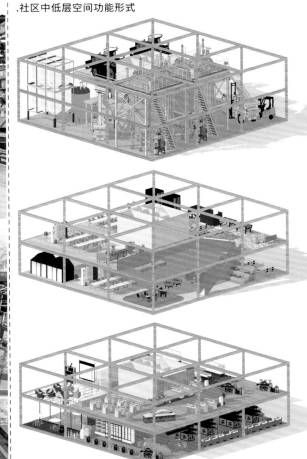

本地化生产制造
未来的制造业更多的是个体化定制、实时、就地生产。由于与市场客户接近，可以形成快速周转，持续反馈更新的机制，数字技术、加工工艺的成熟，不再需要大规模流水线设备及大型厂房仓库，中小规模企业即可完成任务

职住一体化
社区共享办公空间是以解决大城市职住分离为目标，以空间共享为基本手段，以使居住社区形成"居住办公一体化"的空间单元为目的，在居住社区中置入的共享办公空间，旨在城市中形成以居住社区为基本单元的分布式网络格局，最终达到城市职住关系动态平衡的结果

本地生产消费
社区农产品循环从生产、加工、运输、消费可有效利用社区空间，而基于本地的生产消费能够"包容"小规模；惠及本地经济"良好商业环境"；"以健康和营养为导向"的本地生产消费。保证了"高效"、"可持续"，避免损耗浪费

二等奖

"慧·建·筑"社区——雄安之未来新生活构想

参赛团队: 沈阳建筑大学

主创人员: 冷雪冬

团队成员: 刘星宇、景中奕、徐鹏程、方嘉淋

设计说明:

本设计以雄安新区大规模建设为背景,选取居住及社区配套类第二块场地进行设计,针对由于新区建设所产生的新旧两种居民之间生活方式的差异,分析两种人群之间的矛盾,通过将虚拟技术和物质实体相结合,打造垂直农场、全龄社交等新型模式,通过建立居民互联的生活网络,从而形成更适宜的新型生活方式,打造新旧居民健康、智能、互通、共享的新型社区。

雄安新区原住民主要为雄县、安新等周边村庄的居民,依托白洋淀自然环境,生活生产方式较为传统,以农业、渔业等传统产业为主,也拥有较多的传统特色,如雄县古乐、白洋淀芦苇画、鱼鹰捕鱼等。雄安新区征迁安置工作任务,涉及3县100余个村,其中整体搬迁腾退村27个,迁移总人数4万余人,共征收土地10余万亩。雄安新区远期控制区面积约2 000平方千米,规划人口为200万至250万,人口密度为每平方千米1 000到1 250人左右。

■ **地域性建筑生境分析** Regional architecture analysis

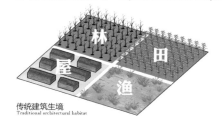

传统建筑生境
Traditional architectural habitat

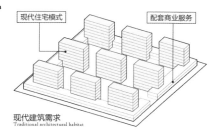

现代建筑需求
Traditional architectural habitat

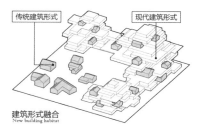

建筑形式融合
New building habitat

新型建筑生境
New building habitat

■ 社交平台 Social platform

■ 垂直农场 Vertical Farm

■ 商业活动 Business work

■ 立面图 Elevation

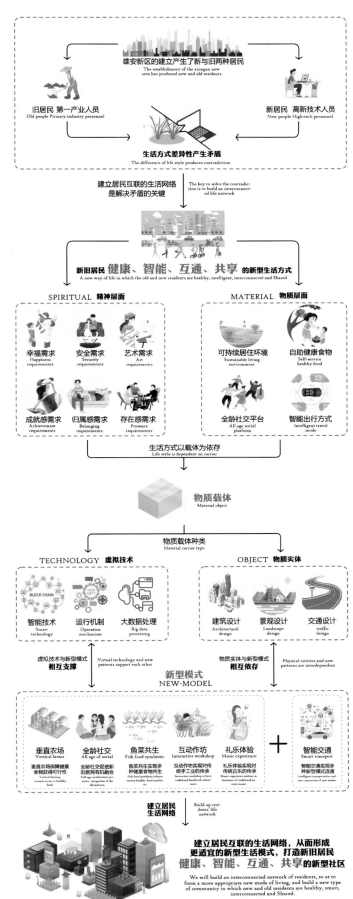

■ 地域性风貌设计研究分析　Regional Style Design Research and Analysis

中国传统建筑研究分析　Research and analysis of Chinese traditional architecture

空间布局
Spatial arrangement

河北民居空间布局形式根据地域的不同有所差异。根据地形地貌、建筑工艺等多方面条件，产生了四合院、三合院、L合院、二合院等建筑形式

四合院　四合院　三合院　三合院　三合院　二合院　L合院

将传统院落空间布局形式提取依照需求植入到建筑平面设计之中，以增强建筑与地域性传统文化融合性和当地居民的在地性

The traditional courtyard space layout is embedded into the architectural graphic design to enhance the integration of the building with the local culture and the locality of the traditional residents.

屋顶组合
The Roof

河北民居屋顶形式主要取决于其气象条件和建造工艺。屋顶主要分为双坡顶、单坡顶、不等坡顶和平屋顶，不同地区的屋顶主要形式有所差异

不等坡　单坡顶　双坡顶　平屋顶

单坡顶+平屋顶　双坡顶组合　不等坡+平屋顶

将传统屋顶形式进行提取重新组合并植入到建筑设计之中，用以解决城市的现代建筑功能与原有的传统建筑形式之间的矛盾

The traditional roof form is abstracted, recombined and implanted into the architectural design to solve the contradiction between the modern architectural function of the city and the original traditional architectural form.

立面设计
The Facade

河北民居立面形式主要由外围维护结构围合而成。层高、外墙高度变化以及山墙、大门等立面产生不同的高度，合院立面形成了参差交错的立面效果

宋家庄正立面立面

新型建筑立面

将传统建筑中立面上多种屋顶、墙面等维护结构之间高低错落的形式应用到建筑设计之中，呼应中国传统建筑的立面和形式

A variety of roof and wall maintenance structures on the neutral surface of traditional architecture are randomly distributed in the architectural design, which echoes the facade and form of traditional Chinese architecture.

细部构造
The Detail

河北民居细部构造取自不同地区、不同种类的建筑类型之中，代表着建筑特性。照壁、格栅、直棂窗、门罩、气楼以及隔扇为河北地区特色的建筑细部构造，分别取自河北蔚县等地的民居、城门、谷仓、关神庙等不同类型建筑

格栅　照壁　隔扇　门罩　气楼　直棂窗

木格栅组合　照壁+直棂窗　气楼+门罩+隔扇　照壁+门罩+直棂窗

将传统建筑中的细部元素植入到建筑细部设计中，将传统元素与现代功能融合，传统的细部构件是围合和营造空间场景的重要组成部分

The detailed elements of traditional architecture are implanted into the design of building details, and the traditional elements are integrated with modern functions. The traditional detailed components are an important part of enclosing and creating space scenes.

材质颜色
The Material and

河北民居材质与颜色根据地区的原材料、建筑工艺和建设成本相关。主要材料有木材、毛石、石砖、土坯以及土漆，共同组成河北民居的住宅材料

土坯　白漆　木材　毛石　石砖

土黄　白色　原木　灰色　青色

木材+石砖　白漆+土坯　木材+毛石

将传统材料和色彩加入到建筑设计之中，运用不同的材质颜色，从而满足新建筑在地性空间特点和地域性空间氛围

By adding traditional materials and colors into the architectural design, different materials and colors are used to meet the local spatial characteristics and regional spatial atmosphere of the new building.

中国古典景观研究分析　Research and analysis of Chinese classical landscape

植物
Plant

孤植指利用树形特别优美的乔木，单独种植形成一个空间主要景观。丛植指十余株树木组合成整体结构，打造成趣的自然景观。群植又称树群，将单一树种恰到好处地组合成整体，表现出群体美

孤植　丛植　群植

根据中心活动区域的功能布置与不同场景营造需求，通过孤植、丛植、群植与多种地形相结合合成不同的景观效果

According to the functional layout of the central activity area and the requirements of creating different scenes, different landscape effects are formed through the combination of solitary planting, cluster planting, group planting, three wings and terrain.

水体
The Water

古典园林在小空间里，将水体梳理出小塘、小河、小溪等多种形式的水面，在某种程度上解决了小水面单调的问题，常通过多类型水系要素组合，从而丰富画面效果，打造了多种空间结构

将四个地块的水体作为整体进行设计，通过将古典园林的多种水体形态融入其中，使场地形成点、线、面状丰富的水体空间

The water body of the four plots is designed as a whole, and the water body space with abundant points, lines and planes is formed by integrating various water forms of the classical garden into it.

铺装
Floor Decoration

在古典园林的园路铺装中，尤以"花街铺地"为典型，分别采用卵石、土砖、瓦片等，组成了十余海棠等精美的图案。在我国传统庭院纹样中，常常运用暗喻吉祥之物形态的纹案铺路

瓦片
青砖
卵石

将古典园林铺装中材质与铺装形式进行提取，并将提取出的元素融入到场地铺装设计中，实现古典园林记忆的传承与延续

The material and pavement form of the classical garden pavement are extracted, and the extracted elements are integrated into the site pavement design to realize the inheritance and inheritance of the memory of the classical garden.

地形
Terrain

古典园林地形处理以"筑山理水"为精髓，地形可分为平地、坡地、洼地、山地四种类型，在古典园林中往往利用原有地形的特点，对其进行适当改造，并且因山地形态构成风貌，组织空间，进而丰富园林景观，最终形成丰富多变的林冠线和此起彼伏的天际线

洼地　平地　坡地　山地

在场地中的小场景设计中，通过坡地形成围合空间，洼地设置雨水花园形成自然排水空间，平地利用不同植物种植手法营造不同氛围

In the small scene design of the site, the surrounding space is formed through the slope, the rainwater garden is set in the low-lying land to form the natural drainage space, and different plant planting methods are used to create different atmospheres.

构筑物
Structure

古典园林中景观构筑物是园林必不可少的一部分，通过构筑物自身的美，给人从视觉上激发起美的情趣，美的联想，构筑物可以作为一个景观要素烘托主景，同时可以起到丰富景观层次的作用

廊　戏台　栈道

廊+戏台　栈道

将古典园林构筑物与新的功能需求结合，将传统与现代元素相融合，从而形成古典元素与现代相适应的新型构筑物

The combination of classical garden structures and new functional requirements, the integration of traditional and modern elements, so as to form a new type of structures suitable for classical elements and modern functions.

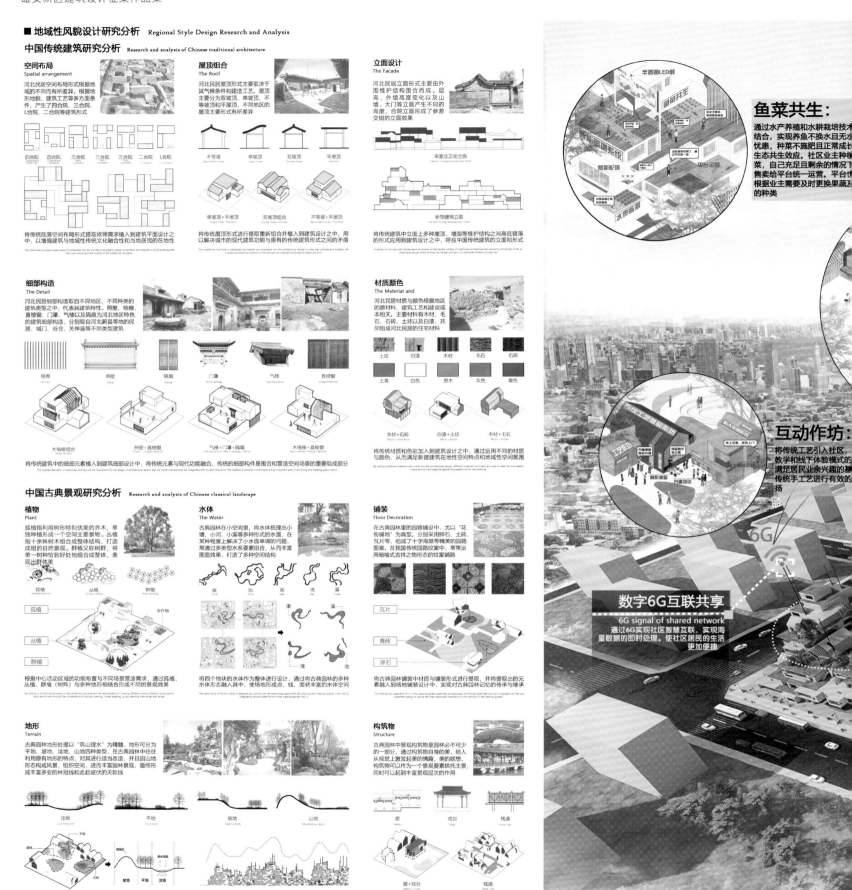

鱼菜共生：

通过水产养殖和水耕栽培技术结合，实现养鱼不换水且无水质忧患，种菜不施肥且正常生长的生态共生效应。社区业主种植果菜，自己充足且剩余的情况下售卖给平台统一运营，平台也根据业主需要及时更换果蔬及种植的种类

互动作坊：

将传统工艺引入到社区，教学和线下体验模式，满足居民业余兴趣的基础，传统手工艺进行有效的弘扬

数字6G互联共享

6G signal of shared network

通过6G实现社区智慧互联，实现海量数据的即时处理。使社区居民的生活更加便捷

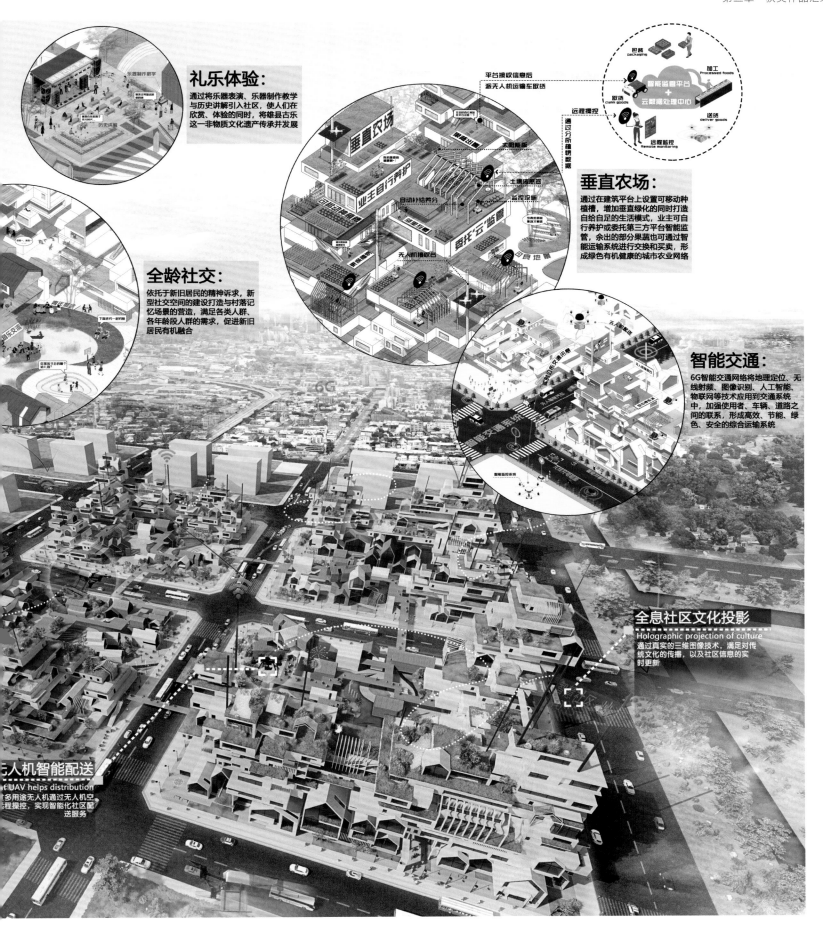

礼乐体验：
通过将乐器表演、乐器制作教学与历史讲解引入社区，使人们在欣赏、体验的同时，将雄县古乐这一非物质文化遗产传承并发展

全龄社交：
依托于新旧居民的精神诉求，新型社交空间的建设打造与村落记忆场景的营造，满足各类人群、各年龄段人群的需求，促进新旧居民有机融合

垂直农场：
通过在建筑平台上设置可移动种植槽，增加垂直绿化的同时打造自给自足的生活模式，业主可自行养护或委托第三方平台智能监管，余出的部分果蔬也可通过智能运输系统进行交换和买卖，形成绿色有机健康的城市农业网络

智能交通：
6G智能交通网络将地理定位、无线射频、图像识别、人工智能、物联网等技术应用到交通系统中，加强使用者、车辆、道路之间的联系，形成高效、节能、绿色、安全的综合运输系统

全息社区文化投影
Holographic projection of culture
通过真实的三维图像技术，满足对传统文化的传播，以及社区信息的实时更新

无人机智能配送
UAV helps distribution
多用途无人机通过无人机空程操控，实现智能化社区配送服务

CO-Exist Community 共生社区

参赛团队：独立建筑师

主创人员：王瑶、于淼

团队成员：王瑶、于淼

二等奖

设计说明：

　　新冠病毒肺炎疫情的爆发，在暴露很多社会问题的同时也出现了有别于平常的生活行为模式，家庭成员 24 小时居家，工作与生活空间混杂，家长与孩子活动互相干扰；社区管理不到位，独居老人和因家长被隔离而产生的留守儿童无人照料；居住空间单调，居家活动单一，人们只能守在电子产品前，生活在虚拟社会里。短短不过百日，我们被迫提前感受了信息革命的到来，我们也被迫开始思考家庭空间的重要性和社区环境的包容性等问题。即使没有这场"瘟疫"的到来，几十年不变的扁平化的住宅空间模式，已经解决不了时代与科技的进步带来的诸多居住问题：大量的流动工作人员，复杂的家庭人口结构，无子女赡养的老人……这些反映了以下核心问题：居住空间与居民需求不匹配和社区功能不健全导致的包容性差的问题。

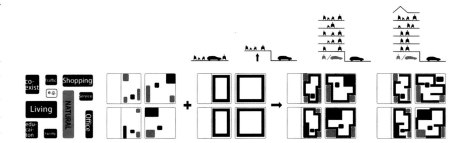

平面布局：将社区体育活动中心，幼儿园，社区中心，商业，室外活动场地等公共空间按照使用需求分配给四块场地，使每块场地保证完备的功能空间的基础上分担不同的公共职能。居住功能空间则采用传统围合院落式为雏形，植入不同公共空间，形成居住空间与公共活动互相叠加的功能空间形态，打破了口字型院落的僵硬形态，形成一种新的居住组团院落模式

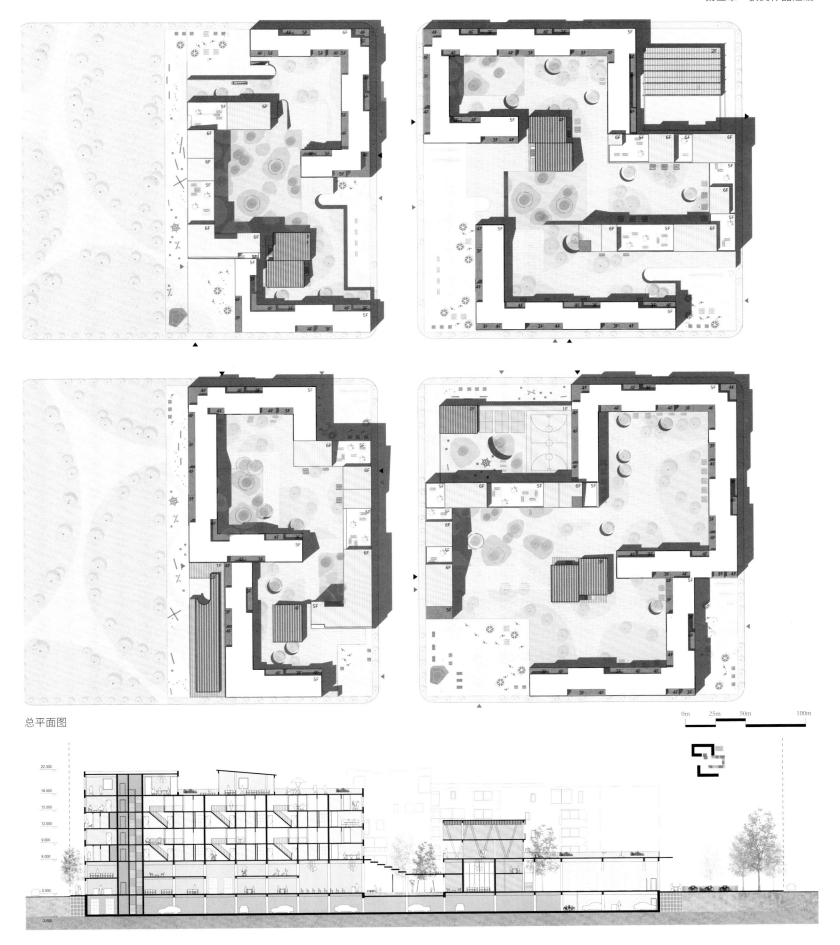

总平面图

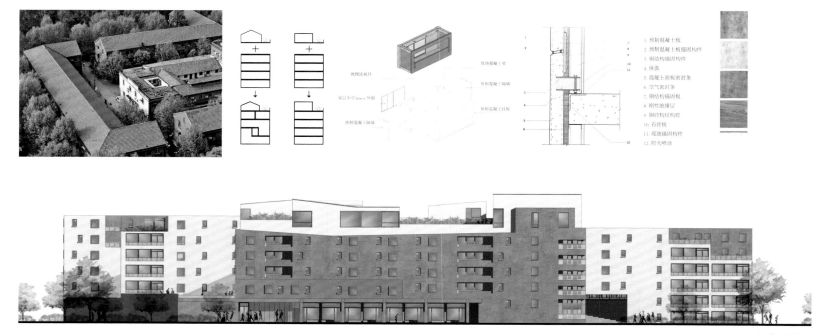

1. 预制混凝土板
2. 预制混凝土板锚固构件
3. 钢结构锚固构件
4. 保温
5. 混凝土面板密封条
6. 空气密封条
7. 钢结构锚固板
8. 刚性绝缘层
9. 钢结构结构腔
10. 石背板
11. 现浇锚固构件
12. 防火喷涂

西立面图

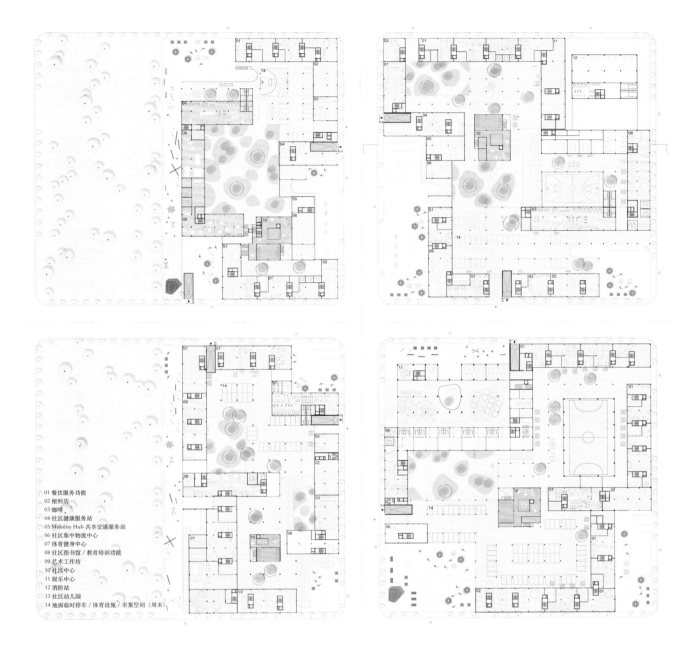

01 餐饮服务功能
02 便利店
03 咖啡
04 社区健康服务站
05 Mobility Hub 共享交通服务站
06 社区集中物流中心
07 体育健身中心
08 社区图书馆 / 教育培训功能
09 艺术工作坊
10 社区中心
11 娱乐中心
12 消防站
13 社区幼儿园
14 地面临时停车 / 体育设施 / 市集空间（周末）

三
等
奖

城里淀外，往院今拾

参赛团队： 东南大学
主创人员： 林逸风
团队成员： 王天为、邹立君、刘乐、李嘉欣

设计说明：

在充斥着交通、物流、信息、能量、资本等"流"的社会环境中，城市是"流"的具象载体与形式固化。如果把这些"流"比作水，是湖泊；那么城市的街区就好比水里的沉积，是淀。街区作为城市的组成单元，具有自组织与生长的特征，是"类型"的演变与延展。

本设计通过对华北民居形态的研究，提取出"围院"这一恒定的类型特征，以"院"的生长与交织为概念形成街区的形态。我们试图在满足传统住区功能需求的同时探讨居者空间与未来社会特征紧密关联的公共性。通过置入廊、台、巷、阶等元素形成连续有机的共享空间，让它们在光线、尺度和形态上互补而平衡，给居住者带来丰富的空间体验。住区的模块化设计也充分适应了不同人群的不同使用需求，打造未来共享社区的典范。

概念生成

院落是我国传统居住建筑形态的重要形式，由于地理环境、气候等因素的差异，我国的传统院落形态也存在不同程度的差异。而雄安新区位于我国华北地区，因而本设计希望从我国北方传统院落形态中提取设计元素并转译至现代居住区建筑空间中，以期实现住区建筑设计的本土化

总平面图

低点效果图

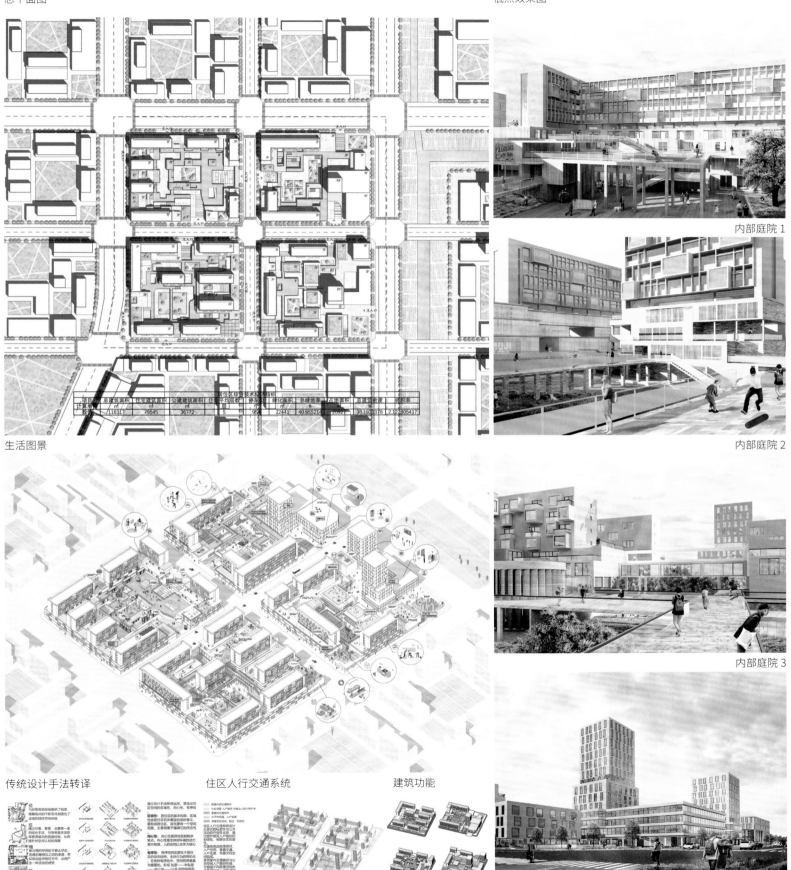

内部庭院 1

内部庭院 2

内部庭院 3

生活图景

传统设计手法转译　　住区人行交通系统　　建筑功能

商业组团

院落演进与分形

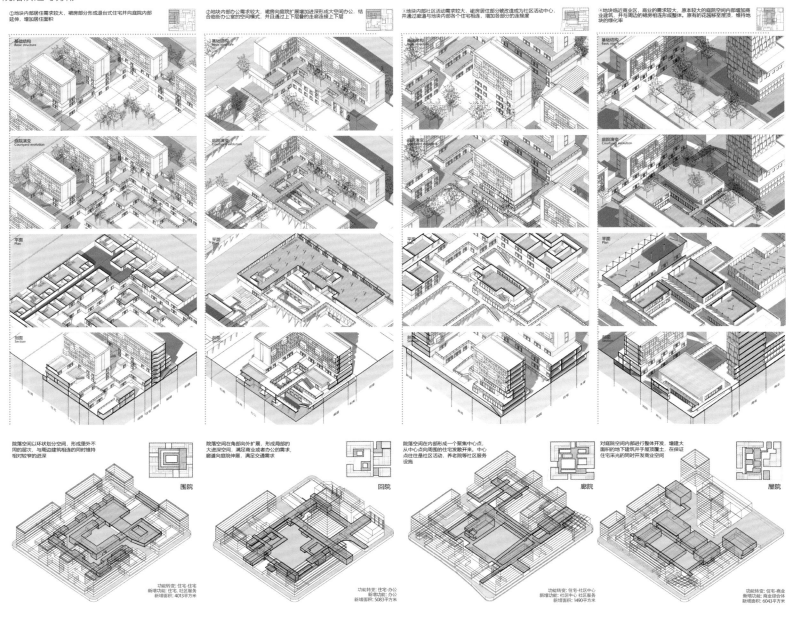

①地块内部居住需求较大，裙房部分形成退台式住宅并向庭院内部延伸，增加居住面积

②地块内部办公需求较大，裙房向庭院扩展增加进深形成大空间办公，结合临街办公室的空间模式，并且通过上下层叠的走廊连接上下层

③地块内部社区活动需求较大，裙房居住部分被改造成为社区活动中心，并通过廊道与地块内部各个住宅相连，增加各部分的连接度

④地块临近商业区，商业的需求较大，原本较大的庭院空间内部增加商业建筑，并与周围的裙房相连形成整体，原有的花园移至屋顶，维持地块的绿化率

院落空间以环状划分空间，形成里外不同的层次，与周边建筑相连的同时维持相对较穿的进深

围院

功能转变：住宅-住宅
新增功能：住宅、社区服务
新增面积：4013平方米

院落空间在角部向外扩展，形成局部的大进深空间，满足商业或者办公的需求，廊道向庭院伸展，满足交通需求

回院

功能转变：住宅-办公
新增功能：办公
新增面积：5083平方米

院落空间在内部形成一个聚集中心点，从中心点向周围的住宅发散开来。中心点往往是社区活动、养老院等社区服务设施

廊院

功能转变：住宅-社区中心
新增功能：社区中心、社区服务
新增面积：1490平方米

对庭院空间内部进行整体开发，增建大圈杯的地下建筑并于屋顶覆土，在保证住宅采光的同时开发商业空间

屋院

功能转变：住宅-商业
新增功能：商业综合体
新增面积：604平方米

剖透视图

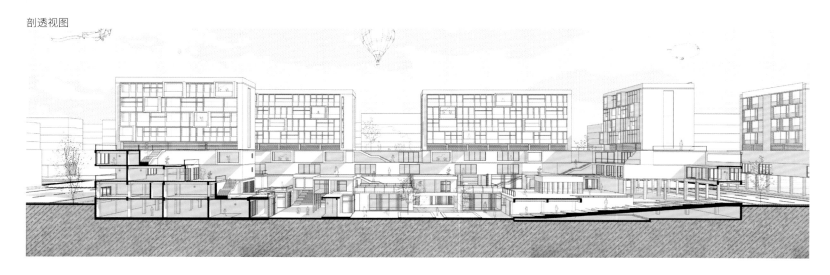

一层平面图

立面图

上部体量住宅南立面　　　　上部体量住宅北立面　　　上部体量住宅东西立面

无限可续的 · YUAN

参赛团队: 独立建筑师
主创人员: 毕立凯
团队成员: 毕立凯

Gregarious and Public Plaza

中国传统福建客家围屋部落(土楼)是一个在高密度和多重家庭结构下,体现出家庭、社区、安全和生计等文化价值重要性的优美建筑实例。居住单元沿周边环形布置,围合形成了位于中央的社区共同广场,这个建筑传统上是一个社区独立的家园,通常以单个家族形式出现。本次项目从这种传统栖居文化中挖掘其核心价值,对居住空间和类型学进行革新。

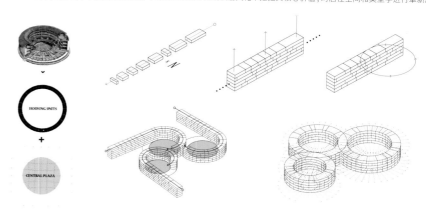

设计说明:

    本项目思考的出发点是尝试用一种新的建筑模型去促进城市空间布局、农田生态、自然环境、宜居生活、公共服务、农业经济等方面的协调发展;从中国传统栖居文化中挖掘其核心价值,将居住空间和类型学进行革新,将居住单元划分为大小不同的多个模块,让社交与居住相互融合,并把这种居住形态延展到纵向空间中。多样性居住单元的融合巧妙地构建出以家庭为单位而形成的群居性社区的新模型。将住宅和农业类型学结合起来的模式是本项目做出的具有野心的策略。将与城市接触的地面层空间环形排列并有机地组合起来,与场地所在区域的一系列路线形成可随时到达的交通路线。它旨在成为城市有机的组成部分,同时强调了建筑内部和外部之间的渗透性。

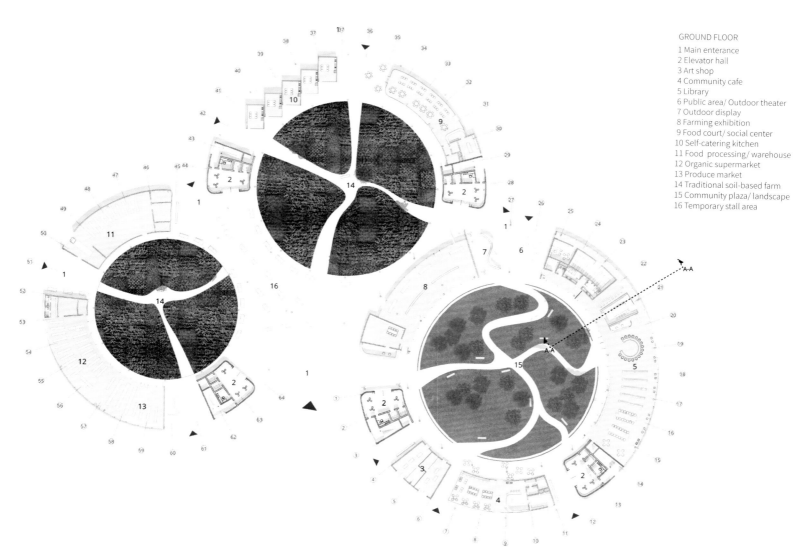

GROUND FLOOR
1 Main enterance
2 Elevator hall
3 Art shop
4 Community cafe
5 Library
6 Public area/ Outdoor theater
7 Outdoor display
8 Farming exhibition
9 Food court/ social center
10 Self-catering kitchen
11 Food processing/ warehouse
12 Organic supermarket
13 Produce market
14 Traditional soil-based farm
15 Community plaza/ landscape
16 Temporary stall area

Social Courtyard

中国北方传统民居四合院和土楼在空间布局形态上有着异曲同工之处。据考证，土楼的空间布局正是从四合院中吸取精华而演变而来。本项目中，对传统居住文化的理解并没有停留在粗浅的表面形象，而是抓住其在社交与居住的融合、尺度上的适应性等特点进行深度解读。社交庭院成为每个居住单元的共享节点，并把这种居住形态延展到纵向空间中。

The layout of the traditional residential courtyard in the north of China and the spatial layout of the Tulou buildings have similarities. According to research, the spatial layout of the Tulou building evolved from the essence of the courtyard. In this project, the understanding of the traditional living culture does not stay in the superficial surface image, but captures its adaptability to social and residential integration and scale for in-depth interpretation.The social courtyard becomes the shared node of each dwelling unit and extends this living form into the vertical space.

Sharing Kitchen/Food Making

Billiards

Watching movies /Gathering

Study area/Game area

Table Tennis/ Interior Sports

Sharing bicycle

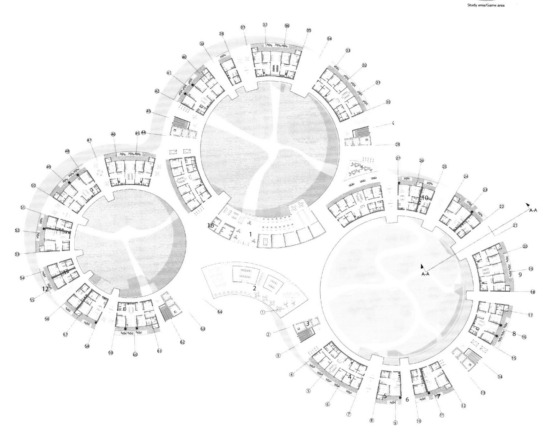

SECOND FLOOR

1 Fitness center
2 Community activity center
3 Elevator area
4 Co-living housing
5 Shareing nodes
6 Convertible studio plus
7 Convertible studio
8 Three-room apartment
9 Share housing
10 Two-bedroom apartment

Permeability

相比较为普遍的线状排列的城市街道的空间组合，本项目吸取了土楼建筑地面层的空间功能的使用方式。将与城市接触的地面层空间环形排列并有机地组合起来，与场地所在区域的一系列路线形成可随时到达的交通路线。它旨在成为城市有机的组成部分，同时强调了建筑内部和外部之间的渗透性。

Compared with the more common spatial combination of lined urban streets, the project draws on the use of the spatial function of the ground floor of Tulou building. The ground floor space in contact with the city combines and organically combines them to form a ready-to-access traffic route with a series of routes in the area where the site is located. It aims to be an integral part of the city, while emphasizing the internal and external permeability of the building.

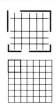 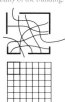

相对传统的网格化移动体系，本项目希望通过场地内部灵活多变的移动路线和城市主干道路体系发生多样化的连接关系，在场地内部不同的路径上配置不用的功能设施，丰富使用者体验生活的趣味性，并串联起周边环境。

在总体规划中，该建筑是多孔的，并与周围的环境相连——从大地到街道，公共广场和天空。

在剖面上，地面层的公共设施、商业设施、公共广场、贩卖市场、土壤种植区等是城市的开放区域。这是试图改变商业模式主导下的封闭式住宅区的固有印象。住宅区域和地面层区域保持相对的独立性，目的是为了创造出在垂直纬度上强化两者所具有的隐私和公共属性。

Food

Production

粮食问题已经成为全世界关注的重要话题，除了大众关心的农业生产的技术革新和食品加工的安全性外，如何将这种农业生产回归其原始的种植形态，为市民提供新的食材采购、日常休闲和农场体验的去处，同时为居民提供就业、创业的机会，成为本项目的研究课题之一。将住宅和农业类型学结合起来的模式是本项目做出的具有野心的策略。农场分为技术性的垂直农场和传统土壤种植农场，将两种农场模式相结合，使居民可以生活在如蔬菜农场覆盖般的花园环境中。

The food issue has become an important topic of concern around the world. In addition to the public concern about the technological innovation of agricultural production and the safety considerations of food processing, how to return this agricultural production to its original planting form and provide a new place for the public in daily leisure and farm experience, while providing employment for residents, the opportunity to start a business has become one of the research topics of this project. The combination of residential and agricultural typology is an ambitious strategy for this project. The farm is divided into a technical vertical farm and a traditional soil planting farm. These two farm models combine to allow residents to live in a garden environment like a vegetable farm.

居住单元的微环境

垂直农场对居住单元的环境调节作用，为居民提供了更舒适的居住环境。垂直农场可阻挡阳光，控制室内温热环境，对室内外的空气流动和自然风进行有效控制。通过蔬菜的光合作用释放出来的氧气，为室内提供充足的氧气环境。同时通过居住区和种植区的空间分离和结合，使居民处于自然环境中，提高了居民的日常生活质量。

游"山"望水——未来的中国园林

三等奖

参赛团队: 未嗯(重庆)建筑规划设计有限公司

主创人员: 魏皓严、郭屹、陈志鹏

团队成员: 邵译萱、王世达、戴玮坤、刘丹萍、张靖美

设计说明:

传统的中国园林——园居一体/家园相合,亲近自然,大户独享,低强度开发,游径串景,贴地漫游,步移景异,中小尺度。

未来的中国园林——园居一体/家园相合,亲近自然,集合共享,中高强度开发,游径串景,立体漫游,步移景异,中大尺度。

空间系统是最好的风貌——我们从中国山水画中解读中大尺度的理想家园意向,将其演化为未来中国园林的基本结构,绘制人们日常居游与自然山水守望共生的和谐图景。

本设计的核心是在不同高度设置空中飞跃的游径,其下是挺拔的直柱。源自古典园林的游径与源自木构建筑的直柱,共同在城市日常居住环境里建立起空间场景的神性与精神性,召唤人们的敬畏。

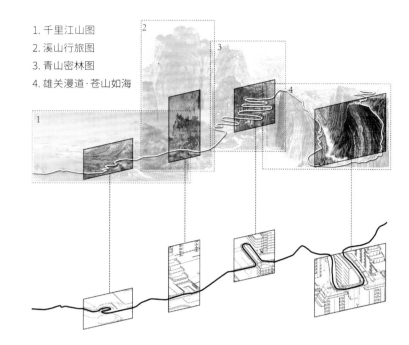

1. 千里江山图
2. 溪山行旅图
3. 青山密林图
4. 雄关漫道·苍山如海

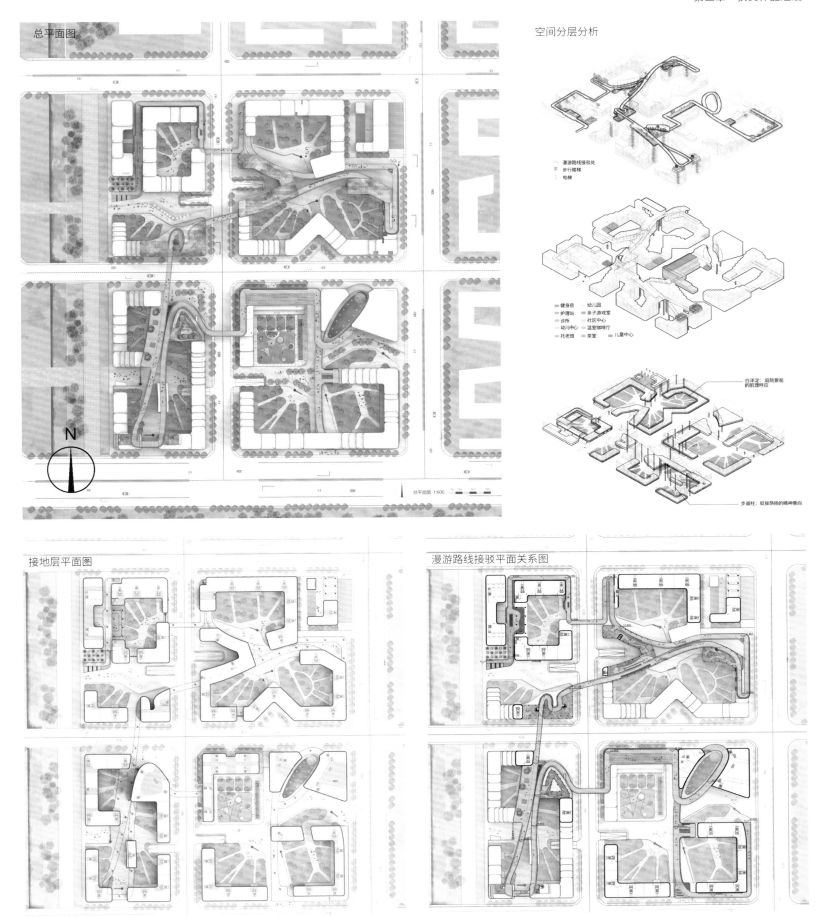

总平面图

空间分层分析

漫游路线接驳处
步行楼梯
电梯

健身房　幼儿园
护理站　亲子游戏室
诊所　社区中心
幼儿中心　温室咖啡厅
托老班　茶室　儿童中心

白洋淀：庭院景观的肌理呼应

步道柱：迎接朝阳的精神意向

总平面图 1:600

N

接地层平面图

漫游路线接驳平面关系图

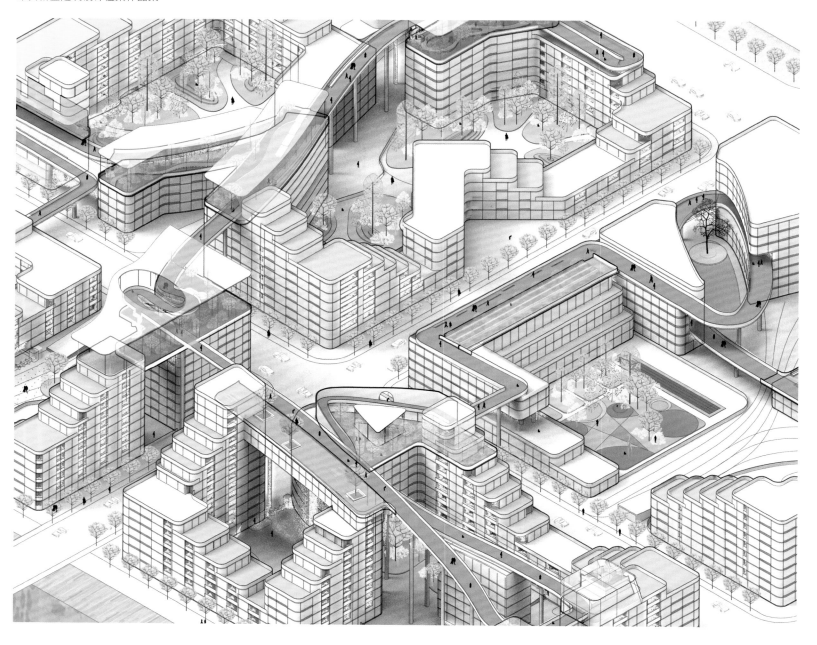

漫游路径节点类型及意向分析

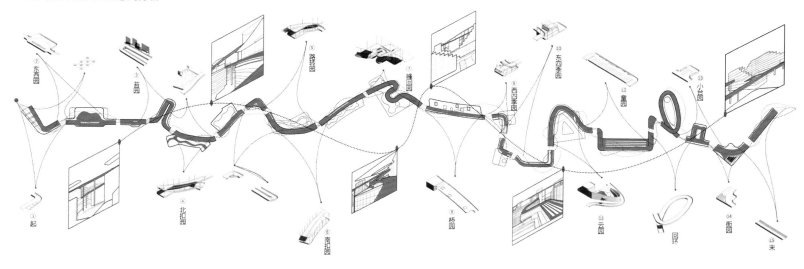

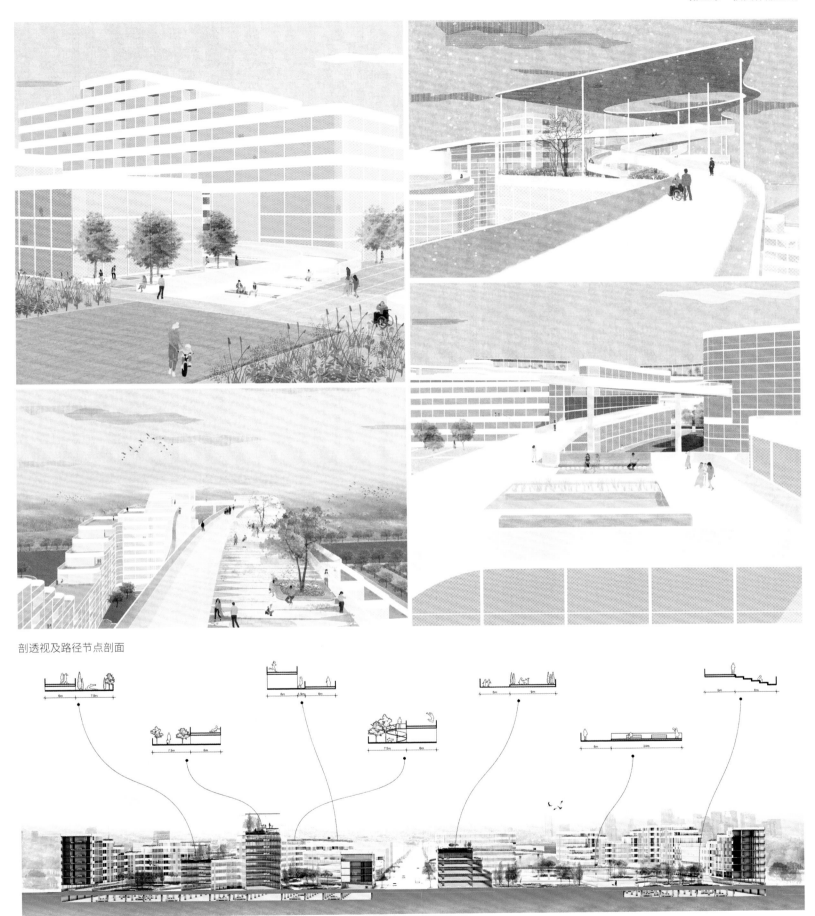

剖透视及路径节点剖面

一等奖

不息之壤·不息壤

参赛团队： 中信建筑设计研究总院有限公司

主创人员： 高安亭

团队成员： 刘小斌、张亚伟、李海、薛骋、张浩楠、任心仪、高蕾、陈雷、
金奥、李康林、王筱杭（实习）、孙楚寒（实习）

设计说明：

在抗击新冠肺炎之后，思考如何构筑新时代城市公共管理与服务职能成为关键。分级诊疗、社区治理、平灾转换、防灾公园理念的引入，自是顺理成章。将土壤疏松透水的壤间、盘长藁生的根系、陶土红砖的转换、风化淤积与翻新四大特性与城市公共管理与服务的功能需求相结合，吸收国内外优秀案例经验，形成《不息壤》四大理念：生长的隙间（预留弹性生长空间），流动的交换（信息交流的自由通畅），平灾的拓扑（通过少量改造实现空间多义转换），模块的更替（局部更替甚至拆除均不影响体系的完整性）。将肌理的梯度与迷宫般清晰的组织逻辑相结合，以开放街区、多义路径、连续游历、疏松构成、复合功能定义新时代城市公共管理与服务中心。

器用之道—存在于器用之间的实物哲学，传统智慧与现代设计原理间的互通

围棋 七巧板 华容道 四喜孩 九连环
图底与组织的游戏 元素多样性的涌现 策略与布局的推演 分形与格式塔认知 逻辑链式的结与解

选题 城市公共管理与服务类：  不息壤

天人之喻—蕴藉于形神之间的象征比喻，应物象形与现代设计手法间的共生

河洛 五行 五色 五色土
伏羲八卦与洪范九畴的谶纬之字 五种元素的相生相克 黑白黄赤青的五正色 补天与郊天的象征

选题 居住及社区配套类：  五色壤

轴侧图

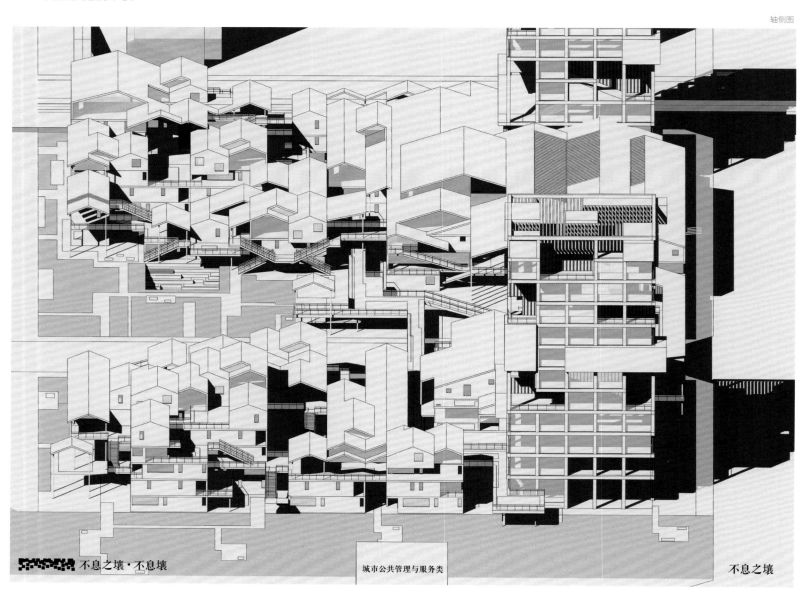

不息之壤·不息壤　　　城市公共管理与服务类　　　不息之壤

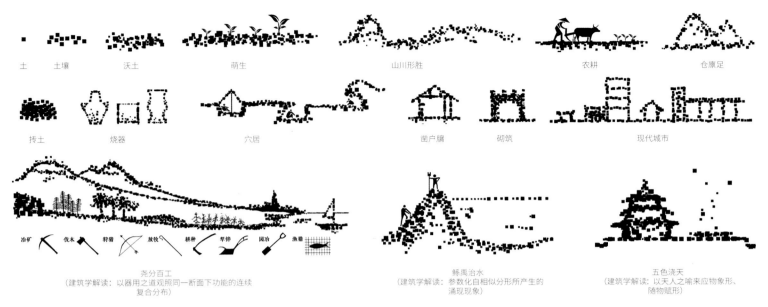

土 土壤 沃土 萌生 山川形胜 农耕 仓廪足

抟土 烧器 穴居 菌户牖 砌筑 现代城市

冶矿 伐木 狩猎 放牧 耕种 犁铧 园冶 渔猎

尧分百工
（建筑学解读：以器用之道观照同一断面下功能的连续
复合分布）

鲧禹治水
（建筑学解读：参数化自相似分形所产生的
涌现现象）

五色浇天
（建筑学解读：以天人之喻来应物象形、
随物赋形）

整体鸟瞰图

"息壤，不息之义，土自长息无限，可以塞洪水也。"

— 郭璞注《山海经》

"防民之口，甚于防川，川壅而溃，伤人必多，民亦如之。
是故为川者，决之使导；为民者，宣之使言。"

— 左丘明《国语·周语上》

川流不息

庭院内景透视

多难不息

廊桥栈道透视

生生不息

庭院内景透视

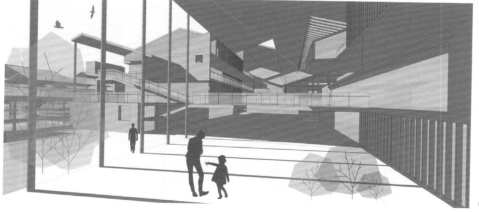

历久不息

檐下空间透视

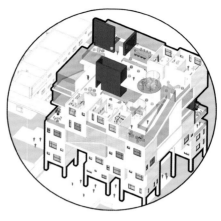

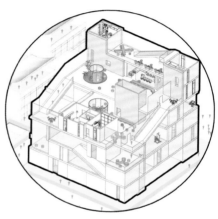

07 养老福祉设施

借鉴日本成熟的养老福祉制度与建设经验，将集中了多级护理、健康监测、医疗养生、亚健康调治的福祉设施与高层塔楼公寓组合联动，形成以社群交往为特色的示范区。平战结合可转化为隔离点酒店。

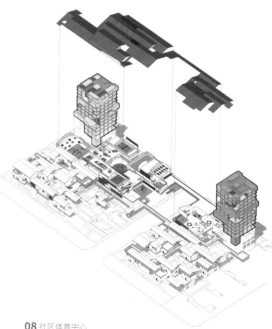

08 社区体育中心

健康中国与全民健身的基础硬件设施，以户内体育运动设施为主，主打互动娱乐、家庭参与、健康管理、低烈度竞技、团队建设与对抗模拟等，与商业、餐饮相结合。平战结合方面可快速转化为方舱医院。

01 防灾公园

　　作为应急救援场地的城市公共绿地，开放且多义的场地适应人员集散、应急救援、方舱搭建、物资分发等公共卫生应急救援功能。一体多能的户外场地既是共享的公共绿化空间，也是弹性发展的医疗白地。

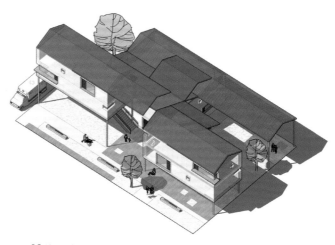

02 社区卫生服务站

　　作为后疫情时代公共卫生分级诊疗制度的基础环节，社区卫生服务站的应诊分诊功能、与大型医疗机构形成的医联体托管关系、公共卫生突发状况的网络直报…构筑了补短板、强弱项的韧性社区第一道防线。

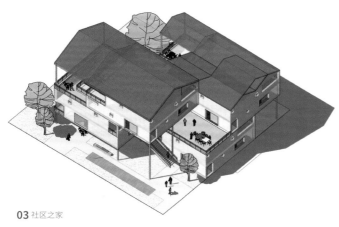

03 社区之家

　　中国特色社会治理的基层堡垒，疫情期间发挥了重大的社会管理与民生保障作用。其通达民情、响应民意、为民服务的定位和依法办事、共建共治、困难帮扶的职能并行不悖，平战结合方面可作为筛查隔离点快速转换。

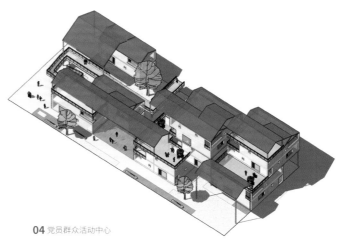

04 党员群众活动中心

　　中国特色党建工作的战斗堡垒，涵盖了党建宣传、居民议事、公示展厅、谈心谈话、意见收集、就业保障、志愿者服务、远程教育、党员管理功能，平战结合方面可作为应急指挥中心快速转换。

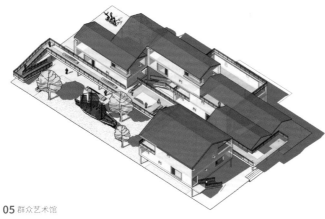

05 群众艺术馆

　　信息时代文化娱乐互动体验的线上线下联动平台，群众艺术已经进化为创客咖啡、头脑风暴、网络竞技、快闪秀场、街头艺术、跳蚤市集、网络直播与沉浸式表演舞台…平战结合方面可快速转化为方舱医院。

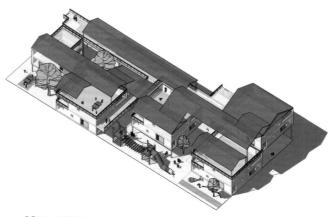

06 青少年活动中心

　　融入 STEAM 理念的体验中心，将科学精神、技术逻辑、动手能力、数学与美学素养从青少年时期加以培养。从亲子互动到分时托管一应俱全，为雄安下一代打造国际化视野。平战结合做隔离点辅助配套。

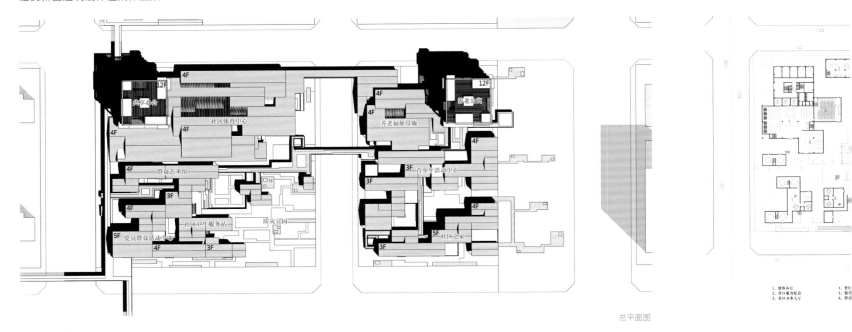

总平面图

局部鸟瞰图

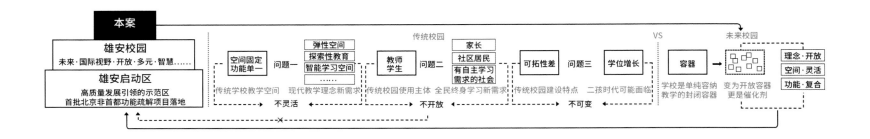

本案

| 雄安校园 |
| 未来·国际视野·开放·多元·智慧…… |

| 雄安启动区 |
| 高质量发展引领的示范区 |
| 首批北京非首都功能疏解项目落地 |

传统校园　　　　　　　　　　　　　　　VS　　　未来校园

| 空间固定 |
| 功能单一 |

问题一

| 弹性空间 |
| 探索性教育 |
| 智能学习空间 |
| …… |

| 教师 |
| 学生 |

问题二

| 家长 |
| 社区居民 |
| 有自主学习 |
| 需求的社会 |

| 可拓性差 |

问题三

| 学位增长 |

| 容器 | → |

| 理念·开放 |
| 空间·灵活 |
| 功能·复合 |

传统学校教学空间　现代教学理念新需求　传统校园使用主体　全民终身学习新需求　传统校园建设特点　二孩时代可能面临

不灵活　　　　　　　　　　不开放　　　　　　　　　　不可变

学校是单纯容纳
教学的封闭容器

变为开放容器
更是催化剂

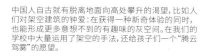

駕雲

中国人自古就有脱离地面向高处攀升的渴望，比如人们对架空建筑的钟爱：在获得一种新奇体验的同时，也能形成更多意想不到的有趣味的灰空间。在我们的学校中大量运用了架空的手法，还给孩子们一个"腾云驾雾"的愿望。

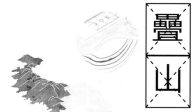

疊山

架空后的建筑自然形成开阔通透的底层空间，我们引入阶梯状的"叠山"，试图还原野生的场地，为学生提供"课堂之外的学习"，也为社区的市民提供游憩场所。

理雲

在中国传统园林中，有山必有水，山水同在方得诗意精髓。适逢雄安当地有"城淀一体"的地域特色，因此我们在校园中心区域理出一脉水系，以营造出小中见大的园林环境，形成无声的浸润式校园体验。

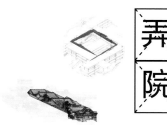

弄院

院子是中国传统建筑特色的典型代表，我们的学校通过对院落空间不断衍生，形成一种简约纯粹的空间格局。不大不小的院子也使学校更贴近人的尺度，为学生、老师，甚至等候的家长、散步的居民提供一个可供停顿喘息、放空大脑的休憩地。

设计生成

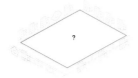     

用地周边	织布社区	生成体量	功能置入	还原通廊	还原绿地
用地周边被住宅区环抱，且北侧、西侧和南侧有幼儿园、社区中心和景观，方案秉持开放校园理念，将对周边社区给予回应	采用编织的原理对建筑形态进行近人尺度的划分和多方位的延伸，避免体量对街道的不利影响，同时引入景观回应城淀一体的风貌	将基本形进行叠加，具有了初步的建筑体量，并形成欢迎的姿态吸引各类使用人群	根据用地条件确定校园主要入口在东向及北向，并根据功能需求对建筑体量进行减法，并根据装配式建设模式初步生成建筑框架	抬升跑道，并架空建筑整体，还原一层视线和活动通廊，教学楼上层形成了曲折多变的活动平台，实现建筑对室外活动"零影响"	将场地景观进行野生态还原，引入水系，形成向社区开放的城市公园。对建筑进行深入刻画，形成更多富有层次的公共空间

多层次公共空间

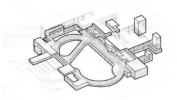

慢行步道

慢行步道蜿蜒贯穿东西,是人行系统向社会共享的主要着力点,也是景观资源最优的活动路径。

檐下空间

方案高效利用横纵错落的架空建筑体量所形成的丰富的檐下空间,结合绿植与林地,为使用者提供了一系列优质亲人的室外、及半室外活动空间。

空中跑道

因为跑道占地过大,消耗场地资源,故将跑道抬升至空中形成漂浮跑道,同时利用跑道下层空间形成室内风雨环廊,连通校园的各个方向,方便各类人群在各种天气中使用。

复合平台

方案在教学区域与空中跑廊衔接处的三层及以上部分设置了空间丰富的复合平台。与空中跑廊一同构成校园空中层级的公共空间。

学校整体布局以空中跑道为中心，在其东侧布置教学区，西侧布置体育馆，北侧以及教学区东侧临街处布置办公区，办公区以半包围的姿态环抱教学区，流线便捷，利于师生之间的沟通。整个教学区的普通教室均朝向南侧，使其具有充足的采光，多媒体等综合教学区域则垂直于普通教室布置，便于行政班的师生根据不同科目及活动转换教室，同时节省校园用地，丰富体量层次。

开放生态校园轴测图

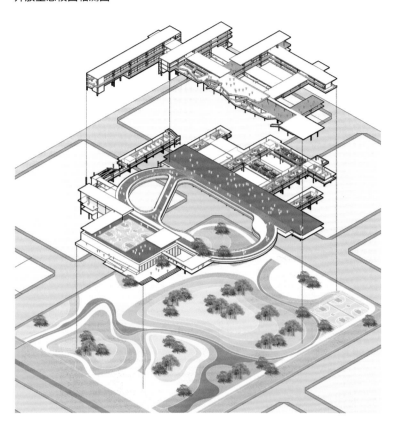

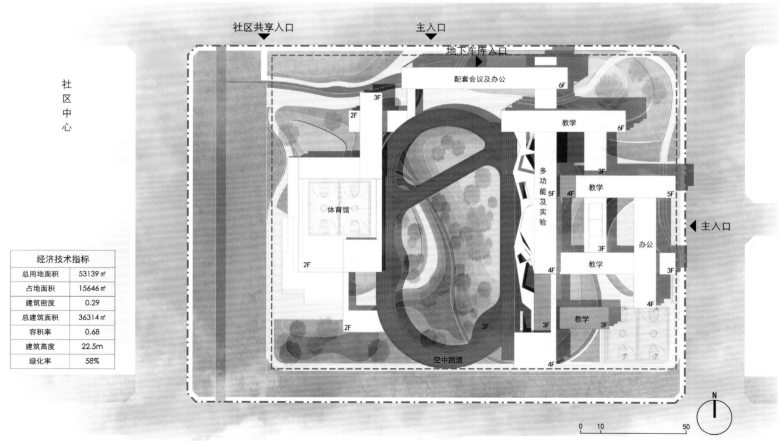

经济技术指标	
总用地面积	53139㎡
占地面积	15646㎡
建筑密度	0.29
总建筑面积	36314㎡
容积率	0.68
建筑高度	22.5m
绿化率	58%

校园的未来主张

随着教学理念走向个性化、多样化。教室不再仅是完成授课这一单一功能的场所。在完成基础教学需求的同时，教室的使用功能呈现出向生活、游戏、休憩等多方向发展的趋势，成为知识展示、信息传递、感情交流的场所。为应对日益增多的需求，中小学建筑需以更为灵活的模块化空间组织更好地满足现代教育理念的发展。

装配式建设模式

方案基于装配式建筑易组合的特点，在保持传统行政班特征的基础上，配合轻质可移动隔断，使得教学空间可变。

传统行政班 ×1

小组教学空间

实验教学空间

多功能教学空间

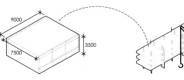

模块化
选取7.5m×9m×3.5m为教室基本单元模块

易施工
将预制单元模块置入建筑支撑的框架中

传统行政班 ×N

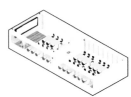

共享讨论空间

合作教学空间

灵活性
交叉部分为交通核或开敞的公共空间

易拓展
以此类推，可不断衍生

二等奖

兰之猗猗——雄安综合医院设计

参赛团队： 上海立木建筑规划设计有限公司
主创人员： 刘津瑞、冯琼、邹明溪、郭岚
团队成员： 李佳妍、谢舜冰、赖武艺、管浩廷

设计说明：

　　作为流线最为复杂的公共建筑，医院往往如机器般冰冷，无法予患者以舒缓疗愈，予医者以轻松安全。设计从医患双方的体验入手，将原本分离的门诊、急诊、住院与医技重新组合，自下而上为"公共层"—"技术层"—"服务层"，实现资源共享与流线高效。"兰"是中国文化中淡雅高洁的象征，设计正值新冠疫情期间，建筑形态以"兰之猗猗"为灵感，飘逸灵动、优雅柔美，充满宜人的尺度和细节。建筑既象征着中国医生的品格与精神，也消解医院与居民的距离感，使医院真正成为人们追求健康的场所。

　　医院设计以患者和医生为中心调整功能分布，将交通建筑的"分流量"与商业建筑的"多首层"有机结合，减少患者在挂号、诊室、检查间往返奔波。南北院区分别围绕一个中心节点放射展开和循环，在满足患者步行路径最短的同时，也保证诊室和病房具有自然采光。

形态生成

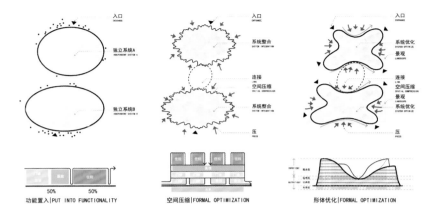

人视效果图

绿色交融   步行最短   健康地标

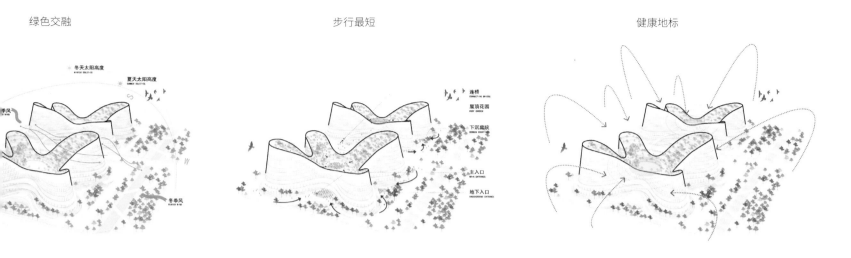

系统设计

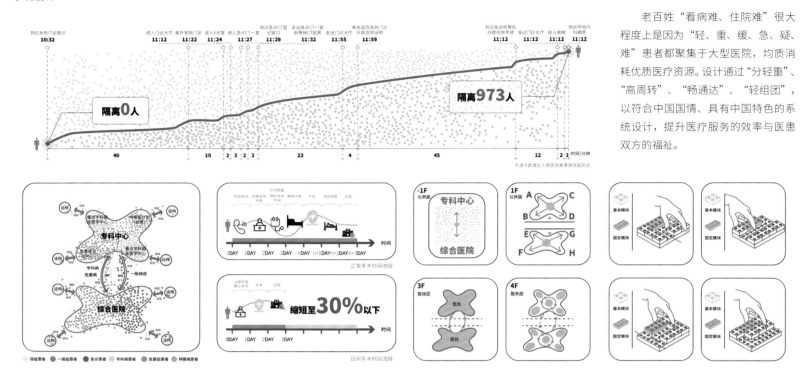

老百姓"看病难、住院难"很大程度上是因为"轻、重、缓、急、疑、难"患者都聚集于大型医院，均质消耗优质医疗资源。设计通过"分轻重"、"高周转"、"畅通达"、"轻组团"，以符合中国国情、具有中国特色的系统设计，提升医疗服务的效率与医患双方的福祉。

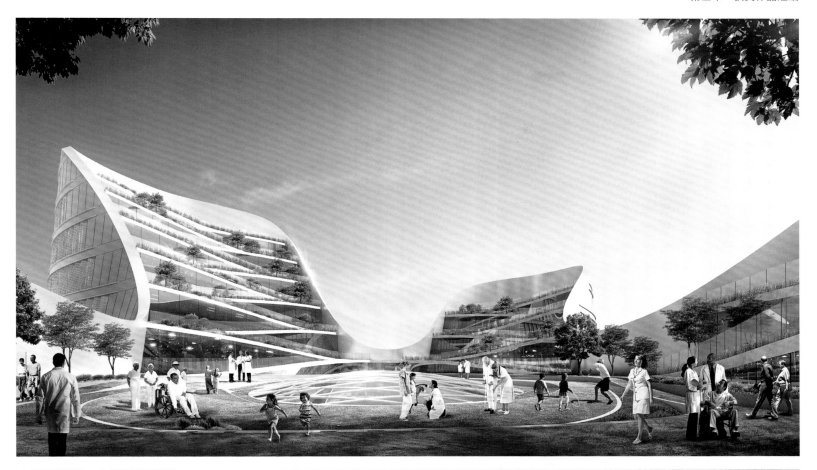

智慧就医

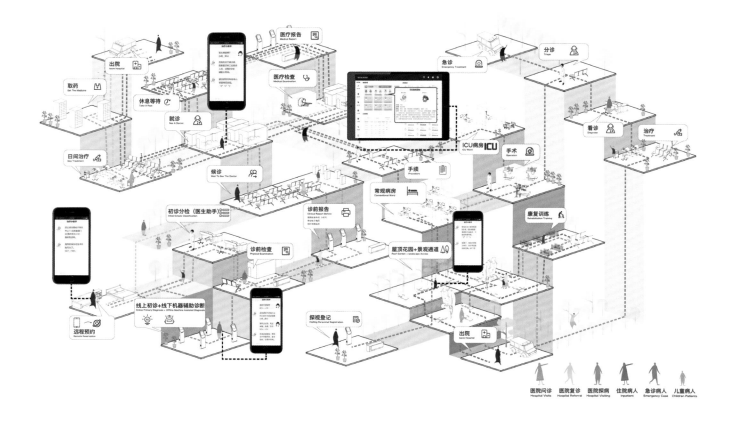

剖透视图

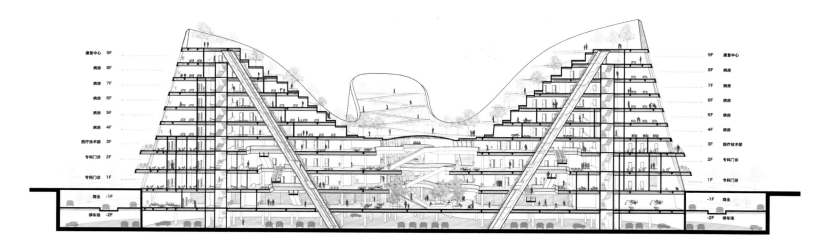

医院流线

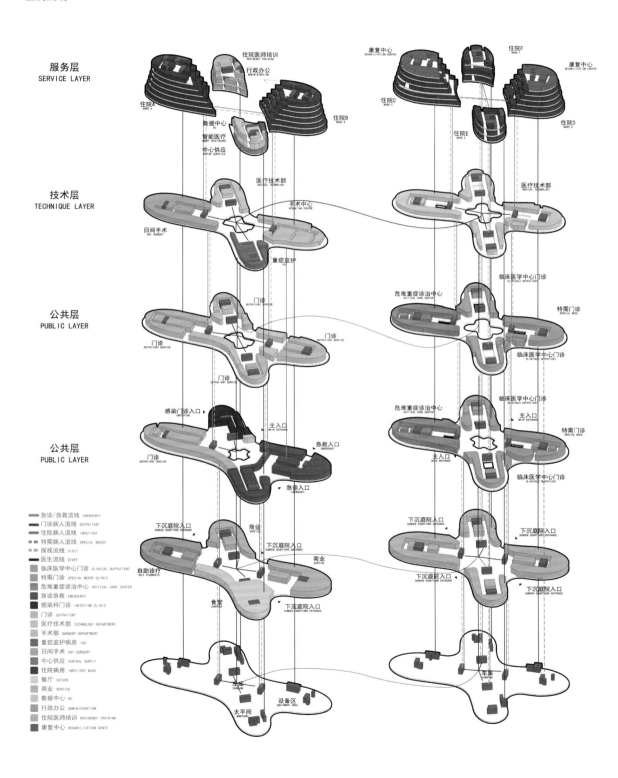

服务层
SERVICE LAYER

住院医师培训
RESIDENCY TRAINING
行政办公
ADMINISTRATION
住院A
WARD A
数据中心
DC
智能医疗
SMART HEALTHCARE
中心供应
CENTRAL SUPPLIES
住院B
WARD B

康复中心
REHABILITATION CENTER
住院F
WARD F
康复中心
REHABILITATION CENTER
住院C
WARD C
住院E
WARD E
住院D
WARD D

技术层
TECHNIQUE LAYER

医疗技术部
MEDICAL TECHNOLOGY
手术中心
OPERATING CENTRE
日间手术
DAY SURGERY
重症监护
医疗技术部
MEDICAL TECHNOLOGY

公共层
PUBLIC LAYER

门诊
OUTPATIENT SERVICE
门诊
OUTPATIENT SERVICE
门诊
临床医学中心门诊
CLINICAL OUTPATIENT
危难重症诊治中心
CRITICAL CARE CENTER
特需门诊
SPECIAL NEEDS
临床医学中心门诊
CLINICALC OUTPATIENT

公共层
PUBLIC LAYER

感染门诊入口
INFECTION
主入口
MAIN ENTRANCE
急救入口
EMERGENCY
门诊
OUTPATIENT SERVICE
急诊入口
EMERGENCY
危难重症诊治中心
CRITICAL CARE CENTER
临床医学中心门诊
CLINICALC OUTPATIENT
主入口
MAIN ENTRANCE
特需门诊
SPECIAL NEEDS
临床医学中心门诊
CLINICAL OUTPATIENT

下沉庭院入口
SUNKEN COURTYARD ENTRANCE
商业
SERVICE
下沉庭院入口
SUNKEN COURTYARD ENTRANCE
商业
SERVICE
自助诊疗
SELF DIAGNOSIS
食堂
CANTEEN
下沉庭院入口
SUNKEN COURTYARD ENTRANCE
下沉庭院入口
SUNKEN COURTYARD ENTRANCE
下沉庭院入口
SUNKEN COURTYARD ENTRANCE
下沉庭院入口
SUNKEN COURTYARD ENTRANCE

车库
太平间
MORTUARY
设备区
EQUIPMENT AREA
车库

图例:
- 急诊/急救流线 EMERGENCY
- 门诊病人流线 OUTPATIENT
- 住院病人流线 INPATIENT
- 特需病人流线 SPECIAL NEEDS
- 探视流线 VISIT
- 医生流线 STAFF
- 临床医学中心门诊 CLINICAL OUTPATIENT
- 特需门诊 SPECIAL NEEDS CLINIC
- 危难重症诊治中心 CRITICAL CARE CENTER
- 急诊急救 EMERGENCY
- 感染科门诊 INFECTION CLINIC
- 门诊 OUTPATIENT
- 医疗技术部 TECHNOLOGY DEPARTMENT
- 手术部 SURGERY DEPARTMENT
- 重症监护病房 ICU
- 日间手术 DAY SURGERY
- 中心供应 CENTRAL SUPPLY
- 住院病房 INPATIENT WARD
- 餐厅 CANTEEN
- 商业 SERVICE
- 数据中心 DC
- 行政办公 ADMINISTRATION
- 住院医师培训 RESIDENCY TRAINING
- 康复中心 REHABILITATION CENTER

医院西侧为城市绿廊,具有优越的景观条件,建筑以优美地形态向自然开放,绝大多数诊室与病房都能够面向景观。南北双中庭贯通,可以通过扶梯直达屋顶花园,绿色与阳光贯穿其中,底层庭院、屋顶花园与城市绿脉交融,提供患者以最佳的疗愈环境。

医院的中庭贯通负一层至三层,将整个医院的公共部分紧密地联系起来,扶梯系统有助于门诊患者快速到达任意想去的位置。阳光透过天窗洒满中庭,丰富的绿植使空间富有生机与活力。

中庭上方是住院病人专属的屋顶花园,层层退台的设计使绿色渗透到每层病房,缓坡爬山的体验将是住院疗愈的重要组成。除此之外,专科中心的每座塔楼都含有小中庭,连接问询、候诊、就诊、检查等空间,是高效智慧就诊的重要支撑。

四层及以上为住院部门,对非住院病人设置门禁,住院病人和医生可以独享从四层到顶层层层渗透的立体花园。在住院部门,根据不同科室的需求独立设置入院检查、重症监护等功能,方便住院医生与住院患者。

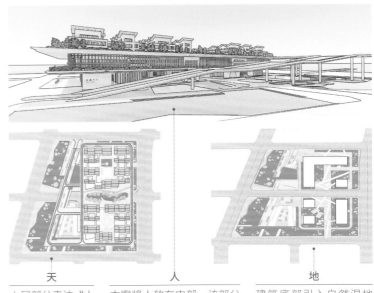

三等奖

天地人"合"·浮生

参赛团队： 四川斯特恩建筑规划设计有限公司

主创人员： 向书葶

团队成员： 黄旭、左川、周玉豪、任钧、徐新月

设计说明：

"天地人'合'·浮生"中，天地人"合"来自于中华民族独有的处世理念"天地人和"，是中国传统建筑"天人合一"的基础哲学。建筑来源于人，立于天地之间，应与自然合为一体，长于天，立于地。"合"字，表达了中国建筑哲学核心。本案认为，中国特色建筑设计应遵循天地人"合"的设计原则。

浮生，是医院的设计主题。二字来源于《庄子》："其生若浮，其死若休。"这是主张人要顺从自然的法则，安时处顺，看淡生死。而医院虽是演绎生死的地方，但它更是求生的地方，所以本案只取"浮生"。医院"浮"在雄安广袤的淀泊上，它便是水面上的"生"命之船，承载着无数人对生的希望。

医院建筑不应是一个没有情感的工具，而是一个有人性、有痛感的灵物。它应体现慈悲众生、珍惜生命的意趣。时间就是生命。生命该快的时候，建筑默默"助跑"；该慢的时候，它自处悠然。

本案将建筑分为"上、中、下"三大层次，分别诠释人与天、人与人、人与地之间的"合"的关系，又从建筑的形态上和建筑的构成上，表达医院的"浮与生"。

天	人	地
上层部分表达"人与天的关系"。该部分主要功能为住院部，放在建筑上部，能充分享受阳光、空气	本案将人放在中部，该部分主要功能为医技中心，是医院的核心功能区，能高效地和住院部、门诊、急诊等各部分联系，体现人创造世界、改变世界的能动作用	建筑底部引入自然湿地景观，让景观成为建筑的一部分，形成开放的公园。同时，保留必要的对外功能区，以保持建筑功能的便捷性

鸟瞰效果图

北侧效果图

传统建筑构件和设计元素的运用

本案中，避免了运用大型的坡屋顶，而将它运用在较小体量部分，并采用连续坡屋顶的形式，协调屋顶与建筑体量之间的关系。同时，连续的屋顶形式与雄安的"水"相呼应，让建筑看起来更灵动活泼

月门是中国传统建筑中一个很独特的设计元素，既是隔断，也是门，也是内外借景的建筑构件。本案将月门设计为医院主立面设计元素，起到柔和建筑刚直线条的作用，使建筑更有亲和力

花窗在中国园林建筑中被广泛运用，它让窗外景致具备一种朦胧的隐约感，使建筑的光影更有趣。本案的建筑表皮改良自中国传统花窗，经过智能化连接后，玻璃外部窗扇可以根据需求自由开合，调节进入室内的光线和空气的流向，以达到保温、节能、通风的效果

本案将医院首层墙上的窗洞与周围景观相结合，使建筑室内外可以相互借景、相互联系

镜面玻璃
架空部分镜面玻璃的使用起到了拉伸重叠的效果

窗洞
本案将医院首层墙上的窗洞多与周围景观结合，使建筑内外可以相互借景

淀泊景观
将淀泊景观引入建筑内，使其成为建筑的一部分，首层增加建筑的开放性，密切连接医院与周边环境、周边居住人群的关系

底层活动场地效果图

305

功能组合

献血中心垂直流线

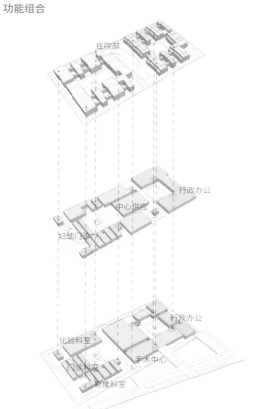

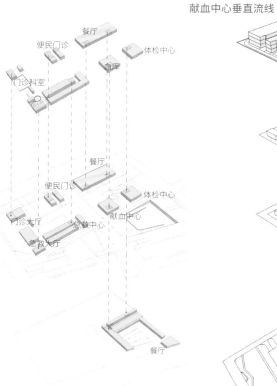

建筑各层通过疏散楼梯和垂直电梯联系，内部交通方便

献血大厅、血库、手术中心、物质中心、实验室的垂直设计方案，让人们献的血可以快速地进入血库、手术中心、物质中心和实验室。几大功能板块相互联系、相互支撑、紧密合作

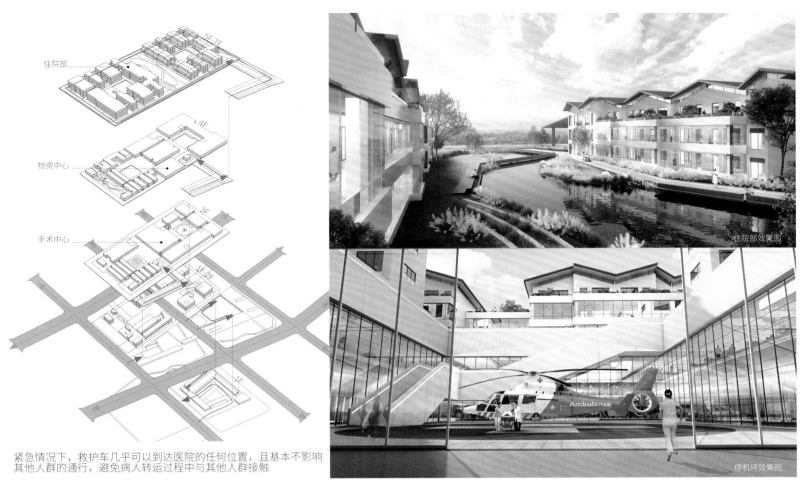

住院部

物资中心

手术中心

5F-7F

4F

3F

1F-2F

1F

住院部效果图

停机坪效果图

紧急情况下，救护车几乎可以到达医院的任何位置，且基本不影响
其他人群的通行，避免病人转运过程中与其他人群接触

"助跑生命"坡道

紧急情况处理区 Emergency handling area

车行坡道

住院部

月门

接收及等候

下沉景观

紧急情况处理区效果图

生命之"环"

三等奖

参赛团队： 浙江大学建筑设计研究院有限公司

主创人员： 王健、高蔚

团队成员： 冯正、焦思远、黄宇文、杨筱菲、樊亦陈

设计说明：

　　居民是一个城市的基础，当一座城市能满足她的居民多彩的生活需求，那她就将像人一样被赋予生命，变得充满生机与活力。社区中心，作为居民生活场所的集合体，如果能满足各个年龄段居民的物质与精神需求，那么她将充满活力与生机，并在建筑生命周期中，与使用者产生共鸣，源源不断地迸发生机。因此，在功能设计上，我们从各个年龄层人群（儿童、青少年、成年、老年）的功能需求入手，设计了适合各个年龄段人群的功能组成，使处于生命之环每一个阶段（儿童、青少年、成年、老年）的居民都各得其所，每一个阶段的人对于生活的物质和精神需求都能在建筑中得到映射。

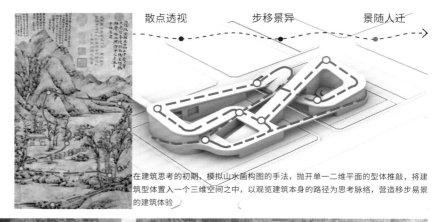

散点透视　　　步移景异　　　景随人迁

在建筑思考的初期，模拟山水画构图的手法，抛开单一二维平面的型体推敲，将建筑型体置入一个三维空间之中，以观览建筑本身的路径为思考脉络，营造移步易景的建筑体验。

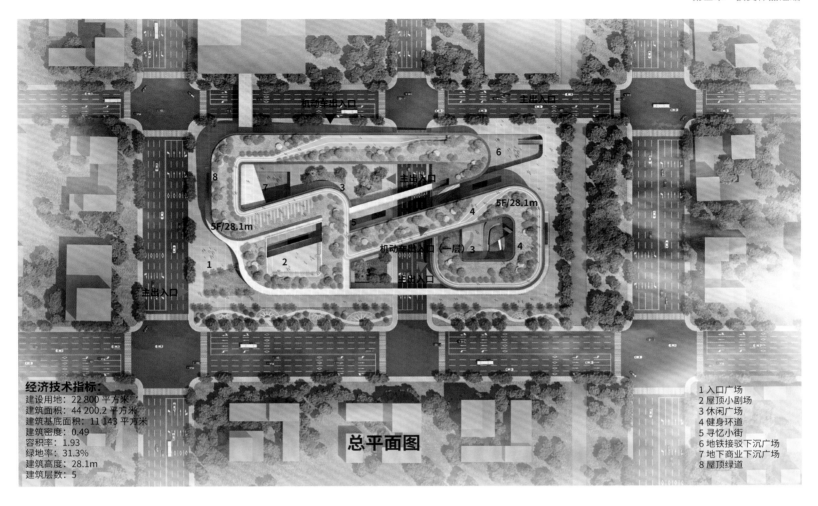

经济技术指标：
建设用地：22 800 平方米
建筑面积：44 200.2 平方米
建筑基底面积：11 143 平方米
建筑密度：0.49
容积率：1.93
绿地率：31.3%
建筑高度：28.1m
建筑层数：5

总平面图

1 入口广场
2 屋顶小剧场
3 休闲广场
4 健身环道
5 寻忆小街
6 地铁接驳下沉广场
7 地下商业下沉广场
8 屋顶绿道

形体生成图示

1 场地内沿对角线切开，在对角线两端预留一定公共开放空间，形成两个梯形建筑体块

2 柔化边界，提高对角空间的指向性

3 在每个体块内挖出内部庭院广场空间，营造山水画中的"高远空间"

4 将体块端头升起，做出高差变化，营造山水画中的"深远空间"

5 在连续路径上开洞，创造相互穿插的趣味空间。营造山水画中的"平远空间"

6 在各体块之间架高低错落的平台，形成连贯的屋顶环路，增强建筑各个区域的可达性

功能组成图示

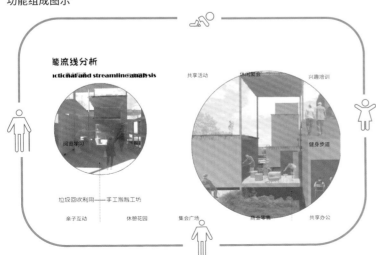

建筑表皮生成意向

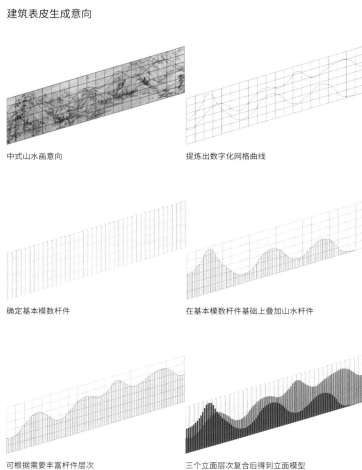

中式山水画意向

提炼出数字化网格曲线

确定基本模数杆件

在基本模数杆件基础上叠加山水杆件

可根据需要丰富杆件层次

三个立面层次复合后得到立面模型

中式元素在建筑构成中的演绎

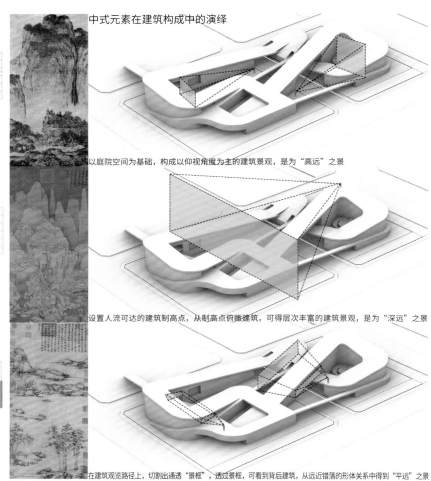

以庭院空间为基础，构成以仰视角度为主的建筑景观，是为"高远"之景

设置人流可达的建筑制高点，从制高点俯瞰建筑，可得层次丰富的建筑景观，是为"深远"之景

在建筑观览路径上，切割出通透"景框"，透过景框，可看到背后建筑，从远近错落的形体关系中得到"平远"之景

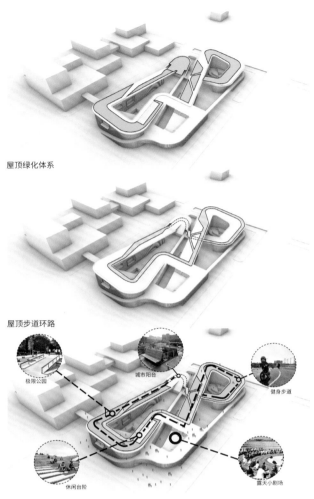

屋顶绿化体系

屋顶步道环路

极限公园　城市阳台　健身步道　休闲台阶　露天小剧场

庭院叠翠透视图

庭院框景透视图

露天剧场透视图

"雄孩子"的野生力量

三等奖

参赛团队： 安徽地平线建筑设计事务所股份有限公司
主创人员： 江海东、黄安飞、凡池
团队成员： 杨海俪、欧阳丽娜、王京京

设计说明：

　　学校不仅仅是孩子学习的场所，更是一个"雄孩子"对生活、对自然展现热爱、对天性释放的原野。

　　我们希望营造一种开放、平等、充满创造性的学习氛围。在不影响所有技术规范和功能的前提下，要给"雄孩子"建造一个好玩的地方。

　　我们需要构建能够感知大自然的学习空间。

　　空间原型由一个"园"字概括，并赋予空间时间性和流动性，加入"游"的空间路径，构建"游园"体系。以连续的首层架空为媒介，将内部庭院、下沉的运动场地和屋面串联成空间互通的一体化架构。

　　这种与自然交融、开放的空间，氛围是轻松的，光线、空气是流动的，充盈着自然的气息，这才是"雄孩子"们尽情发挥天性、与老师融洽共处的地方。

自然课堂
Nature class

屋顶运动
Roof sports

操场嬉戏
Play at the playground

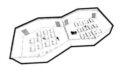

课时学习
Learning in class

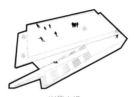

兴趣小组
Interest group

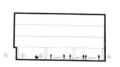

课间交流
Inter-class communication

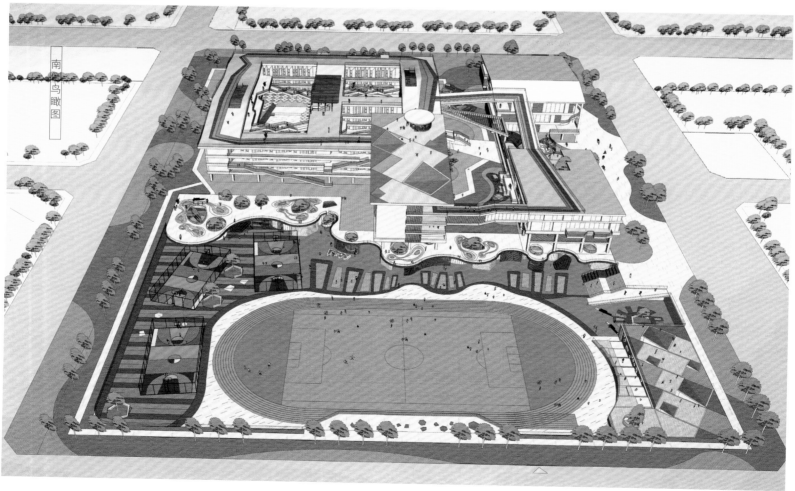

南向鸟瞰图

规划元素提取

① 园字
Garden word

② 园字折线化
The word is broken into lines

③ 融入庭院
Into the courtyard

④ 雏形形成
A prototype form

⑤ 游园
Garden

⑥ 体块生成
Block generated

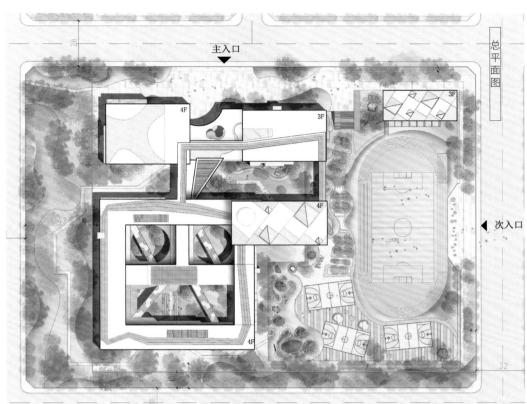

建筑方案生成

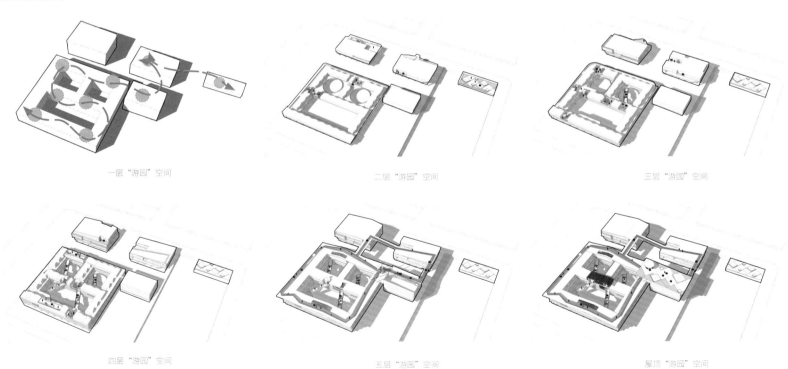

一层 "游园" 空间   二层 "游园" 空间   三层 "游园" 空间

四层 "游园" 空间   五层 "游园" 空间   屋顶 "游园" 空间

　　人在园中学，景从身前过。将中国园林中的山水景色置入到校园中，形成立体游园路径。移步到不同楼层，在不同的空间能看到不同的景色。在自然交融、空间开放通透的校园中，学生可以释放自已的天性，在快乐中学习。
　　People in the park, from the past. Chinese landscape landscape into the school garden, forming a three-dimensional garden. As you move to different floors, you can see different views from different Spaces. In the campus of natural blending, open and transparent space, students can release their own nature and learn happily.

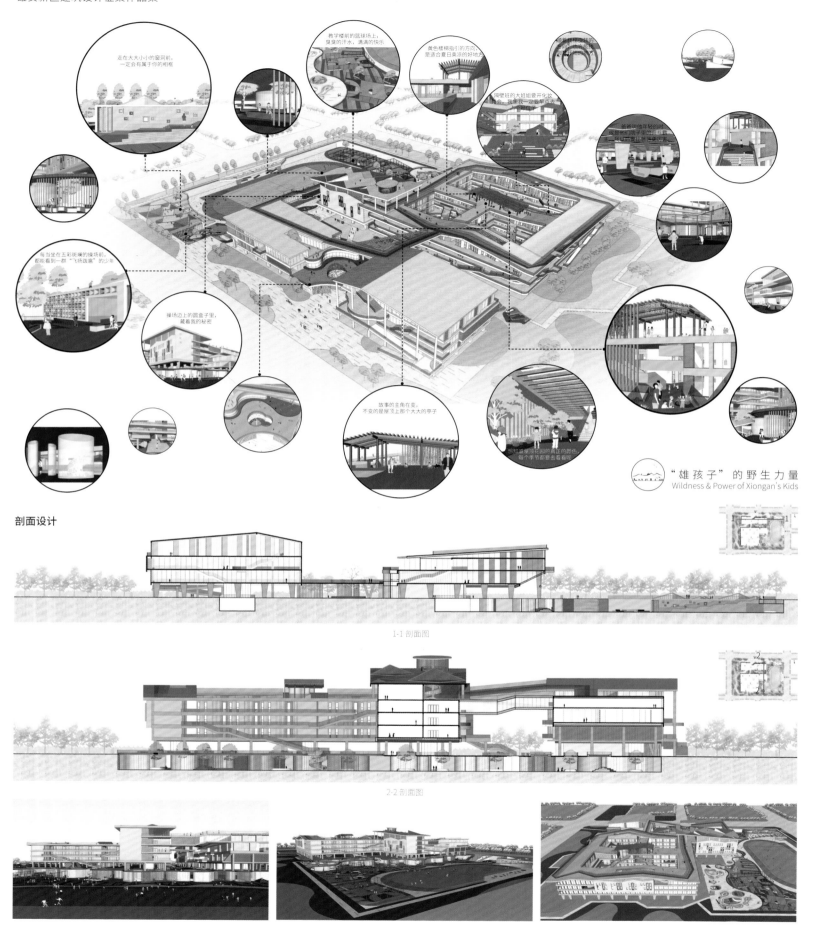

"雄孩子"的野生力量
Wildness & Power of Xiongan's Kids

剖面设计

1-1 剖面图

2-2 剖面图

取意于人字坡顶和山水连绵
Take the meaning of the top of the slope and landscape continuous.

　　中国传统建筑是一幅画，是注重色彩表达的艺术，北方的皇家建筑，红墙、红柱、黄瓦彩画，辉煌富丽，有若工笔重彩，满眼金碧；南方园林寺观，白墙黑柱青瓦，平和淡泊，好似水墨写意，全是文人情趣。在立面色彩设计中撷取南北同质化色彩元素，从南北民居"砖"文化中提取灰色体系，结合现代施工工艺，以灰色混凝土挂板为具象化表达。主墙面以骨子里的"木"为基调，用现代金属仿木格栅为替代，在灰色体系中植入暖色系。通过丰富的空间变化，有效串联起冷色 - 灰色和暖色 - 木纹色。传达了传统文化端庄、秀雅的气质，同时又不失现代感，亦符合现代人的审美情趣。灰白色的建筑色调，渲染了淳朴浓郁的书香气息，局部鲜艳的颜色点缀，增加了趣味性与现代时尚感。建筑造型以现代的手法表现出传统的意蕴，整体立面风格精致、典雅，实现现代和传统的有机结合，表达出校园的文化性和时代感。

立面设计

南立面图

入口透视图

新书院
参赛团队：独立建筑师
主创人员：姚曜、郝凌佳
团队成员：姚曜、郝凌佳

一等奖

中央庭院透视

设计说明：

　　"新书院"是对传统书院的再演绎。中国传统书院是莘莘学子的精神向往，庭院式布局，内向而封闭，与自然和谐共生。作品意在继承传统书院的庭院形制，并让建筑融入自然，但力图改变内向的空间氛围，做到通透、流动，并对社会开放。

设计概念：

　　首先在城市关系上，用地西侧与南侧是城市绿带，故将建筑靠近东北角放置，让运动场地与校园绿地与城市绿带衔接，形成城市公园。形态上，采用单一庭院，将普通教室、实验室、部分学科教室、办公室等功能置于其中，形成一个简洁的"方院"。随之将底层功能覆土并衔接大草坡，与城市公共绿地一同形成上下起伏的城市公园。建筑底层架空，将"方院"高高抬起让市民通过坡道，甬道进入到庭院之中。围绕庭院的底层功能是颇受市民喜爱的类型，如体育馆、图书馆、报告厅、舞蹈室、画室、琴房、工作坊等。设计采用电子门禁系统限制部分交通，从而做到公众不能进到上方的"方院"中。作品通过将校园绿地、景观、活动场、部分功能开放化公众化，赋予校园建筑更加通透更利于交流的空间氛围，也赋予书院这一传统校园母题不同以往的体验，是以称之为"新书院"。

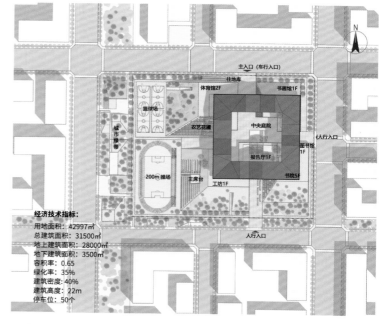

经济技术指标：
用地面积：42997㎡
总建筑面积：31500㎡
地上建筑面积：28000㎡
地下建筑面积：3500㎡
容积率：0.65
绿化率：35%
建筑密度：40%
建筑高度：22m
停车位：50个

方案生成：

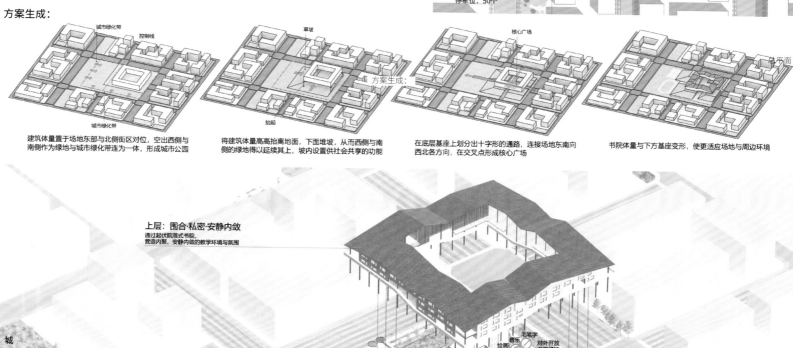

建筑体量置于场地东部与北侧街区对位，空出西侧与南侧作为绿地与城市绿化带连为一体，形成城市公园

将建筑体量高高抬离地面，下面堆坡，从而西侧与南侧的绿地得以延续其上，坡内设置供社会共享的功能

在底层基座上划分出十字形的通路，连接场地东南向西北各方向，在交叉点形成核心广场

书院体量与下方基座变形，使更适应场地与周边环境

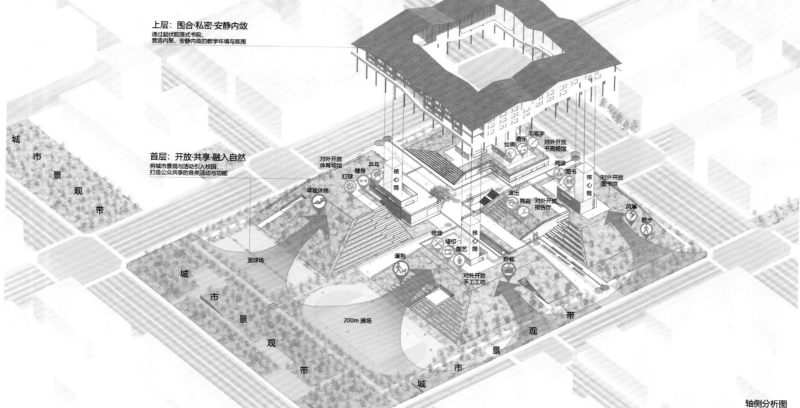

上层：围合·私密·安静内敛
通过起伏院落式书院，
营造内聚、安静内敛的教学环境与氛围

首层：开放·共享·融入自然
将城市景观与活动引入校园，
打造公众共享的各类活动与功能

轴侧分析图

中国特色新书院的空间形态、环境关系、社会功能的传承与转变研究：

1.空间形态：延续庭院原型，化零为整；消解轴线关系；立体分区；化渐次层级关系为均质的向心与发散

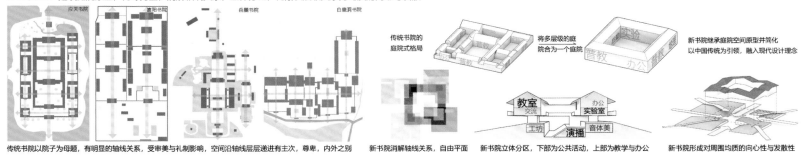

传统书院以院子为母题，有明显的轴线关系，受审美与礼制影响，空间沿轴线层层递进有主次，尊卑，内外之别　新书院消解轴线关系，自由平面　　新书院立体分区，下部为公共活动，上部为教学与办公　　新书院形成对周围均质的向心性与发散性

2.建筑与自然环境关系：延续与自然共生的空间关系，加入底层架空、垂直绿化、下沉庭院、屋顶花园

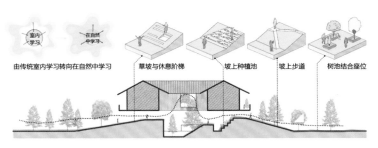

传统书院位于山水秀丽的避世之地，受各朝造园思想影响，书院往往巧借地势，因地制宜，堆山理水，使建筑融于自然　传统书院的景观以院子为单位进行主题性的划分，强调院与院之间的不同，彼此隔绝　新书院打破主题性庭院的模式，让山、水、林、田交织在一起，形成一个连续、整体、丰富的景观　由传统室内学习转向在自然中学习　草坡与休息阶梯　坡上种植池　坡上步道　树池结合座位　新书院将下部公共活动空间统一起来，形成与周边场地连续的上下起伏的景观整体，包含下沉庭院、垂直绿化、架空廊道、屋顶花园、种植苗圃等，成为学生接触自然，在自然中学习的理想场所

3.建筑与社会关系：内向型资源独享转变为开放型，部分资源社会共享，体现以人为本、开放共享的精神内核

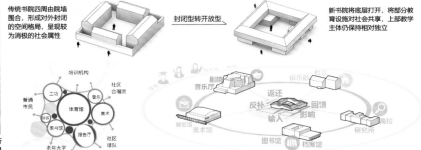
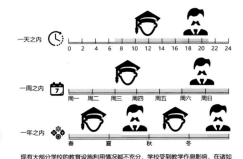

传统书院四周由院墙围合，形成对外封闭的空间格局，呈现较为消极的社会属性　新书院将底层打开，将部分教育设施对社会共享，上部教学主体仍保持相对独立

传统书院是世俗的闲杂人等不可随意进入的场所，学生亦不可随意进出，教育资源信息也不轻易流入流出，所以说传统书院是内向而高高在上的　可对社会共享的功能　社会资源亦可反补给学校　现有大部分学校的教育设施利用情况都不充分，学校受到教学作息影响，在诸如每天晚上、周末、寒暑假时是基本闲置的，而此时正是不少市民下班回家的时间，如果将诸如体育馆、报告厅、图书馆、画室工坊等等对社会开放，不仅可以便利市民也有利于投资方收回建设投资。

鸟瞰图

廊道上看庭院

中国特色新书院的立面形态、结构关系与绿色技术：

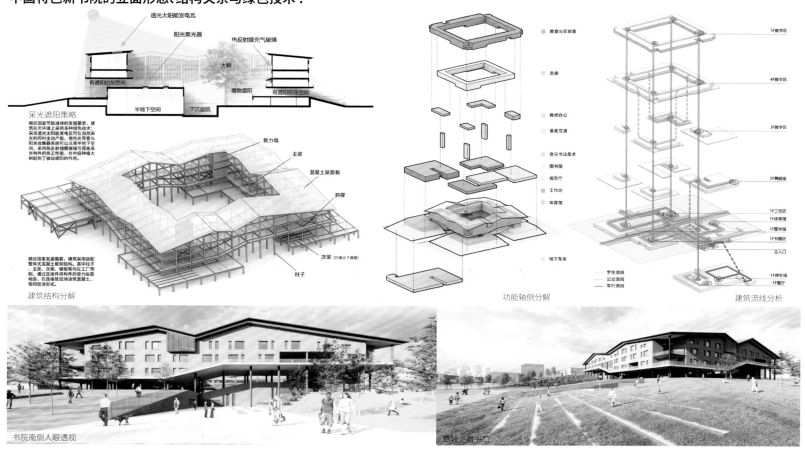

建筑结构分解

功能轴侧分解

建筑流线分析

书院南侧人眼透视

草坡上看书院

展现中国特色雄安建筑的细部、色彩、材料运用：

1. 新式花格窗

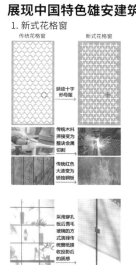

2. 可调节立面遮阳系统

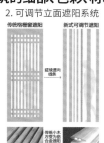
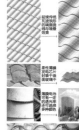

3. 透光太阳能发电瓦

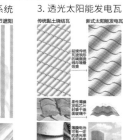
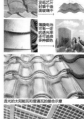
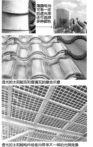
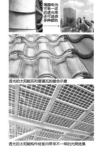

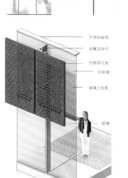

教学楼公共空间

体育馆前公共大厅　　教学楼交流讨论空间

书院内廊　报告厅　活动平台　内院材料：木材　架空平台　文化走廊　实验室　普通教室　外墙材料：灰砖　城市露台　图书馆　首层墙面：青岩穿孔板　视图

剖透视

盒

参赛团队： Archipoets

主创人员： 崔敏、雷楠、邢腾

团队成员： 王播夏

二等奖

设计说明：

本设计试图回应以下 2 个问题：

①相对巨大的场地面积，2.5 万平方米的场地面积及 2.1 的场地容积率对于传统的集约型社区中心来说，既是挑战，也是机遇。

②新城中对"社区形象"的表达，相较于传统单体建筑对"社区"概念的单一化表达，方案试图对使用"单一符号"的设计策略进行反思。

设计对场地重新划分，所有建筑功能沿场地边缘排布，场地中心围合出公共景观，营造出具有归属感的集体空间。在此基础上，建立 20 米 ×20 米的尺度模块，将场地边缘划分成 22 块建筑用地，消解了场地的巨大尺度，将其重新拉回人体尺度。统一模块，变化万千，这是中国传统建筑中最为精华的部分。因此在设计中，每一个建筑单体都使用同样的模数建造，他们彼此成为一座座相互联系又与众不同的独特岛屿。

设计概念：由"巨型建筑"的社区中心到"模块化""多样化""社区化"的新社区中心

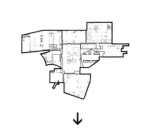

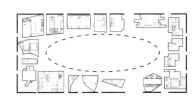

交通流线

功能分布

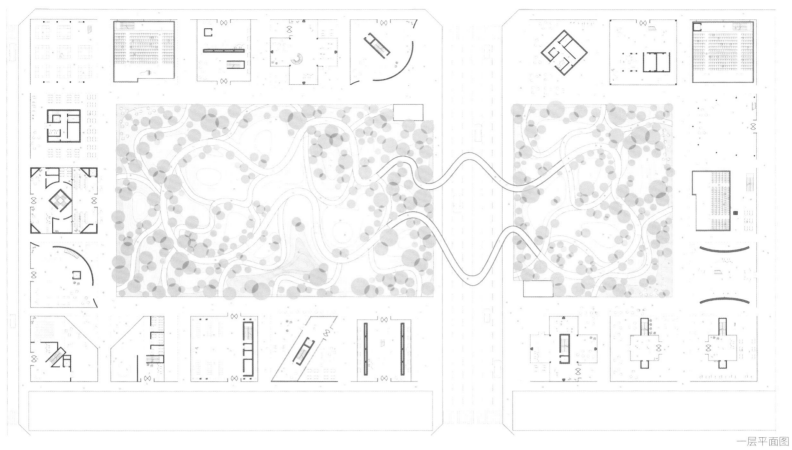

一层平面图

院内侧建筑立面

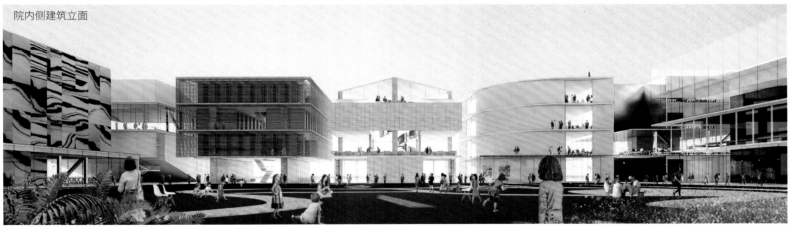

街道侧建筑立面

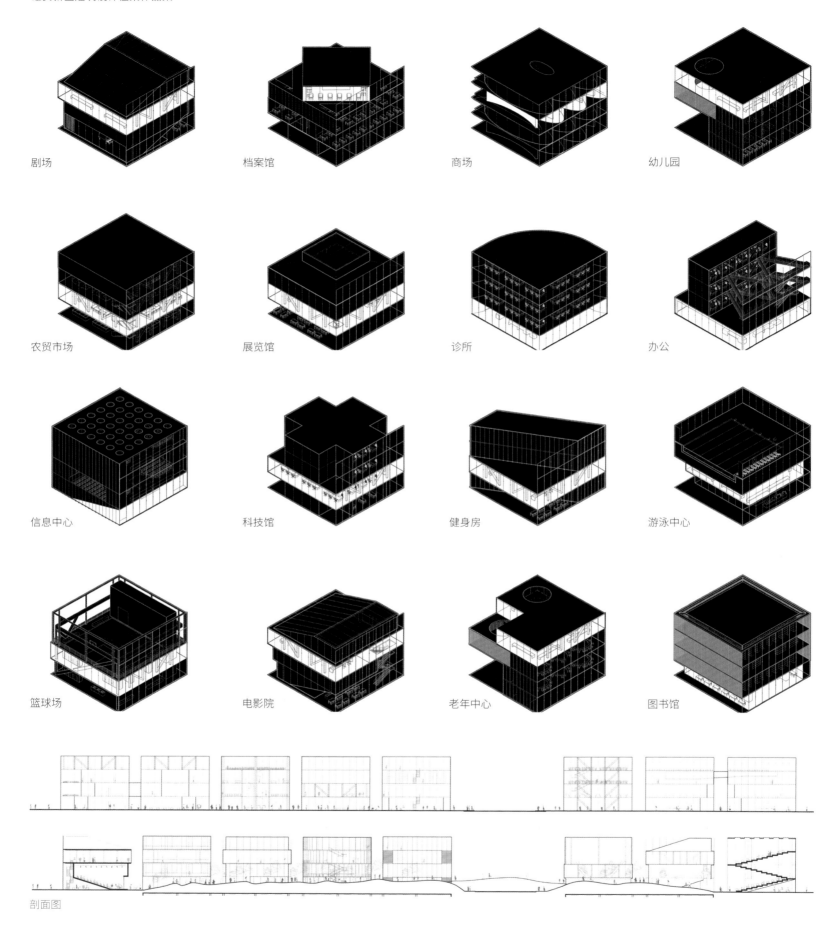

剧场　　　　　　档案馆　　　　　　商场　　　　　　幼儿园

农贸市场　　　　展览馆　　　　　　诊所　　　　　　办公

信息中心　　　　科技馆　　　　　　健身房　　　　　游泳中心

篮球场　　　　　电影院　　　　　　老年中心　　　　图书馆

剖面图

A 轴测图

详见 B.2　　　　　　　　　详见 B.3

B 幕墙单元图

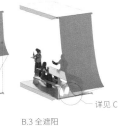

B.1 收起
Full Glazing

B.2 半遮阳
Half Shading

B.3 全遮阳
Full Shading

详见 C

C 节点放大图

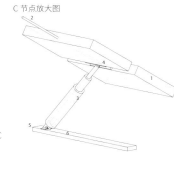

1 竹帘
2 拉索
3 三段式伸缩杆件
4 U 截面金属构件
5 铰接构件
6 幕墙横向金属杆件

中国当代城市生活图景

参赛团队： 上海述行设计工作室

主创人员： 赵非齐、邹雨佳

团队成员： 蔡颖、吕铭、王南南

二等奖

设计说明：

　　在近 30 年来以及可以预见的未来，随着每一轮新的技术浪潮以及既有观念／模式的改变，城市居民的生活发生着巨大的变化。当我们开始思考城市里的社区中心应该承担怎样的社会责任、呈现出怎样的公共面貌时，我们发现其核心在于解决如何传达出当代居住生活理念的问题。

　　社区中心作为城市居民了解社会知识体系，做出生活决策的发生地，同时也应该是当代城市生活的见证者。高考、婚姻、创业、老年生活……城市里的公共空间也可以成为人生重大决策的打卡点。我们希望在社区里创造一个回归生活与日常的公共场所，它承担着解决市民生活问题的基础职能，也呈现着中国当代城市生活的生动图景。

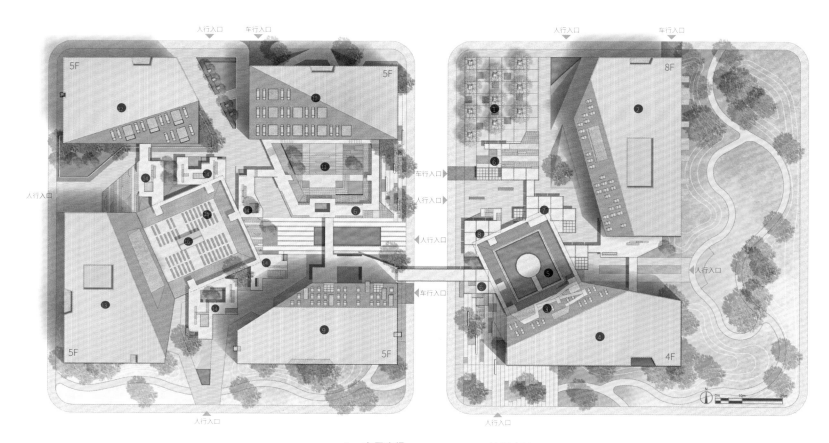

1	市民广场	5	浪漫水院	9	亲子互动	13	养老服务中心
2	行政办公	6	文化展廊	10	社区剧院	14	开放集市
3	婚姻登记处	7	咖啡厅	11	室外下沉剧场	15	社区生态菜园
4	联合办公	8	复古照相馆	12	社区活动中心	16	共享厨房

总平面图

空间推演

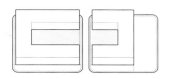

STEP 1
满足贴线率的基本体块容量，
初步形成大围合

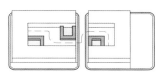

STEP 2
根据功能与空间尺度，
切分三大主题院落

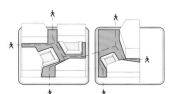

STEP 3
分析主要人流方向与路径，
在院落周边拓展出街道

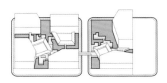

STEP 4
进一步细分街道空间层次，
围绕院落生长出毛细巷弄

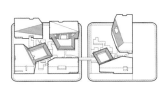

STEP 5
空间的立体拓展，
将平面院落蔓延至立面

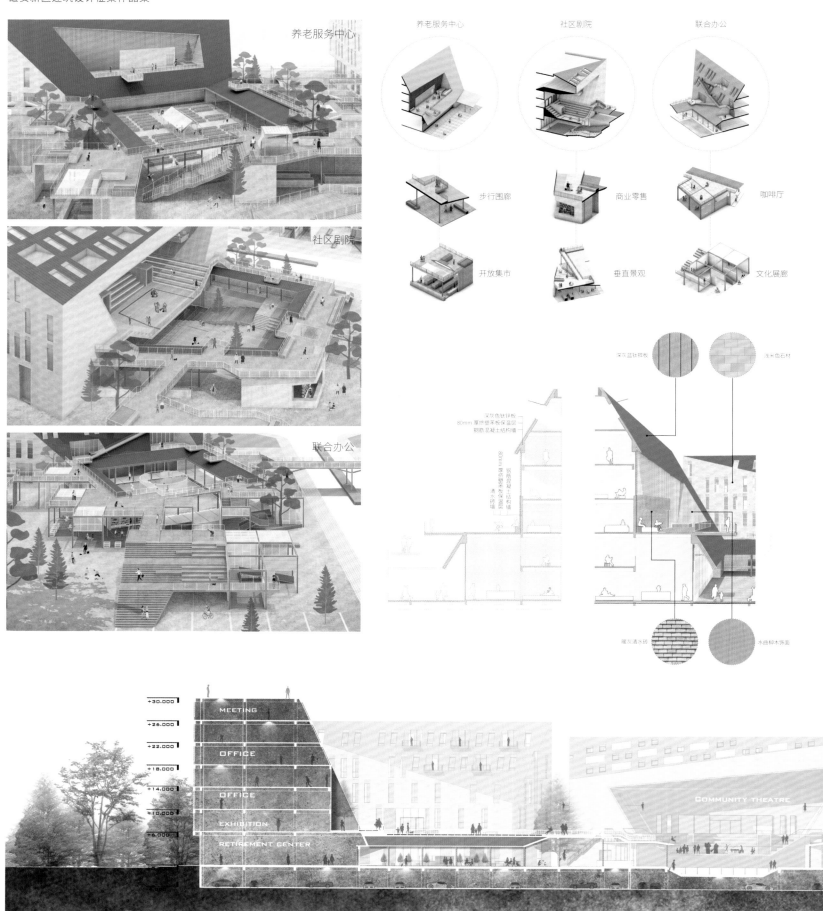

场景漫画

形体演变

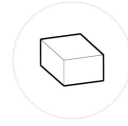

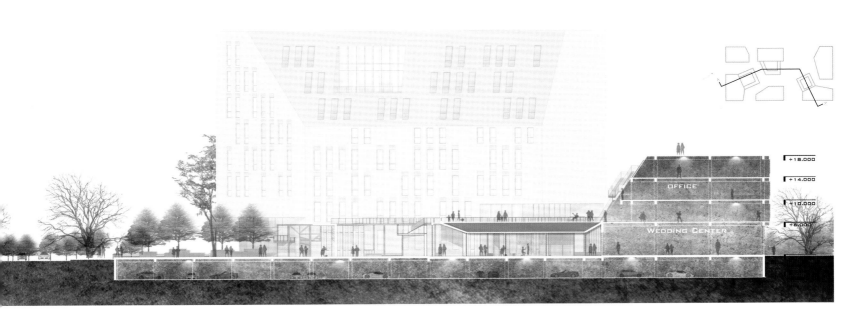

庭院深深几许

三等奖

参赛团队： 独立建筑师
主创人员： 李建新
团队成员： 李建新

设计说明：

文化的传承和历史脉络的延续是抵抗景观均质化与同一性的核心。而"中国特色建筑"并不是对形式的单一模仿组合，而是在回应传统形式的过程中创造独特的空间体验。我相信令人感动和印象深刻的空间体验是根植于人民生活中真实的生活体验。在设计中把传统的庭院、街巷和园林空间在空间层面融合，同时结合市井生活和具有活力的巷道路径的变化，增加时间的"密度"，让建筑的景窗在借景和对景中形成层叠的景深，把庭院空间作为其中放大的节点，为各种人群提供交流的机会。围合空间的外墙作为传统和现代的界面，两边的空间和行为在这里交集，外面为同质的现代城市，里面是不知深几许的庭院空间。

提取传统民居的庭院和巷道空间，植入到建筑中

借鉴园林的层叠景深空间关系，把借景和对景园林特征融入到建筑

提取传统民居中层叠的屋顶形式，通过变形，产生独特的体验空间

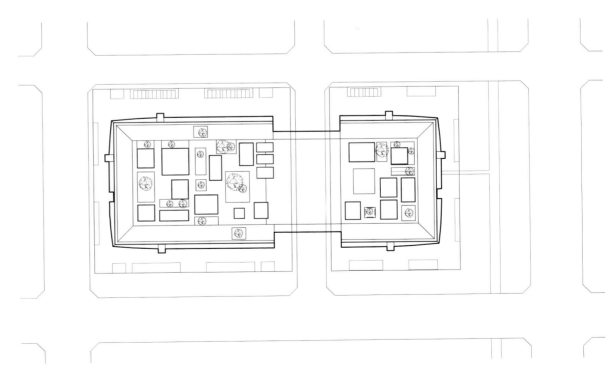

总平面图

空间效果图

这些"洞口"形成层叠的景深关系,强调了借景与对景的中国园林特征。混凝土世界与自然景观之间产生张力,建筑空间在室内与室外的转换,使其在自然光的引导下从一个空间缓慢移动到另一个空间,在光影变化中创造一种诗意的空间体验

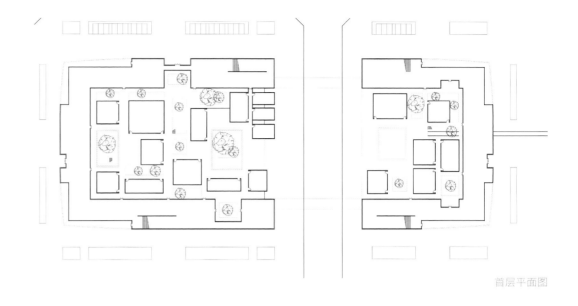

首层平面图

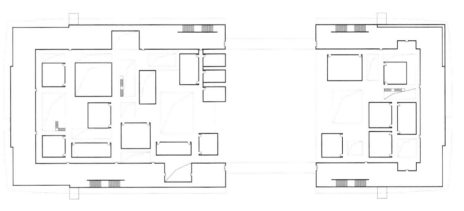

二层平面图

医"院"

参赛团队： 独立建筑师
主创人员： 张家宁、宋紫薇
团队成员： 张家宁、宋紫薇

三等奖

设计说明：

现代医院建筑是从基督教的医院逐渐演变而来的，中国最早的医院也是由18世纪传教士创建的基督教医院。基督教医院通常按照修道院的建筑格局，建造在修道院旁，修士也通常身兼两职。传统修道院柱廊围合的院子就成为基督教医院的一个重要的空间特点。中国古代也并没有单独的医院建筑类型，在隋唐之前，由于中国政府财政很难支撑医院的广泛建立，很多都是零散的药馆。直到唐朝开始，政府通过与寺庙合作，开始将寺庙作为一个重要的医疗机构。寺庙从此就成为了医院的一个空间原型。传统寺庙空间最重要的特点之一也是院子。一层层的院子既是空间序列，也成为不同功能的载体。

不管是修道院还是寺庙，这两个以院子为核心的空间类型同时被用作医院并不是巧合。院落空间在医院设计中至关重要，最基本的优点是院子能带来良好的通风和采光，创造了一个更加卫生的空间。而另外一个优点则是院子能给患者提供一个与自然接触的界面。正是这种与自然的沟通，能够为患者的心理带来平静，更加有利于治疗和恢复。

由于城市高密度的需求，院子从当代城市医院中逐渐被剔除，医院演变成一个高效的功能塔楼，成为城市空间中大家都回避的区域。在为未来之城雄安设计的医院中，希望通过注入"院子"这一空间特色，建造一个融入城市的绿色医院。

在这个设计中，院子将不再是现代医院复杂功能的障碍，反而成为梳理，整合，融汇各个医院功能的线索和结构。通过两个主要院子和一系列小院子，不仅使得当代分隔的住院部和门诊部被整合在一起，方便了使用，也避免了管理混乱；而且医院与自然、与城市紧紧咬合在一起，成为一个有机的整体。

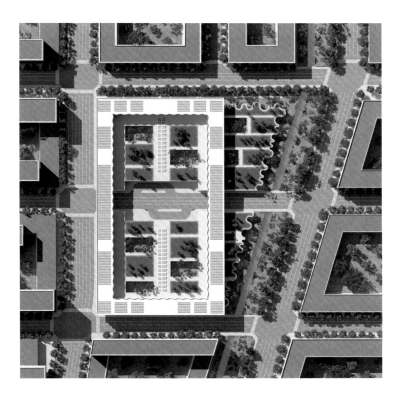

概念分析

　　基于现代医院对门诊部和住院部这两大部分的需求，将传统的院子发展出"外院"和"内院"。门诊部作为直接对外的功能，是为外院，更加强调与城市、与雄安绿色景观的互动和融合，以城市为院。住院部作为相对隐私的功能，是为内院，在保证与城市有距离的联系的基础上，一个是强调内向安静的院子，提供一个最佳的静养之处，以静为院，内院、外院设计将现代医院与城市和自然串联起来。

院 流

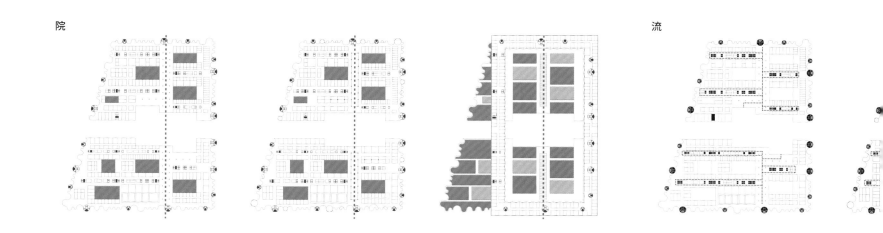

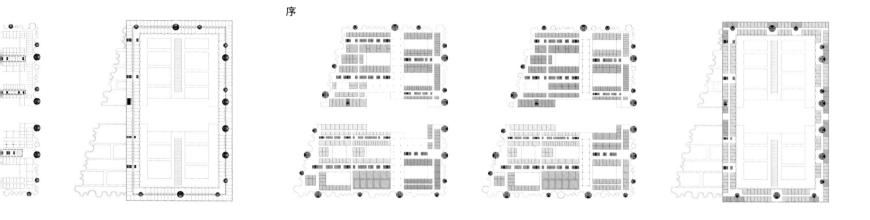

序

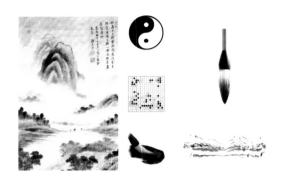

[笔墨哲学]

三等奖

洼淀园

参赛团队： 东南大学建筑学院

主创人员： 孙康

团队成员： 徐怡然

设计说明：

　　社区中心作为城市客厅，需要承接周边人群的聚集活动，并反映出城市形象和文化特色。华北独有的"洼淀"聚落启发我们要激活市民地方记忆，开展对新时代城市园林交流空间的探索。

　　传统洼淀聚落可概括为"内外堤埝、闸渠相连、沟洫田畴"的洼地单元布局模式。以此为基础，将社区中心分为三部分：洼——周边 8 大服务聚落；淀——中央 3 处园林和 24 小时功能聚落，以及作为二者过渡空间的连廊。

　　功能空间的第一层结构体现在象征洼淀聚落的功能单元和公园，第二层结构是展现生产生活层级的"路—廊—园—盒"新的智慧工具动态划分方式和洼淀园布局，将其分为白天热闹的聚落和夜晚具有纪念感的中央"淀区"。

总平面图

1. 无独立主入口
2. 地块1次入口
3. 地块2次入口
4. 西侧街道人流入口
5. 南侧街道人流入口
6. 东侧公园人流入口
7. 地下车库入口

1. Main entrance
2. Primary entrance of plot 1
3. Primary entrance of plot 2
4. Auxiliary entrance to the West Street
5. Auxiliary entrance to South Street
6. Auxiliary entrance to the East Park
7. Underground garage entrance

空间和城市关系流线
Streamline of space and city relationship

室内外空间界面
Indoor and outdoor space interface

公共绿地的连续设计
Continuous design of public green space

庭院空间和活动
Courtyard space and activities

天际边界和"洼地"特色
The boundary of the sky and the characteristics of "depressions"

空间开放的到达
Open and accessible space

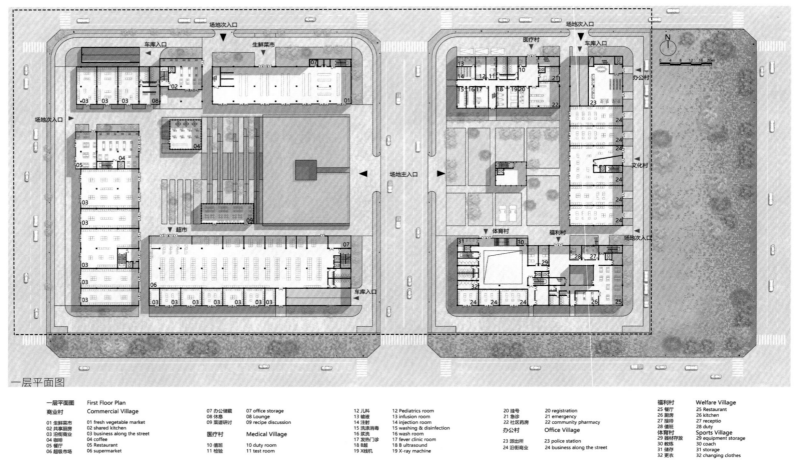

一层平面图

一层平面图   First Floor Plan

商业村	Commercial Village	07 办公储藏	07 office storage	12 儿科	12 Pediatrics room	20 挂号	20 registration	福利村	Welfare Village
01 生鲜菜市	01 fresh vegetable market	08 休息	08 Lounge	13 输液	13 infusion room	21 急诊	21 emergency	25 餐厅	25 Restaurant
02 共享厨房	02 shared kitchen	09 菜谱研讨	09 recipe discussion	14 注射	14 injection room	22 社区药房	22 community pharmacy	26 厨房	26 kitchen
03 沿街商业	03 business along the street			15 洗涤消毒	15 washing & disinfection			27 接待	27 receptio
04 咖啡	04 coffee	医疗村	Medical Village	16 洗手	16 wash room	办公村	Office Village	28 值班	28 duty
05 餐厅	05 Restaurant	10 值班	10 duty room	17 发热门诊	17 fever clinic room	23 派出所	23 police station	体育村	Sports Village
06 超级市场	06 supermarket	11 检验	11 test room	18 B超	18 B ultrasound	24 沿街商业	24 business along the street	29 器材存放	29 equipment storage
				19 X线机	19 X-ray machine			30 教练	30 coach
								31 储存	31 storage
								32 更衣	32 changing clothes

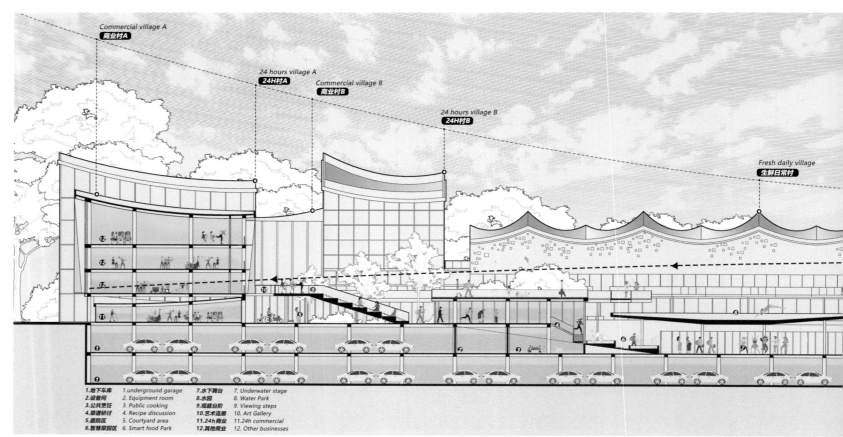

1.地下车库 1.underground garage	**7.水下舞台** 7. Underwater stage
2.设备间 2. Equipment room	**8.水园** 8. Water Park
3.公共烹饪 3. Public cooking	**9.观庭台阶** 9. Viewing steps
4.菜谱研讨 4. Recipe discussion	**10.艺术连廊** 10. Art Gallery
5.庭园区 5. Courtyard area	**11.24h商业** 11.24h commercial
6.智慧菜园区 6. Smart food Park	**12.其他商业** 12. Other businesses

立面研究
Facade study

01.立面的设计在形制上，将传统中国建筑的三段式引入到立面构成的基本原则：台基、屋身、屋顶。
02.在设计概念上，被具象化的"墨滴于宣纸的瞬间"——屋顶定义为"柔"物，被其置于"刚"的木材屋身和玻璃基座上。
03.立面本身设计分为三类："柔"的芦苇意向的曲面穿孔板形式；"刚"的磨砂玻璃形式；"刚"的具有开小孔洞的木质形式。

01. In the form of facade design, the three sections of traditional Chinese architecture are introduced into the basic principles of facade composition: pedestal, roof and roof;

02. In terms of design concept, the figurative "moment of ink dripping on rice paper" - the roof is defined as "soft" object, which is placed on the "rigid" wood roof and glass base.

03. The facade design is divided into three categories: the curved perforated plate with the intention of "soft" reed, the frosted glass with "rigid" and the wood with small holes.

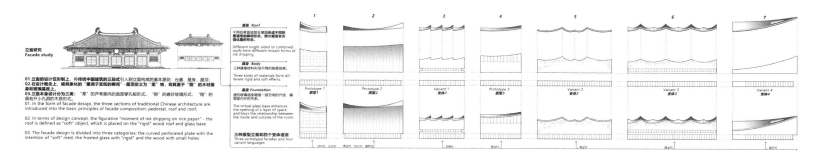

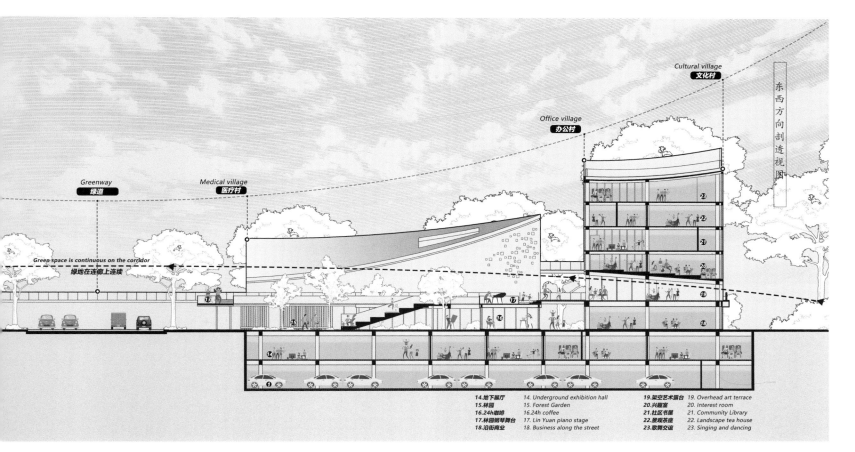

Greenway 绿道　　Medical village 医疗村　　Office village 办公村　　Cultural village 文化村

东西方向剖透视图

Green space is continuous on the corridor
绿地在连廊上连续

14.地下展厅	14. Underground exhibition hall	19.架空艺术露台　19. Overhead art terrace
15.林园	15. Forest Garden	20.兴趣室　20. Interest room
16.24h咖啡	16.24h coffee	21.社区书屋　21. Community Library
17.林园钢琴舞台	17. Lin Yuan piano stage	22.景观茶座　22. Landscape tea house
18.沿街商业	18. Business along the street	23.歌舞交谊　23. Singing and dancing

共有之家

一等奖

参赛团队： 中建三局集团有限公司
主创人员： 何东明
团队成员： 裴杰、查剑、鲁明光、闫州、郄琪格、邓鼎、陈雨夏、张培东

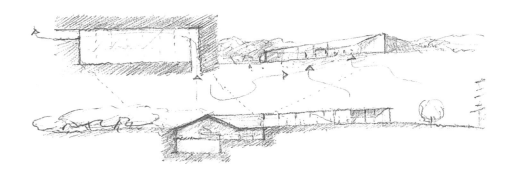

设计说明：

　　项目选址位于雄安新区起步区文翠苑滨河绿地系统中，北临创新湾，西临规划综合生活片区，场地周边路网丰富，交通便捷，与各社区中心联系紧密。在城市设计层面，生活垃圾转运站一方面需要融合于绿地系统中，另一方面需要回应城市街道界面。因此，如何挖掘中国传统建筑文化基因是该项目重要的研究课题。

概念生成

| 场地 /Site | 起坡 /Rise | 植入 /Implant | 嵌入 /Embed | 连接 /Connect | 场所 /Place |

中国传统的院落空间构成了与环境、内院多样的交互空间，而这一交互空间凝聚了传统建筑文化内核，以及场所精神。一方面，对外形成了丰富的风貌体系，另一方面，对内则形成院、廊、巷等交互体验的组合空间。通过对中国传统建筑的研究发现，最早的院落形制为廊院，始于夏商，后于西周逐渐演化为传统合院，并成熟于唐宋。因此，廊院是传统建筑的原型。

在该设计中，我们以传统"廊院"为母题，以因地制宜为策略，通过形制演绎将屋面地景化处理，将廊道连接屋顶，呼应城市街道与滨河绿地界面，并与室内贯通，建构对外开放、对内互动的多维体验空间；最后通过建造材料置换的方式将建筑与环境融合，以呈现当代性和场地性的建造观，构建有机整体的市民公共活动场所。

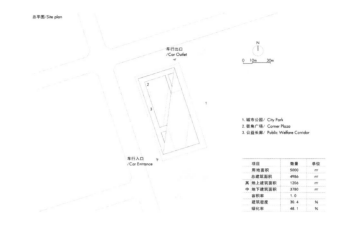

总平面图/Site plan

N

0 10m   30m

车行出口
/Car Outlet

车行入口
/Car Entrance

1. 城市公园/ City Park
2. 街角广场/ Corner Plaza
3. 公益长廊/ Public Welfare Corridor

项目	数量	单位
用地面积	5000	m²
总建筑面积	4986	m²
其 地上建筑面积	1206	m²
中 地下建筑面积	3780	m²
容积率	1.0	
建筑密度	30.4	%
绿化率	48.1	%

中国传统建筑特色研究

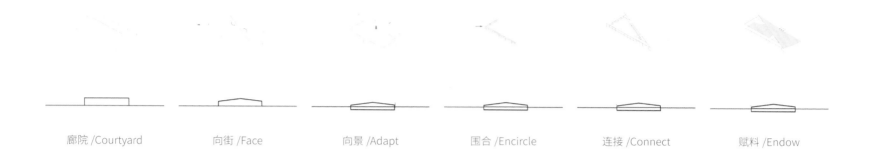

廊院 /Courtyard　　　向街 /Face　　　向景 /Adapt　　　围合 /Encircle　　　连接 /Connect　　　赋料 /Endow

结构分析

设计通过图解静力学对挑板的自重和风荷载进行分析，在满足强度的基础上考虑了刚度和稳定性。

其次，设计对材料进行了预变形处理，通过实验我们发现经历预变形材料的屈服强度和抗拉强度均得到提高，屈强比增大。

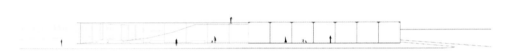

与此同时，设计对柱子和挑板的连接节点进行了加固处理，既减少一部分压强，也增强了结构的稳定性。

首层平面图/Ground Floor Plan

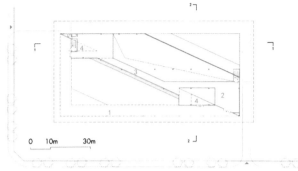

1. 公益长廊/Public Welfare Corridor　　　　3. 参观展廊/The gallery of visitation
2. 垃圾分类体验区/Garbage sorting experience area　4. 宣传教育区/Education propaganda

剖面图/Section Drawing

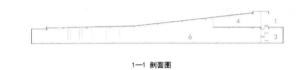

1—1 剖面图

1. 公益长廊/Public Welfare Corridor　　　　3. 空气处理间/Air treatment room
2. 参观展廊/The gallery of visitation

轴剖图解

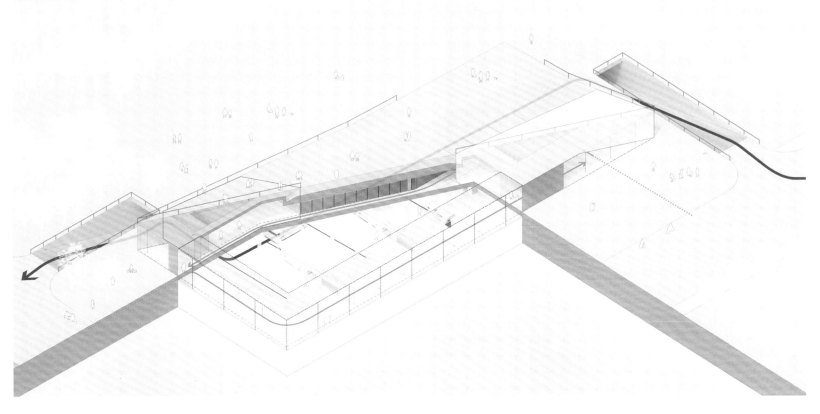

　　在流线组织上，设计实现人车分流与游览流线的多样体验。首先，在人车分流方面，垃圾转运车通过建筑南侧的车行入口进入地下一层，完成转运流程后通过北侧出口离开建筑；市民则通过建筑西侧与东侧分别面向城市和绿地的开口面进入建筑。设计通过缩短垃圾转运车的地面路径减少车行流线对人行流线的干扰，从而实现人车分流，保障游览与运输流线互不干扰，有序进行。其次，在游览流线的多样体验方面，市民可通过室外展廊进入建筑北侧和南侧的两个展区，并通过室内展廊在建筑内部参观垃圾转运工艺，内廊与外廊的结合使建筑内部参观流线形成闭环，循序渐进的空间体验利于增强市民积极参与垃圾分类和环保的意识；同时，在室外部分，市民可通过起坡屋面到达屋顶与滨河绿地景观带，充分体验环境与建筑的互动融合，面向街角的坡道屋面可作为室外公益讲堂与露天电影等多样的活动体验场所。

实物模型展示

树丘——一个灵活的城市灰空间

二等奖

参赛团队：上海中森建筑与工程设计顾问有限公司

主创人员：张晓远

团队成员：张吉凌、孙晓、李鑫

设计说明：

　　一个高效的工业机器、一个时尚的环保基站、一个灵活的城市灰空间

　　山丘内部藏着一个颇具规模的垃圾转运站，如同一个环环相扣、高效运转的工业机器。树丘将每日小型垃圾车运来的垃圾快速压缩装运，并净化处理掉过程产生的废气废水，避免垃圾堆积对环境造成更严重的污染。

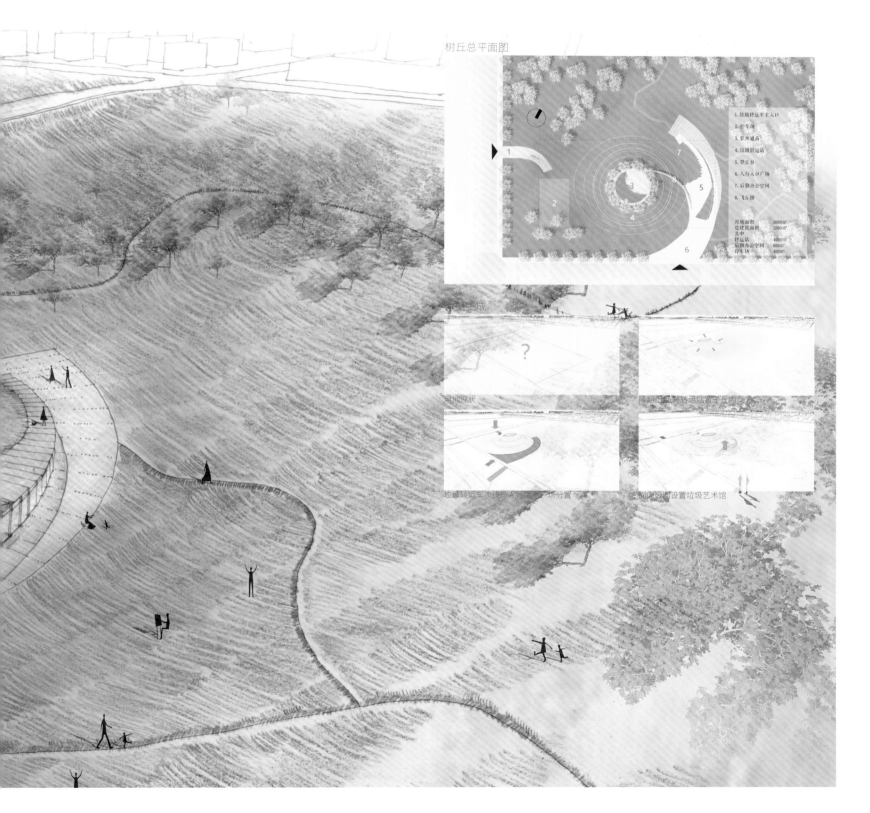

壹·工业机器

地景建筑：在人们习惯的概念中，地标建筑往往是以高大体量起到标识性作用的。而本市政项目因其特殊的功能类型，遂选择以委婉的姿态埋入地下，却仍能以融于自然的美学特征不失为一道靓丽的风景——形态犹如一座隆起在城市公园中的绿色山丘。

本项目摆脱了常规垃圾转运的双侧停车方格式布局，以环形的平面组织模式布置工作单元，形成一种中心为空的开放格局。在这里，循环的理念主旨与人文、生态、艺术相结合，形成了环保展墙、生态步道、艺术展览等诸多互动节点，在垃圾转运的基础上带来多样的空间体验，更是将循环的主旨通过展示进一步升华。因项目类型特殊，基于场所理论与环境心理学考虑，将建筑整体埋地。同时考虑到城市风环境，丘的顶部一侧抬高抵挡最大频率风向侧，避免大气污染物借风力污染下游。

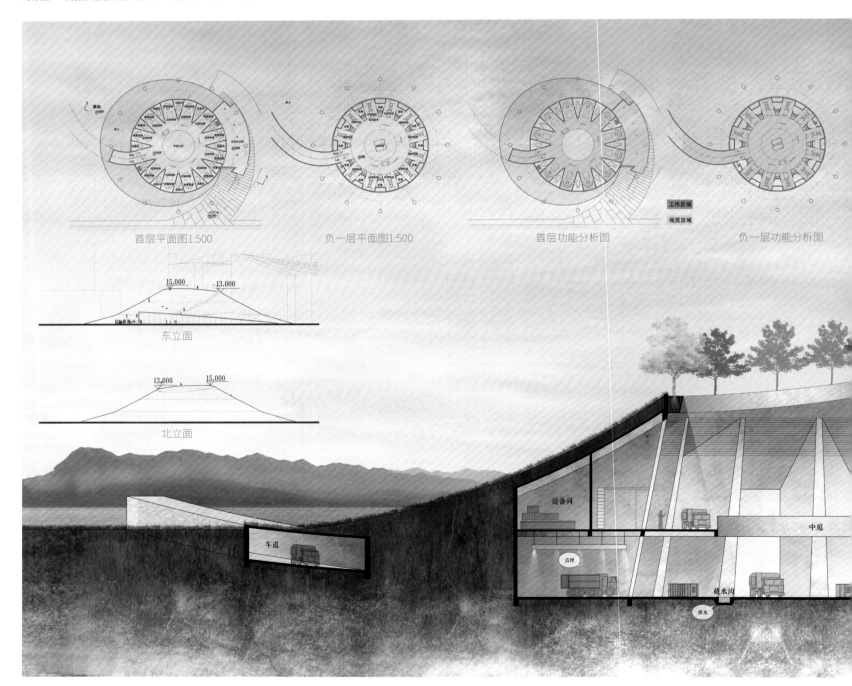

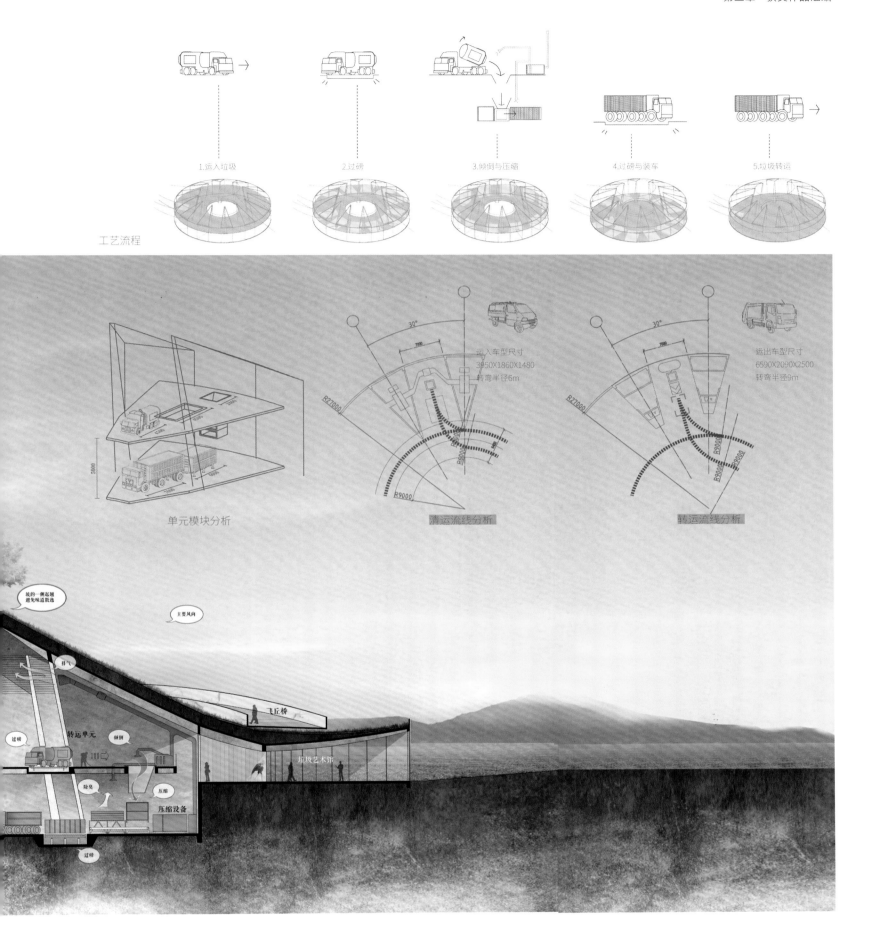

工艺流程

1.运入垃圾　2.过磅　3.倾倒与压缩　4.过磅与装车　5.垃圾转运

单元模块分析

清运流线分析

转运流线分析

运入车型尺寸
3950X1860X1480
转弯半径6m

运出车型尺寸
6590X2090X2500
转弯半径9m

贰·环保基站

一条盘桥可直到丘顶垃圾处理的过程可视化
一个小型的文创展厅，展出各种垃圾为原料的艺术品
一个大型室外展场，举办各种环保活动

环保建造

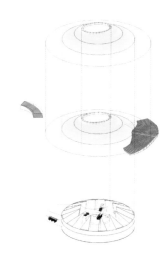

1.覆土建筑
由于覆土建筑,需要开挖土方,减少的土方量去往何处?

2.隆起坡地
将多余土方以隆起的形式,回填土方,达到能源平衡,起到环保利用作用。

环保宣传

1.宣传展览
一条沿坡设置的生动的环保教育展示通廊,拾阶而上,边看展览边游览建筑。

2.垃圾艺术馆
朝向南侧公共绿地开放的垃圾艺术馆,是垃圾转运站与城市活动的枢纽,可以参观垃圾处理流程,同时能感受垃圾回收形成的艺术品。

3.城市公共T台
开阔的公共绿地,可以结合垃圾艺术馆形成临时搭建的城市公共T台,增加活动多样性。

叁·城市灰空间

树丘不仅作为城市的垃圾转运站，更有雄心作为城市发展过程中的灰空间。

随着城市功能需求的变化，树丘亦可做出相应调整，比如改造为办公、泳池、美术馆、体育馆、游戏场地等，

树丘对城市的变化做出敏感的回应，成为城市发展与市民生活之间的缓冲地带。

树丘亦不追求建筑的永恒性，坦然接受固有的生命周期，在 50 年后，成为真正的树丘。

树丘通过改造以适应城市的发展需求

……50年后，成为真正的树丘

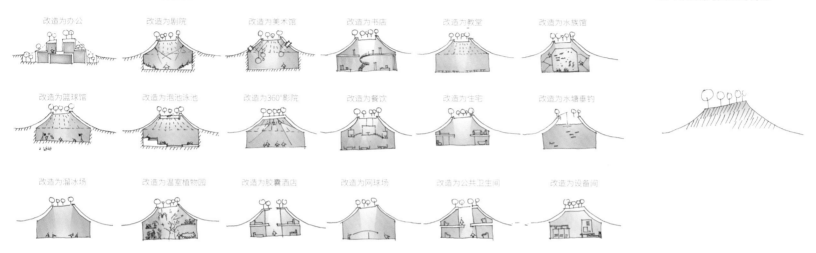

改造为办公 改造为剧院 改造为美术馆 改造为书店 改造为教堂 改造为水族馆

改造为篮球馆 改造为泡池泳池 改造为360°影院 改造为餐饮 改造为住宅 改造为水塘垂钓

改造为溜冰场 改造为温室植物园 改造为胶囊酒店 改造为网球场 改造为公共卫生间 改造为设备间

大隐于市——智能模块化的新型垃圾转运站设计

参赛团队： 中国建筑科学研究院有限公司

主创人员： 朱宁涛、刘燕、柏洁、朱芷仪

团队成员： 张骁、侯硕、王增奇、孙腾辉

设计说明：

垃圾转运站位于中央绿谷与创新轴的交界处，隐藏在景观中，由五个相对独立的模块组成，分别是转运车间、智能停车场、辅助办公、观景塔和智能展览，根据不同空间属性置入高效率、高适应性的的智能模块，利于这一基础设施在不同基地的灵活运用。

同时，建筑埋在中央绿谷中，与环境融为一体，既符合雄安蓝绿交织、城绿融合的生态空间格局，更根植于中国"大隐于市""天人合一"的传统生态观念。中心根据垃圾车转运流线自然形成内院，四周向外形成道路和广场，公共空间与屋顶观景廊道与公园一体化设计，跟周边环境形成多个视线联系，并置入多条从公园引入的观景道路，运用汀步、楼梯、平台、坡道、高台与城市景观互为对景，回应城市关系，形成开放的公共活动空间。

小隐隐陵薮，大隐隐朝市，伯夷窜首阳，老聃伏柱史
-- 晋代王康琚之《反招隐诗》

大隐於市

在建筑设计中借鉴中国传统绘画中写意留白的处理手法，将建筑隐藏于自然环境，使场所与自然相互融合。

中国传统建筑自古就有对于模数思想的传承和运用，达到形式与结构的高度统一。本方案通过分析垃圾转运站的平面功能尺度，以及响应雄安地区垃圾分类的原则来确定建筑主要功能的尺度标准——转运车间的尺度模块。

建筑空间对外融合场地环境，对内消除边界带来的室内外的割裂感，与内广场形成流动模糊的一体化感受。

中国传统建筑重视人在建筑环境中随时间变化而感受到的不同空间效果，追求"步移景异"的空间体验。建筑布局回应中国传统园林中游园的空间形制；屋顶回应中央绿谷景观，形成连续性观景平台。

人视效果图

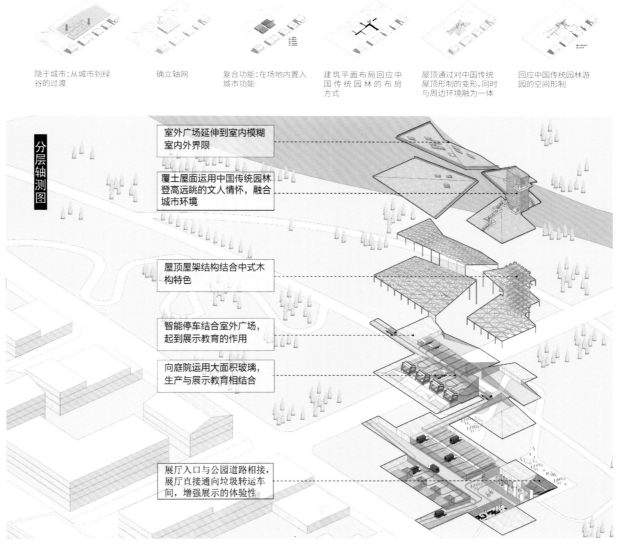

隐于城市：从城市到绿谷的过渡

确立轴网

复合功能：在场地内置入城市功能

建筑平面布局回应中国传统园林的布局方式

屋顶通过对中国传统屋顶形制的变形，同时与周边环境融为一体

回应中国传统园林游园的空间形制

分层轴测图

室外广场延伸到室内模糊室内外界限

覆土屋面运用中国传统园林登高远眺的文人情怀，融合城市环境

屋顶屋架结构结合中式木构特色

智能停车结合室外广场，起到展示教育的作用

向庭院运用大面积玻璃，生产与展示教育相结合

展厅入口与公园道路相接，展厅直接通向垃圾转运车间，增强展示的体验性

在传统的垃圾转运站的设计中，绝大多数的转运站都成为城市的消极空间，谈到垃圾转运站，人们自然也是与"脏""乱""差"画上等号，城市居民对垃圾站的反感也导致一些已经规划好的中转站难以开工建设，这些必不可少的基础设施也就成为城市中人迹罕至的不毛之地，对未来可持续发展的城市设计理念背道而驰。

设计中需要思考如何打破垃圾转运站的刻板印象，转变居民的思维方式，融合城市功能，将社会基础设施转化为城市地标，对社会和城市空间产生积极的影响。

首层平面图

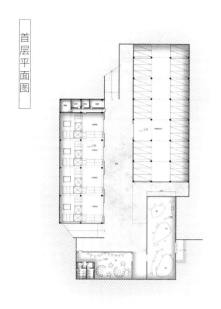

地下平面图

夜景效果图

剖透视

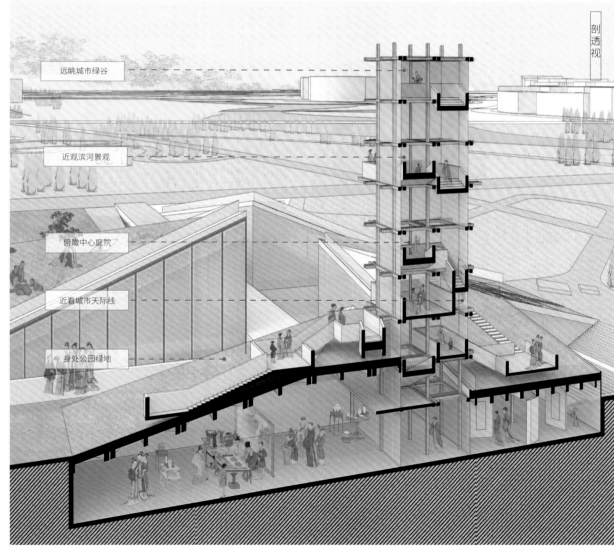

远眺城市绿谷

近观滨河景观

俯瞰中心庭院

近看城市天际线

身处公园绿地

三等奖

循环·共生 计划

参赛团队： 哈尔滨工业大学建筑设计研究院

主创人员： 林绍康、倪睿贤、罗勃

团队成员： 徐铎轩、张萌、陈泽隆

设计说明：

　　基地位于城市环境与自然环境的交界处，处理城市与自然的共生关系成为本案的出发点。落脚到具体市政配套建筑中，团队将生态教育功能叠加到垃圾收运功能之中，体现保护自然的理念，展现垃圾处理的方式，一方面增加了收运站空间的趣味性，另一方面使其成为更贴近生活的环保教育基地，丰富其在城市环境中的角色内涵。

　　建筑顶部顺势设置了环境观景平台，并构建细柱的支撑结构体系，在丰富建筑自身形象同时，为开展市民活动增加了更多可能性。整体方案综合社会与环境效益，将"循环共生"的设计理念进行阐述。

体块生成：

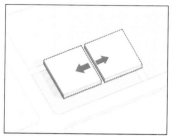

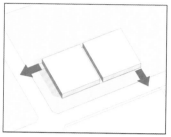

STEP 1.
垃圾中转与教育展览两个功能体块

STEP 2.
确定两个功能体块入口

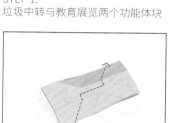

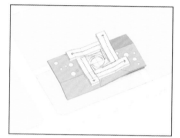

STEP 3.
拓扑变形连接城市空间与自然环境

STEP 4.
置入观景平台美化建筑形象

设计理念

  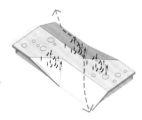 

循环

以"生命之树 生生不息"为设计理念,建筑整体环绕于中庭生态之树,东西南北四个景观平台伸展之势及结构密柱支撑都呼应着其生长之意

共生

垃圾转运站衔接城市环境与自然环境,方案提出"循环共生"设计理念,一方面将"垃圾转运"和"教育展览"两项不同功能相互结合,使垃圾转运站的功能属性呈现多元化,提高利用率;另一方面通过仿生结构构件增加室内外空间的渗透,增强建筑与城市绿地的联系

功能布局

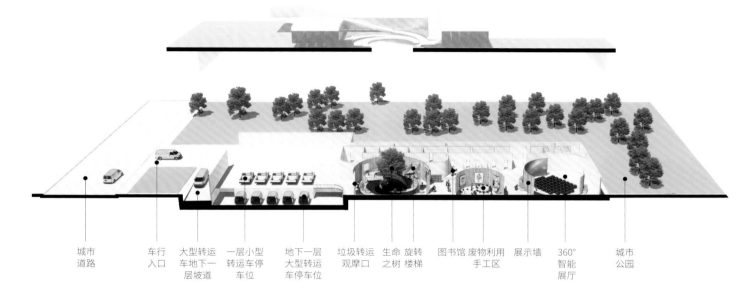

城市道路　车行入口　大型转运车地下一层坡道　一层小型转运车停车位　地下一层大型转运车停车位　垃圾转运观摩口　生命之树　旋转楼梯　图书馆　废物利用手工区　展示墙　360°智能展厅　城市公园

消隐

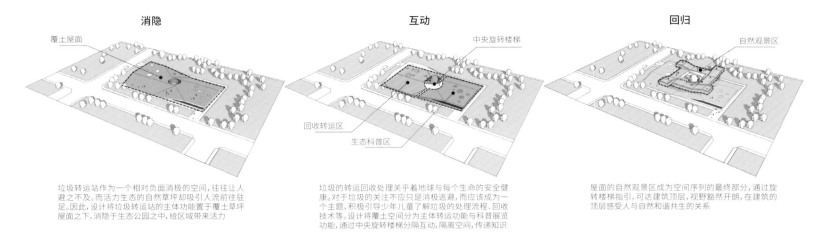

垃圾转运站作为一个相对负面消极的空间，往往让人避之不及。而活力生态的自然草坪却吸引人流前往驻足。因此，设计将垃圾转运站的主体功能置于覆土草坪屋面之下，消隐于生态公园之中，给区域带来活力

互动

垃圾的转运回收处理关乎着地球与每个生命的安全健康。对于垃圾的关注不应只是消极逃避，而应应成为一个主题，积极引导少年儿童了解垃圾的处理流程、回收技术等。设计将覆土空间分为主体转运功能与科普展览功能，通过中央旋转楼梯分隔互动，隔离空间，传递知识

回归

屋面的自然观景区成为空间序列的最终部分，通过旋转楼梯指引，可达建筑顶层，视野豁然开朗，在建筑的顶层感受人与自然和谐共生的关系

观

参观者进入基地，首先通过室外展示区和生态科普区，了解到垃圾回收转运的基础知识

动

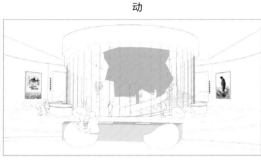

少年儿童可在室内中央回收体验区透过密封玻璃窗口，进一步观看垃圾转运过程，同时在手工区动手利用废五金制作手工艺品

思

通过中央旋转楼梯，参观者到达屋面，可欣赏眺望公园美景，体验回归自然的亲切感，触景生情，感悟保护地球及垃圾回收利用的重要性

三等奖

模拟城市

参赛团队： 中国建筑标准设计研究院有限公司
主创人员： 徐宗武、钟岱容、刘芳博、顾工
团队成员： 唐悦兴、倪博研、张誉文、李静

设计说明：

本方案是城市的特勤消防站设计，我们畅想了未来消防队员在这个场地里的所有行为与可能的行为发展。工作行为有：消防出车、日常训练、训练考核、公开竞赛、消防演习等；生活行为有：娱乐、休闲、社交、住宿、就餐等。融合这些行为特征的需求，结合中国传统古建大屋顶的建筑形式，我们提出以下几个概念反应到建筑设计中：城市街道模拟、消防综合体、天空之城、城市空间渗透延续。

城市街道模拟：消防队员的各项训练应该与城市结构紧密结合，在加强身体素质锻炼的同时也需要适应不同的环境与地形。

消防综合体：未来消防队员在消防站的生活、工作与学习将融为一体，建筑也需要与时俱进，更加符合社区化的概念。

天空之城：本方案将业务用房与生活辅助用房通过中间的大平台隔离，训练项目及休闲空间水平抑或垂直穿插于上下两个体块，形成独立又密不可分的整体，同时为训练考核、公开竞赛提供了观演平台。消防员出车时可以根据具体所在区域快速垂直到达首层车库，完成消防救援，平时则可以在优美的风景中训练、生活。

城市空间相互渗透，通过中间的大平台，北侧的高校地块与南侧、东侧的景观相互呼应，尽收眼底，实现真正的空间延续。

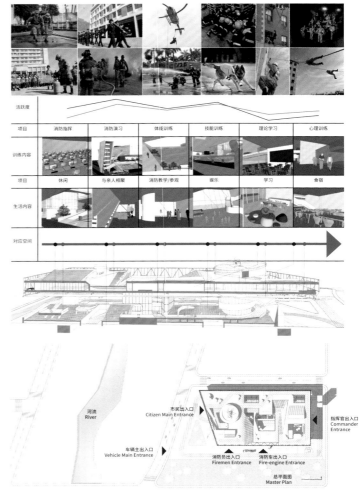

方案生成图示

第一步：场地限定
Step 1：Limited area

第二步：抽离中间体块
Step 2：Pull away the intermediate

第三步：塑形 减法
Step 3：Shape Subtraction

用减法为建筑带来呼吸
Bring breath to the buiiding by subtracting

第四步：核心筒
Step 4：Core tube

第五步：串联
Step 5：In series

第六步：复杂的微城市
Step 6：Complex microcities

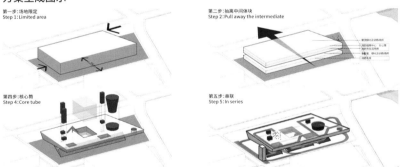

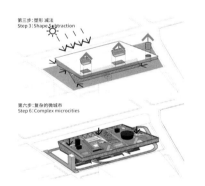

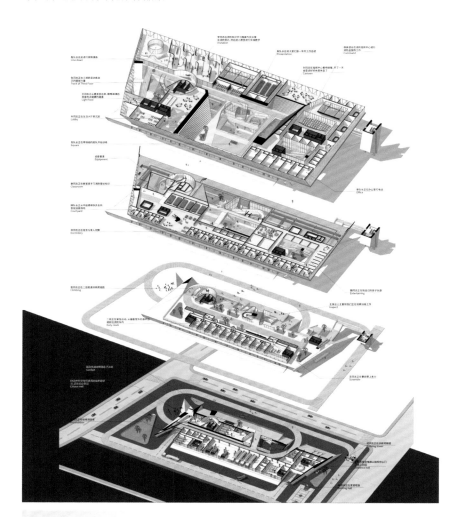

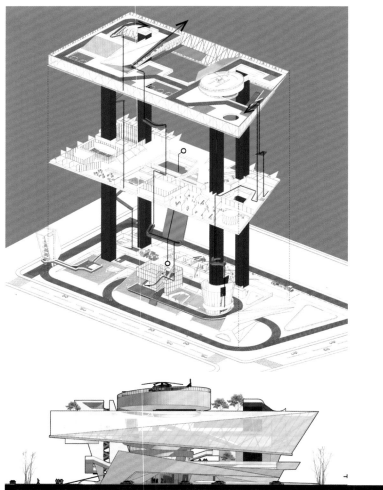

天空之城

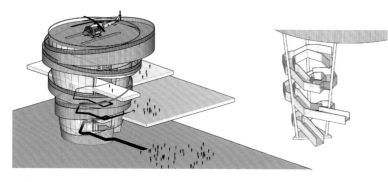

训练塔

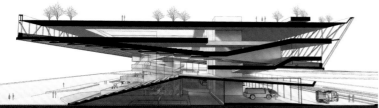

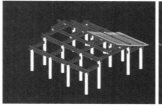

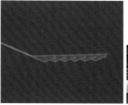

安得广厦千万间

三等奖

城市再生"细胞"

参赛团队： 青岛北洋建筑设计有限公司

主创人员： 徐达、陈宸

团队成员： 常成、王喆、卞晓宁

设计说明：

雄安新城作为新时代推动高质量发展的全国样板，既要弘扬中华优秀传统文化，延续历史文脉，又要充分体现创新特色与多元包容，以及面向未来的新时代特色。

未来雄安建筑将会是更加智慧、精确、专业、绿色、易建造的建筑；装配式、AI智能机器人、智慧城市、大数据网络分析等技术必然与建筑紧密结合，建筑由智慧云与机器人运行维护，测算出最精确的使用能源量，为人类提供服务，更加解放人类劳动。

"细胞"——一个城市就像一个有机体，某种意义上也仿佛具有生命，雄安垃圾转运站，就是这个城市生命体中的一个"细胞"，可以自由组合成组织，提供服务。

"再生"——城市垃圾中仍有很多可利用的资源，经转运站识别、回收，并将其输送到可以再利用的其他"组织"，继续为城市提供服务，即为垃圾的"再生"。

设计伊始：

装配建造	智能工艺	公共空间	中国特色
Assembly and construction	Intelligent technology	Public space	Chinese characteristics
采用装配式与模块化建筑工艺，方便快捷，标准化建造，可以推广适用于各区域	垃圾运输采用大数据调度，无人转运车运输。转运车及转运站采用负压工艺，有害物质及气味零泄漏	为城市提供一座公共卫生间及公共休憩空间，形成绿化小型公园，与城市绿化带融为一体	提取中国古建筑屋顶元素，运用于本项目中，办公组块室内装修采用传统木制材质

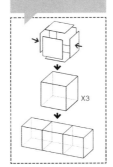  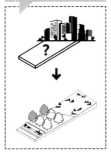 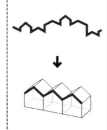

总平面图：

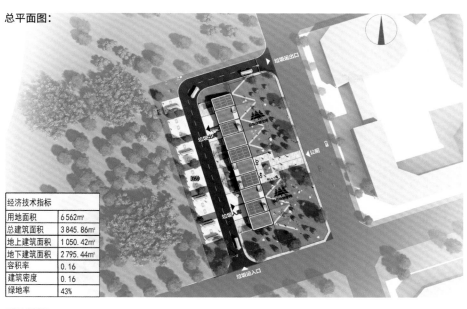

经济技术指标	
用地面积	6 562 m²
总建筑面积	3 845.86 m²
地上建筑面积	1 050.42 m²
地下建筑面积	2 795.44 m²
容积率	0.16
建筑密度	0.16
绿地率	43%

人行流线分析：

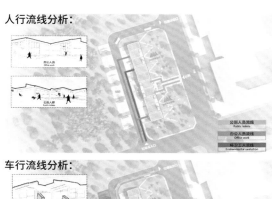

车行流线分析：

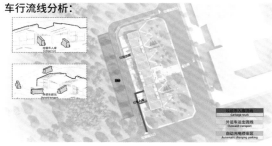

形体推演：

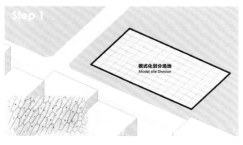

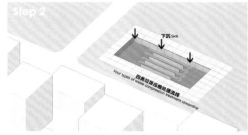

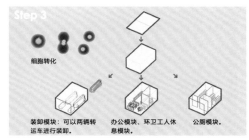

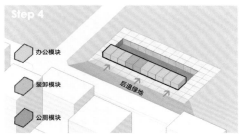

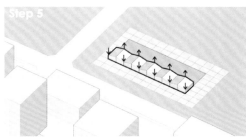

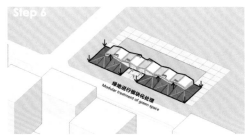

城市形象思考：

传统屋顶天际线 → 提取屋顶轮廓　　提取轮廓 ← 丘陵走势

中国传统元素设计：

传统建筑坡屋顶　传统建筑群落的起伏感 → 将此形态简化为符号运用到本建筑屋顶

提取传统屋顶的烟囱的符号 → 本建筑屋顶设集光导管与负压空气系统于一体的类"烟囱"装置

提取传统建筑室内木质装修材质 → 公共空间室内装修采用木质纹理，呼应传统室内材料

新技术展示：

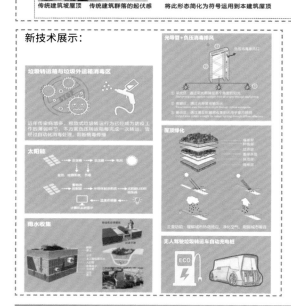

新技术一览：

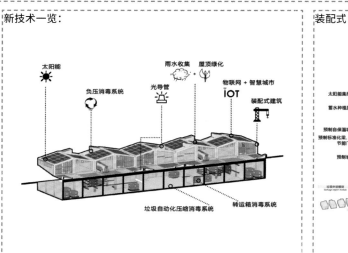

装配式：

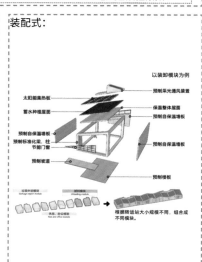

垃圾的一次旅行：

生活垃圾的产生

居民已按标准将垃圾分为四类

可回收垃圾 有害垃圾
厨余垃圾 其他垃圾

各类垃圾分别放置在相应的垃圾桶里，垃圾桶可上传存储状态至大数据系统，且无垃圾放置时处于封闭状态

各类垃圾产量不同，大数据统计各类智能垃圾桶的存储量，生成每类垃圾的最佳收集路线。指派无人垃圾转运车前往收集

各类垃圾进入场地进行压缩消毒再封装，整个建筑为负压状态，无有害气体及气味的泄漏

Site

其他垃圾处理及再利用场所

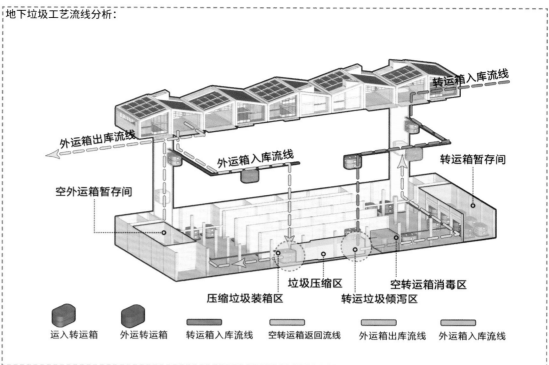

地下垃圾工艺流线分析：

转运箱入库流线

外运箱出库流线

外运箱入库流线

空外运箱暂存间

转运箱暂存间

压缩垃圾装箱区 垃圾压缩区 转运垃圾倾泻区 空转运箱消毒区

运入转运箱 外运转运箱 转运箱入库流线 空转运箱返回流线 外运箱出库流线 外运箱入库流线

鸟瞰图

公共厕所人视图

园区内人视图

雨景效果图

12.一层平面图
FIRST FLOOR

地下一层平面图
GROUND FLOOR PLAN

剖面图
PROFILE

淀芦——雄安新区生活垃圾分类收运站建筑设计（F-02 地块）

一等奖

参赛团队： 清华大学建筑学院
主创人员： 胡立、刘依明、董笑笑、师劲航
团队成员： 胡立、刘依明、董笑笑、师劲航

淀庐之淀 - 环境、资源和挑战

设计说明：

在 "创新、协调、绿色、开放、共享" 的发展理念影响下，雄安新区自诞生伊始即承载着可持续发展的宏观叙事功能。然而，作为新区（tabula rasa），雄安本地的建材、人力和能源供给等建设支撑有限，因此当前的雄安新区建设采用了 "预制化"、"装配式" 的工业化建设方法。与此同时，考虑到建筑全生命周期的生态属性，他地供给式的预制 - 运输 - 装配模式尽管降低了现场作业的能耗与污染，但全生命周期维度内的生态文明实现尚不明晰，因此，本案挖掘了雄安本地、遍布白洋淀区域的芦苇作为建材的可能性。结合芦苇的生长周期，本案设定了一个历时性的永续建筑策略。

淀庐之淀 - 原型、特色与法式

1-1 资源 | Resources

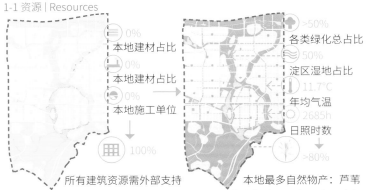

本地建材占比 0%

本地建材占比 0%

本地施工单位 0%

100%

各类绿化总占比 >50%

淀区湿地占比 50%

年均气温 11.7℃

日照时数 2685h

>80%

所有建筑资源需外部支持

本地最多自然物产：芦苇

材料是建筑的最基础原料，也是一个城市空间最基本的建设要素，涉及到建筑资源的利用。雄安作为国家级新区，目前本地的建材、人力和能源供给等建设支撑有限，尚有较大提升潜力。在绿色、生态和低碳理念的指导下，我们聚焦于雄安的本地自然资源，进而发现了"芦苇"。

1-2 雄安的挑战 | Challenges for Xiong'an

在宏观的"生态"叙事下，雄安的建筑面临新的挑战：如何在建筑的全生命周期内实现生态和永续目标，而不仅仅在单向的建筑周期内实现空间创新和绿色性能。结合"芦苇"这种建材，我们将研究对象的边界设定为涵盖设计、建造、运营、维护和回收的循环过程。

1-3 启发 | Inspiration

雄安新区所在的白洋淀是中国最大的两个芦苇产区之一，此地具备充足的材料资源、成熟的传统芦苇建造技术和相应的工匠。值得一提的是，早在人民公社时期，建筑界的前辈就已经对芦苇在建筑中的应用进行了探索和研究。

2-1 原型、演变与组合 | Prototype, Evolution & Combination

1. 以苇杆绑扎成束作为承重结构，根据苇杆束柱的受力特点及芦苇材料特性，确定变曲率、变截面等拱顶几何形式，寻求空间诗性和技术理性之间协调一致的"建构"理想。

2. 在确定拱顶几何形式的基础上，分化出两种不同的尺寸对应定义两种空间——转运车间及附属用房，并结合预制块基础分别抬升拱顶至适当高度，为不同的功能提供相应的空间尺度。

3. 推拉形成形式语言高度统一的筒拱空间形式。

4. 在场地中确定交通流线，预留制作相关构件的空间，将上述两类空间原型并置组合放入场地，形成不同功能流线与分区。

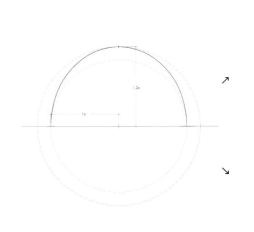

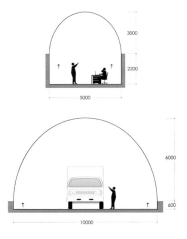

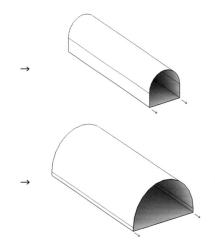

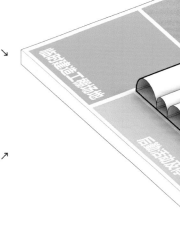

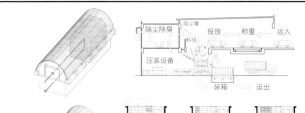

Typo-A
气密转运单元—厨余垃圾 & 有害垃圾
设备类型：大型综合式多层机组

Typo-B
开敞转运单元—可回收垃圾 & 其它垃圾
设备类型：小型地埋式压缩机组

1. 垃圾倾倒　2. 垃圾压缩　3. 循环投料压缩
6. 转运倾倒　5. 垃圾车对接　4. 箱体举升

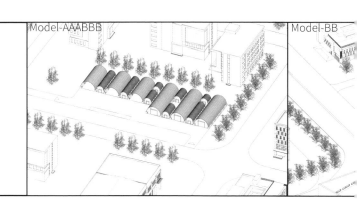

Model-AAABBB

Model-BB

| Environment

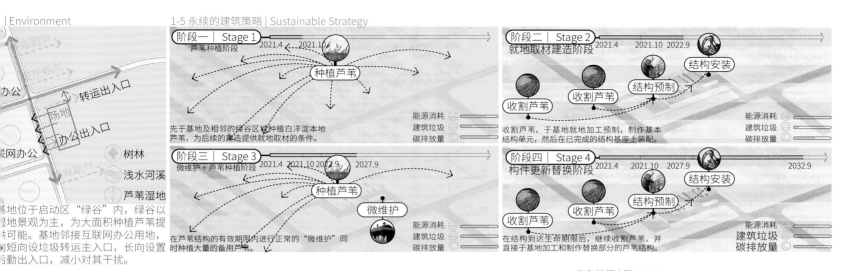

观景朝向
观景朝向

办公
转运出入口
场地
办公出入口
互联网办公

🌲 树林
〰️ 浅水河溪
芦苇湿地

地位于启动区"绿谷"内,绿谷以湿地景观为主,为大面积种植芦苇提供可能。基地邻接互联网办公用地,间短向设垃圾转运主入口,长向设置后勤出入口,减小对其干扰。

1-5 永续的建筑策略 | Sustainable Strategy

阶段一 | Stage 1
芦苇种植阶段 2021.4 ⟵ 2021.10
种植芦苇
先于基地及相邻的绿谷区域种植白洋淀本地芦苇,为后续的建造提供就地取材的条件。
能源消耗
建筑垃圾
碳排放量

阶段二 | Stage 2
就地取材建造阶段 2021.4 2021.10 2022.9
结构安装
结构预制
收割芦苇
收割芦苇,于基地就地加工预制,制作基本结构单元,然后在已完成的结构基座上装配。
能源消耗
建筑垃圾
碳排放量

阶段三 | Stage 3
微维护 + 芦苇种植阶段 2021.4 2021.10 2022.9 2027.9
种植芦苇
微维护
在芦苇结构的有效期限内进行正常的"微维护"同时种植大量的备用芦苇。
能源消耗
建筑垃圾
碳排放量

阶段四 | Stage 4
构件更新替换阶段 2021.4 2021.10 2027.9 2032.9
结构安装
结构预制
收割芦苇
在结构到达生命期限后,继续收割芦苇,并直接于基地加工和制作替换部分的芦苇结构。
能源消耗
建筑垃圾
碳排放量

5. 对车间单元进行推拉分化,形成不同的车间类型应对不同的垃圾分类处理工艺需求;以5m(即两跨拱)为单位对附属用房单元进行剪切,植入庭院空间。

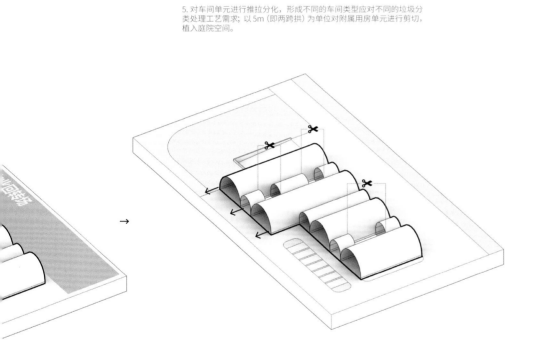

2-2 单元 | Element

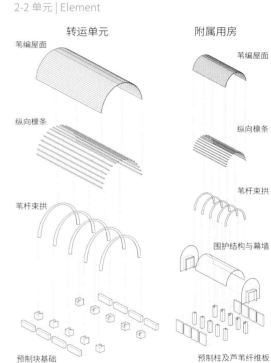

转运单元 附属用房
苇编屋面 苇编屋面
纵向檩条 纵向檩条
苇杆束拱 苇杆束拱
围护结构与幕墙
预制块基础 预制柱及芦苇纤维板

Model-AABBBB Model-AABBB Model-ABB

3-1 中国特色之"芦苇法式" | Rules for Reeds

芦苇法式 -1：材料、尺度、连接

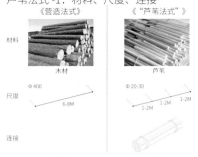

《营造法式》

材料 木材

《"芦苇法式"》

芦苇

尺度 Φ400 6-8M

Φ 20-30 1-2M 1-2M 1-2M

连接 榫卯 绑扎

芦苇法式 -2：基本构件

《营造法式》

《"芦苇法式"》

基本结构单元 Φ20X1200

结构拼接部分 1.20m 0.30m 0.30m 结构主体部分

芦苇法式 -3：模数预制体系

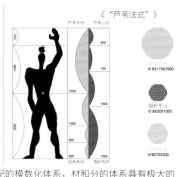

《营造法式》

《"芦苇法式"》

芦苇大作 芦苇小作

围护单元 Φ8X175X1500

围护单元 Φ8X100X100

围护单元 Φ8X50X1000

围护单元 Φ8X30X750

结构构件 围护构件

如果《营造法式》大木作是基于宋代环境资源体系（木材资源）下的生态建造系统的话，那么如今在雄安，基于在地的环境资源体系（芦苇资源）是否有可能诞生一个独特的生态建造体系？是否能形成一套行之有效的《芦苇法式》？

《营造法式》中结构基本构件"铺作"是基于木材材性的。与之相对应，《芦苇法式》的基本构件则基于芦苇的材料特性，即数根芦苇绑扎成基本单元，端头交错进行梢接以连接成更长的结构构件。

《营造法式》的另一个关键在于其预制装配的模数化体系，材和分的体系具有极大的灵活性，柯布西耶的蓝红尺的模数逻辑极其一致。这种灵活可适的模数体系正契合了雄安新区"预制装配"的宏观叙事需求。得到上述启发，我们设计了一套涵盖结构体系和围护体系（装饰体系）在内的芦苇法式模数体系，通过三种不同尺度的结构单元和四种不同尺度的围护单元，芦苇法式不仅能够完成基本结构构件和单元的建造，还能完成后续的气候边界的封闭、内部装饰甚至家具的设计。然而与《营造法式》不同，《芦苇法式》模数体系参考了柯布的蓝白尺中对身体尺度的关注。

苇法式 -4：结构单元

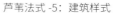

《造法式》

《"芦苇法式"》

芦苇法式 -5：建筑样式

《营造法式》

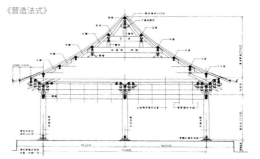

《"芦苇法式"》

《芦苇法式》的结构单元在回应基本构件单元的材料力学特性和构件连接特性基础上，成形成了芦苇拱的结构选型。它从逻辑上继承了《营造法式》对材料本性的关注，着扎根于芦苇的在地性，是为在《营造法式》基础上的进一步探索和优化。同时间类型上，以芦苇拱为单元的纵向延伸的特性使之在空间上比中国古代建筑大木具灵活性和可拓展性，体现出更生态、更可持续、更科学、更在地的理念。

《芦苇法式》下的建筑样式近乎于"向工业建筑学习"，建筑的形式即是建筑的结构选型和结构单元的直接呈现，而结构单元又进一步是结构构件特性的直接呈现，结构构件又进一步的是芦苇杆材料力学特性和连接方式的直接呈现。《芦苇法式》下的建筑样式是超越"形似"与"神似"的建筑探索，对材料性能及其物质性的研究和探索是一种对于中国传统建筑的更深层次回应，也是结合了新时代生态优先理念、绿色发展价值观的建筑设计层面的实践，是我们对中国特色社会主义建筑的尝试和思考：生态、绿色、科学、人文、在地即是中国特色社会主义建筑的精髓，建筑样式是这种价值判断和取向的直接结果。

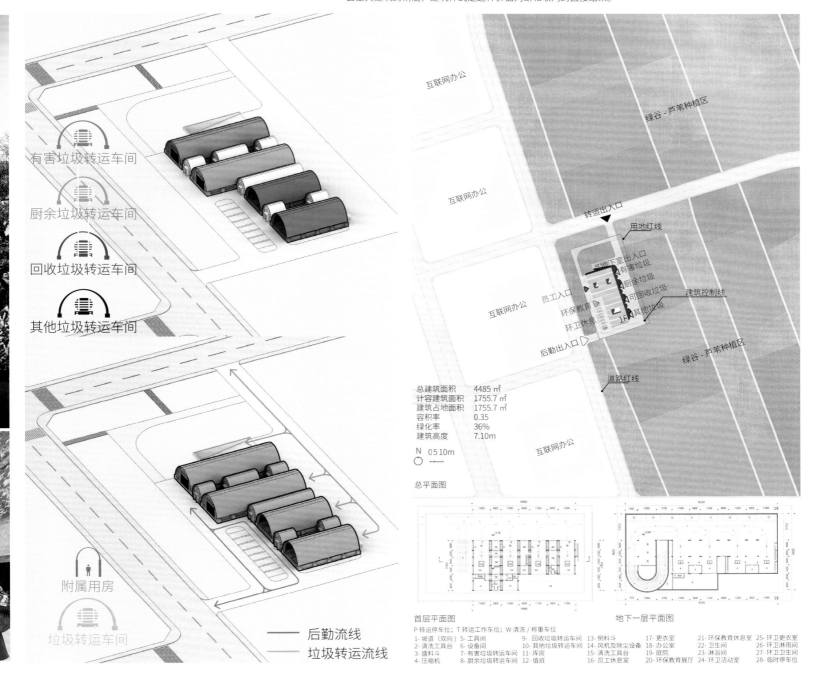

有害垃圾转运车间

厨余垃圾转运车间

回收垃圾转运车间

其他垃圾转运车间

附属用房

垃圾转运车间

── 后勤流线
── 垃圾转运流线

总建筑面积	4485 ㎡
计容建筑面积	1755.7 ㎡
建筑占地面积	1755.7 ㎡
容积率	0.35
绿化率	36%
建筑高度	7.10m

N 0 5 10m

总平面图

首层平面图

地下一层平面图

P 转运停车位；T 转运工作车位；W 清洗 / 称重车位

1- 坡道（双向）　　5- 工具间　　　　　9- 回收垃圾转运车间　13- 倒料斗　　　　17- 更衣室　　　　21- 环保教育休息室　25- 环卫更衣室
2- 清洗工具台　　　6- 设备间　　　　　10- 其他垃圾转运车间　14- 风机及除尘设备　18- 办公室　　　　22- 卫生间　　　　26- 环卫淋雨间
3- 盛料斗　　　　　7- 有害垃圾转运车间　11- 库房　　　　　　15- 清洗工具间　　16- 庭院　　　　　23- 淋浴间　　　　27- 环卫卫生间
4- 压缩机　　　　　8- 厨余垃圾转运车间　12- 值班　　　　　　16- 员工休息室　　20- 环保教育展厅　24- 环卫活动室　　28- 临时停车位

二等奖

"我们"与你们——we are with you

参赛团队：昆明理工大学建筑与城市规划学院
主创人员：袁晓凤、张姗姗、房玺智、马颖翠
团队成员：杨健、袁晓凤、张姗姗、房玺智、马颖翠

设计说明：

建设基地位于启动区，雄安新区起步区范围内，旨在重点承接北京非首都功能疏散，提供优质公共服务，发挥引领带头作用，加强生态环境建设，精心塑造城市特色，形成宜居宜业的现代化城市风貌。

设计时在顺应新区规划的前提下，结合周围公园绿地的用地性质，避免对周围环境的影响而产生避邻效应，把生活垃圾收运站垃圾操作部分放置于地下空间，并采用环保清洁的垃圾收运处理系统进行污染处理。地上部分外轮廓参差，巧妙地隐匿于山林之中，建筑主体部分整体架空，保持地面生态系统的完整性，并加入手工作坊、参观展览、宣传教育等功能，空间灵活变化，展示全新垃圾收运站的建设模式。垃圾站将不再是一座城市"孤岛"，而是城市的重要组成部分。

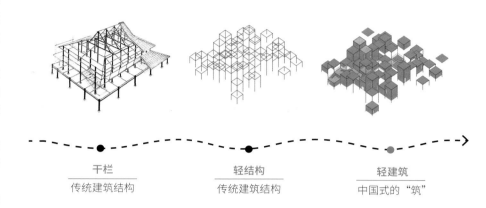

干栏	轻结构	轻建筑
传统建筑结构	传统建筑结构	中国式的"筑"

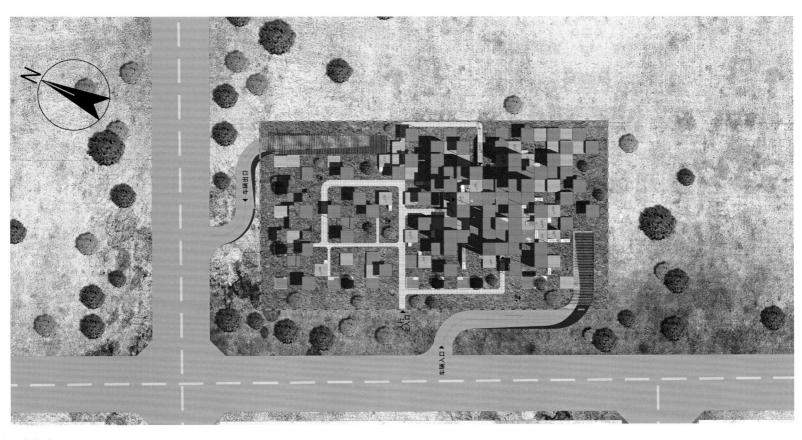

形体生成

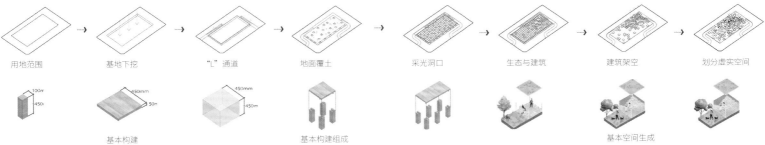

用地范围	基地下挖	"L"通道	地面覆土	采光洞口	生态与建筑	建筑架空	划分虚实空间

基本构建　　　　　　　　基本构建组成　　　　　　　　　　基本空间生成

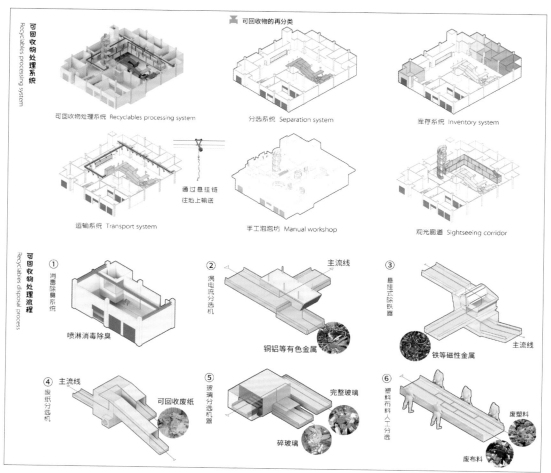

可回收物处理系统 Recyclables processing system

可回收物的再分类

可回收物处理系统 Recyclables processing system

分选系统 Separation system

库存系统 Inventory system

运输系统 Transport system

通过悬挂链往地上输送

手工泡泡坊 Manual workshop

观光廊道 Sightseeing corridor

可回收物处理流程 Recyclables disposal process

① 消毒除臭系统
喷淋消毒除臭

② 涡电流分选机
主流线
铜铝等有色金属

③ 悬挂式除铁器
主流线
铁等磁性金属

④ 主流线
废纸分选机
可回收废纸

⑤ 玻璃分选机器
完整玻璃
碎玻璃

⑥ 塑料布料人工分选
废塑料
废布料

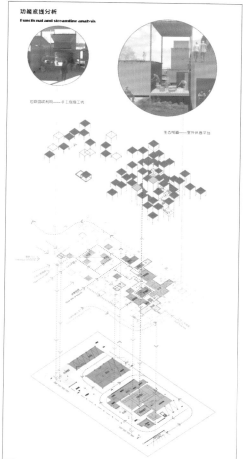

功能流线分析
Functional and streamline analysis

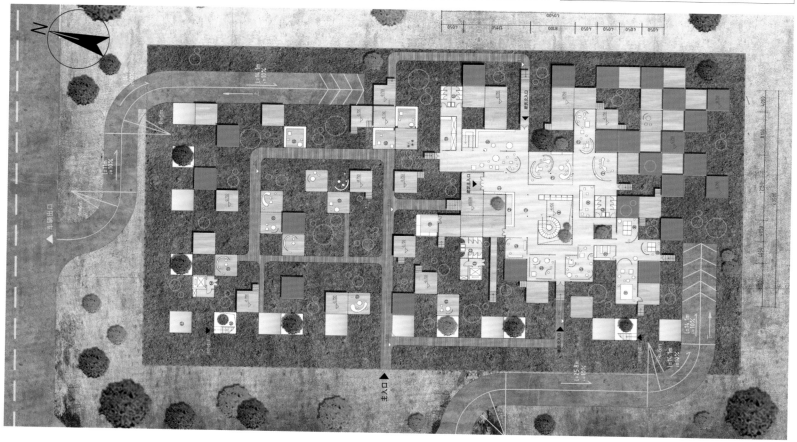

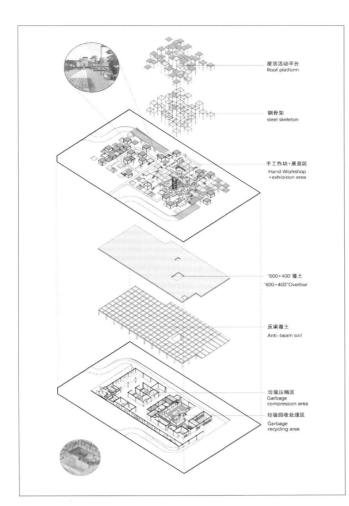

屋顶活动平台
Roof platform

钢骨架
steel skeleton

手工作坊+展览区
Hand Workshop
+exhibition area

"600+400"覆土
"600+400"Overbur

反梁覆土
Anti-beam soil

垃圾压缩区
Garbage
compression area

垃圾回收处理区
Garbage
recycling area

室内作坊

室内中庭

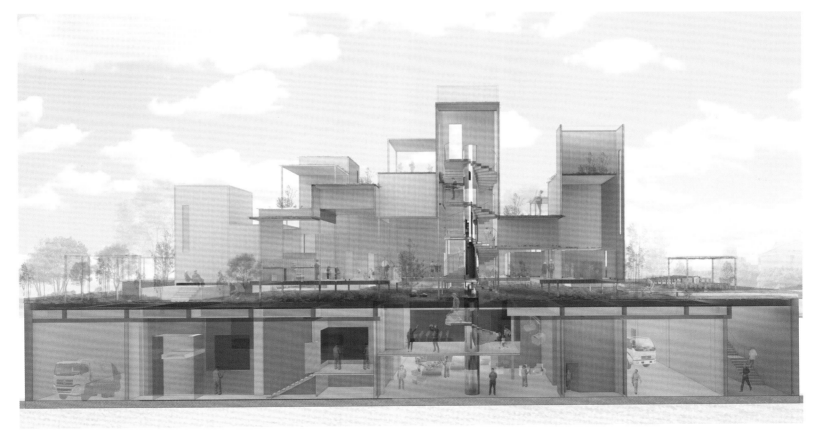

二等奖

拂尘生嫩绿——隐于世的垃圾收运站

参赛团队：九易庄宸科技（集团）股份有限公司
主创人员：张嘉璇、钱政安
团队成员：张嘉璇、钱政安

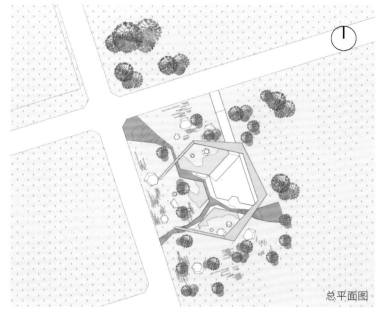

总平面图

设计说明：

　　垃圾收运站是让废弃物重新体现其价值的场所。废物利用如同种子破土而生，两者都是一个"新生"的过程。垃圾收运站如城市的"新芽"生长在雄安的大地上，给雄安这座新生的城市带来活力。

　　拂尘生嫩绿，披雪见柔荑。我们将收运站主体部分消隐于地下，其突出部分与自然公园相结合，如同城市中拨开尘土生长出的"嫩芽"。"嫩芽"之间形成通道，人们可以在建筑之上、在建筑之中，感受到自然的新生，感受垃圾的"新生"过程，感受周边城市之"树"生长"嫩叶"的过程。收运站这一株"嫩叶"也影响着大众，带给雄安新城以生机与活力。

生活用品　　废弃垃圾　　收运处理　　焕发新生　　垃圾的"新生"

果实种子　　洒下播种　　吸收能量　　破土新生　　植物的"新生"

入口观景

生成分析图示

将收运站主体功能的三颗"种子"撒入土地

"种子"尝试破土而生

成功突破地面,形成三片"嫩叶"

大自然继续培育使其茁壮生长

剖面图示

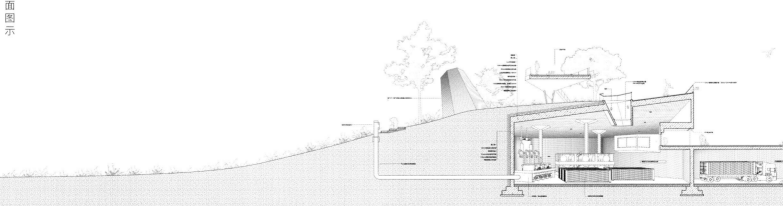

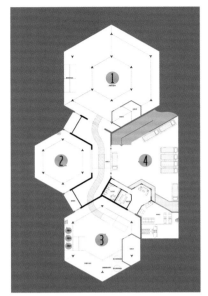

标高-6.00 m平面图

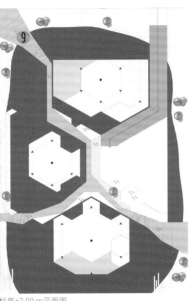

标高-3.00 m平面图

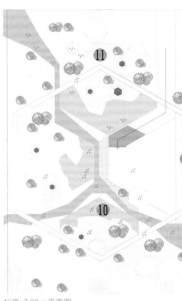

标高+2.00 m平面图

标高+7.00 m平面图

1	大件垃圾分拣转运站房	2 有害垃圾暂存站房	3 管道式生活垃圾转运站房	4 车辆集散场所
5	垃圾分类展示场所	6 工艺流程展示场所	7 废弃物利用展示场所	8 观景平台
9	入口场所	10 顶部平台场所	11 缓坡观景场所	12 观景游廊

与城市的关系

  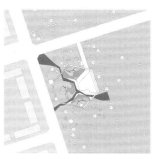  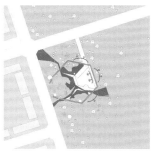

建筑作为城市界面与自然界面的连接体，起到过渡作用

形成景观步道，其中扩大的节点成为展示宣教场所

三个功能体突出地面，如同三颗新芽展示着生命的精彩

采光井以及设备烟道如雨后春笋般从地面冒出，形成休息平台

一根"藤蔓"连接着地面与凌空界面，形成了多方位感受城市与场地内变化的场所

基本形元素提取

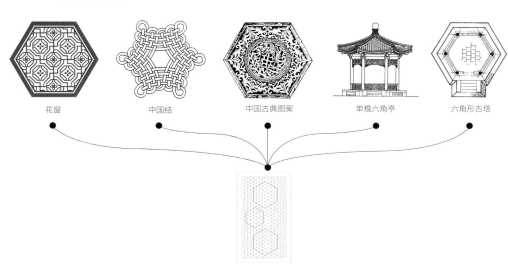

花窗　　中国结　　中国古典图案　　单檐六角亭　　六角形古塔

以六边形为基本形，以此为基础形成模数化的建筑轴网以及丰富的建筑组合方式，为建筑的可变化性以及可复制性提供了无限可能

在大部分人的认知中，垃圾收运站是一个藏污纳垢，臭气熏天的地方，不被人们所接纳，在这种环境下，大众的活动是受到限制的。随着科技的发展，垃圾的处理过程变得越来越干净，处理站周围的环境也不再是乌烟瘴气。

我们认为新时代雄安新区的垃圾收运站应该与自然相结合，融入城市之中，是一个能适应大众生活需求的场所，是一个有机体，介于城市界面与自然界面，人们在其中能够感受自然的风、光，抑或是雨雪。同时也是一个展示界面，向人们传递着垃圾分类、垃圾处理对我们生活环境的有利影响。垃圾转运站将成为一个被人们接纳和喜欢的场所，带给城市一种新的活力。

从记忆到纪念——生活垃圾收运站设计

三等奖

参赛团队： 天津大学建筑学院

主创人员： 苑思楠

团队成员： 孔维成、郝崇、王晓琼、唐芷辰

设计说明：

  随着雄安"千年大计"的逐步实施，雄安原有的村落也开始实施了拆迁计划。原有的布满苔藓的瓦房、村头开了十几年的小商店、透出院子无限风光的窗子都在拆迁中成了断壁残垣。这些残垣具有生命，也有记忆，有其存在于当下的意义。他们也应当存在于未来的某寸天地，纪念其曾经。从黑暗中来，向光明而去，这也是垃圾处理和回收的意义。因此我们想将两者结合起来。

  我们将拆迁中剩下的断壁残垣收集起来，将他们用于垃圾收运站的施工。主要是将收集来的残垣拼接成一面完整的墙体用作垃圾收运站的外墙。每一块断墙都有其独特的意义，他们在一起将会形成一个记忆集合体，存在于未来的天地之间，纪念远去的岁月。

残垣收集 - 记忆

续写新生 - 纪念

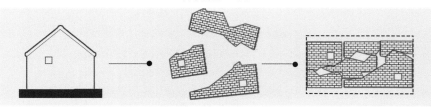

从记忆到纪念（From memory to remembrance）

场地影响介入

当地气候

残垣收集拼合方式

公共绿地

高新产业区

残垣之景

室内透视

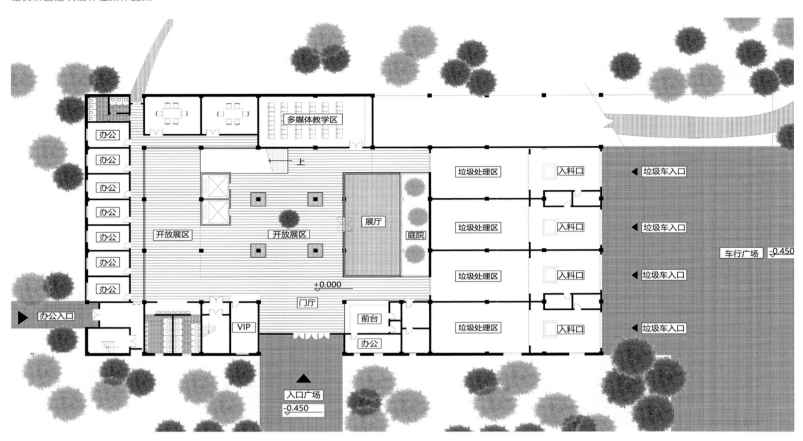

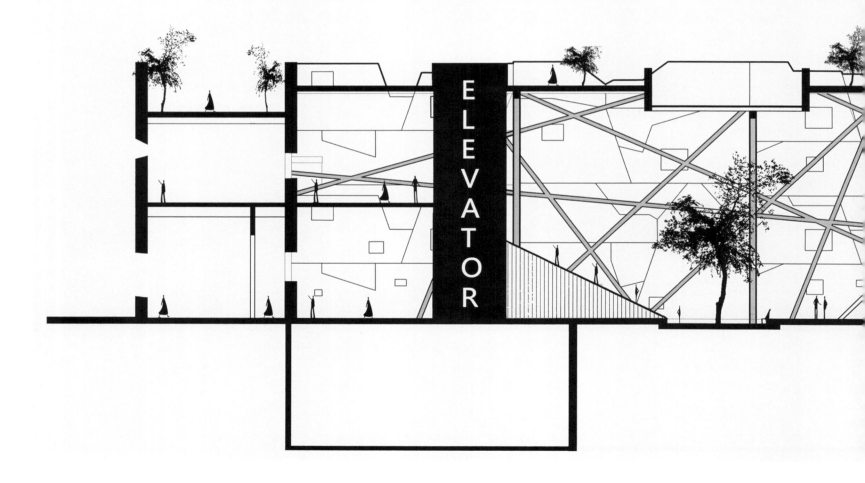

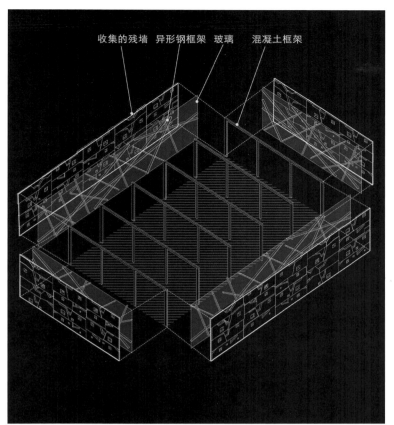

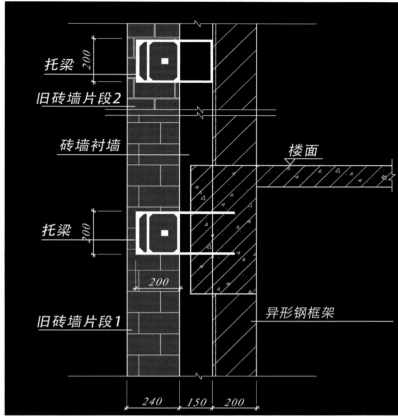

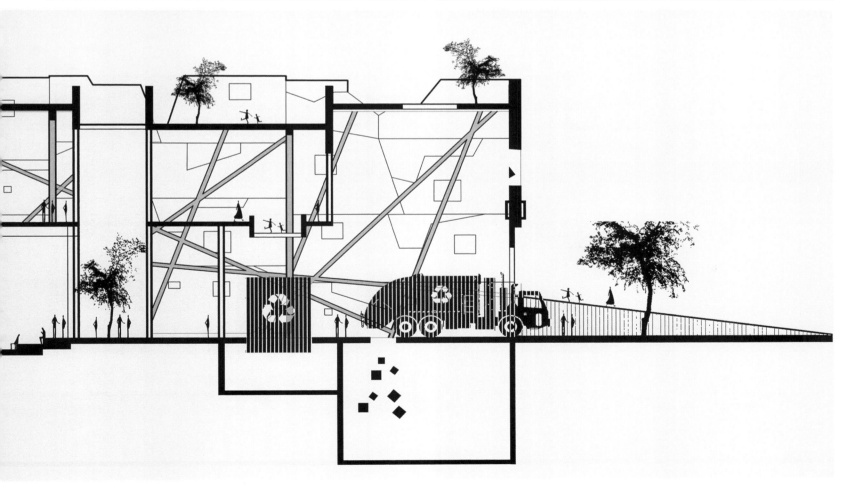

三等奖

叠嶂 Hill Landscape

参赛团队： 东南大学建筑学院

主创人员： 叶波、杨宸、肖强、简海睿、高晏如

团队成员： 叶波、杨宸、肖强、简海睿、高晏如

设计说明：

    基地位于大学城南侧边界，北邻大学城，南面为高中与住区，西面为主要的城市绿地之一。由于基地周围教育、景观资源丰富，方案希望结合消防站的科普教育功能，创造一个与消防功能平行的市民、学生活动场所，作为城市绿地和学校活动场地的延伸。方案采用中国古典园林与历代山水画中的"叠山"概念，以"叠"处理功能分层，并采用园林的手法，在校园与绿地旁创造出一个"可望、可游、可行、可居"，集消防功能、城市观景台、标志物、游赏功能于一体的消防站—景观综合体。园林手法的运用，使消防站的私密性问题与参观游赏的需求得到较好的调和，同时创造出意趣丰富、生态自然、和谐怡人的城市空间，承担起该地块作为绿地节点位置的景观转换作用。

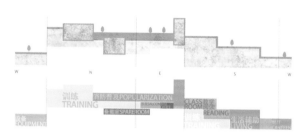

叠嶂
Hill Landscape

方案以中国古典园林与历代山水画中的"叠山"为灵感，运用"叠""飘""斗"的手法塑造内部结构与外部城市空间

叠 Die
使流线要求高的消防站形成自由灵活的功能分层，同时营造出尺度怡人的城市空间

飘 Piao
以大体量的飘出创造片区的景观标识与城市观景台

斗 Dou
通过体量的跨层切挖，既使不同功能间有适当交流，又沟通了城市与绿地景观，形成有机活力，生态自然的城市空间

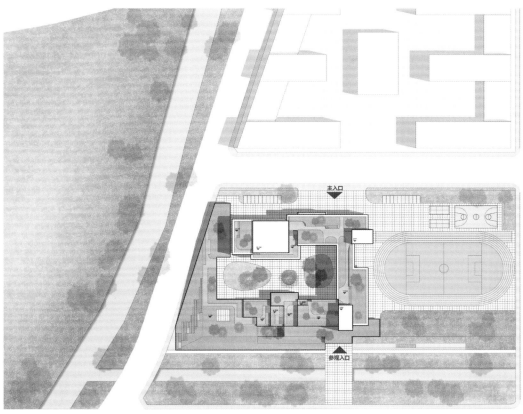

总平面图

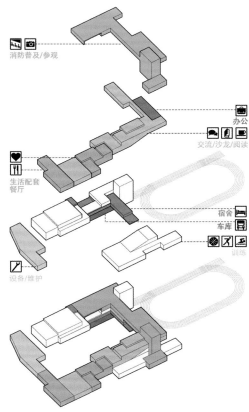

功能分析图

生成分析图

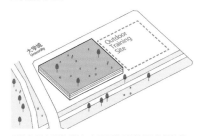

置放体量和训练场地,在屋顶花园延续开放绿地和活动场地

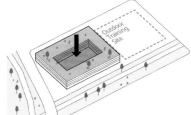

创造消防官兵活动院落

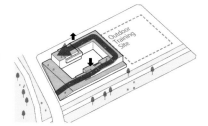

通过不断上升的体量将开放绿地的人群引向屋顶端头,创造高位观景点

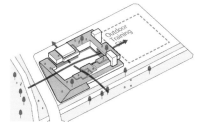

切挖体量,通过架空空间沟通西南面景观与东北面城市空间

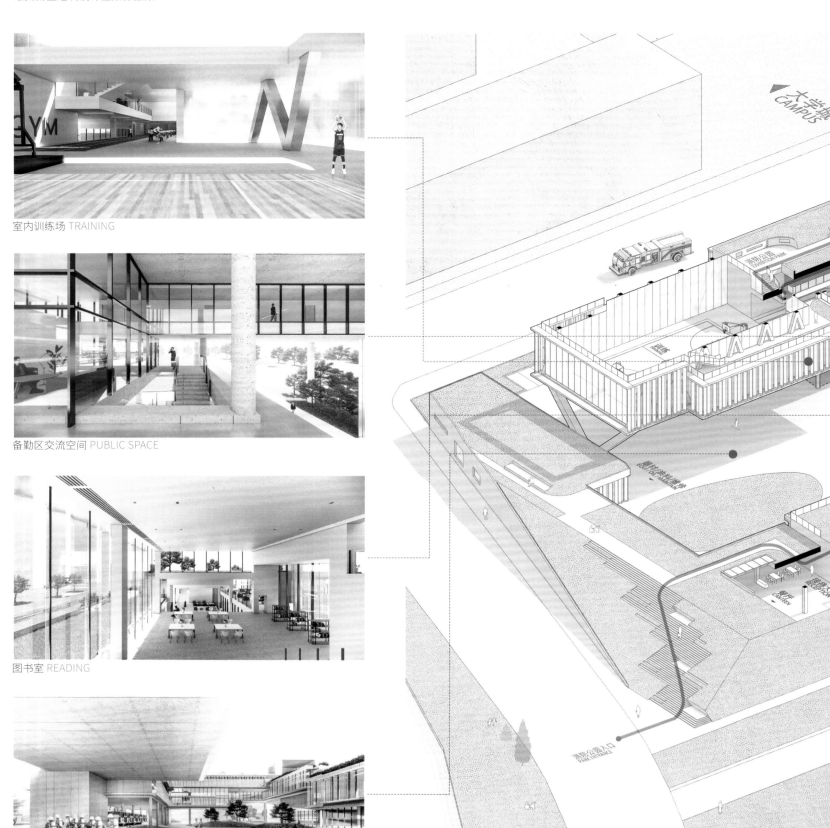

室内训练场 TRAINING

备勤区交流空间 PUBLIC SPACE

图书室 READING

中庭 COUTYARD

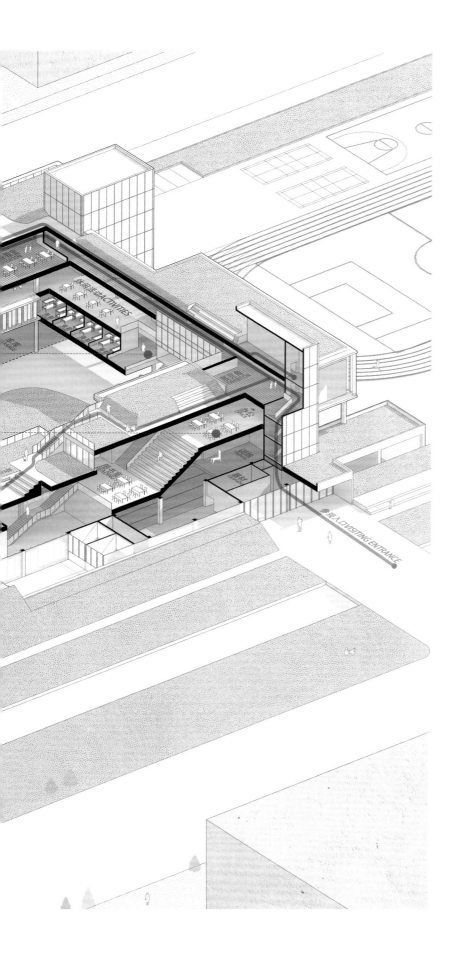

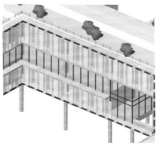

建筑立面采用中国传统门窗中格扇门与直棂窗的特色,用白色金属穿孔板竖向错动叠加来进行现代演绎

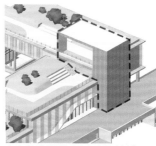

古时,瞭望观测传递信息多借助"台"。方案中置入两个垂直体量来演绎"台"这一传统要素,彰显消防站在城市中瞭望守护者的崇高形象

建筑屋顶错动层叠,屋顶小径蜿蜒曲折,为城市市民营造了登山游园的传统野趣。享受"偷得浮生半日闲"的田园自在生活

内院开放绿地形成以"梅"为主、以"竹"为辅的"梅竹院",体现消防官兵不畏艰险、勇于攀登、甘于奉献的高尚精神

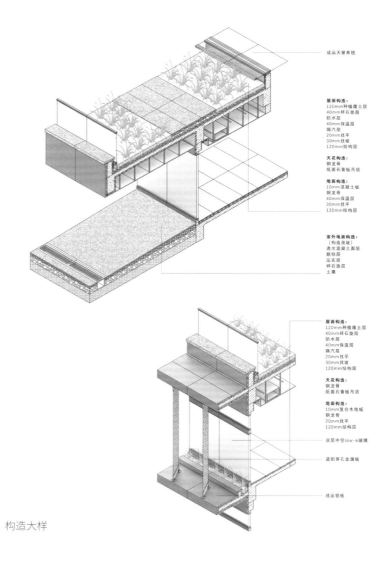

构造大样

三等奖

积雨云——F-02-01 生活垃圾收运站设计

参赛团队： 独立建筑师
主创人员： 王君美
团队成员： 王君美

设计说明：

　　在雄安新区中央绿谷要塞地块建设生活垃圾收运站，必然迫切地需要回应两个核心设计问题：何以入理？何以入画？

　　入理：新型生活垃圾收运站于机制上更高效。新时代全民垃圾分类政策、车联网技术革新、循环用水的节能诉求等，促使生活垃圾收运站被视为交叉于多个基础设施系统的节点。在本设计中，以坡顶—坡地的分合集约空间，同时回应垃圾上下游的干湿分区，回应车辆全链的收运分层，回应市政水系统的雨污分流、回收及在地利用。

　　入画：新型生活垃圾收运站更融和于自然。以传统人文景观的视角重新审视垃圾站建筑，将上述系统拆解、叠加，几何化、空间化、景观化地理解其中动、静、起、落的变化。在本设计中，抽象车行动线、循环水线、结构力线，扩展、转译"燕京十六景"中"烟树""时雨"二景，试图连接城市人文景观与自然生态景观。

入理研究
垃圾站空间类型

入画研究
环京平阔图景

坡地—坡顶
技术与空间系统叠加

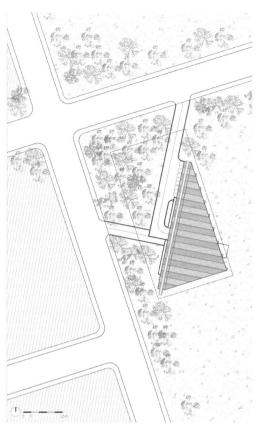

环京地区之景，
虽不常见大开大合的山水格局之壮丽，
却独有一份悠扬的传统人文景观文化和艺术意蕴，
亦平亦阔。

如"燕京十六景"，
就曾描绘北京城市如何融入山水画卷，
又塑造出有独特、生动城市意蕴的文化景观。

本设计以几何化、空间化、景观化的视角，
重新梳理垃圾站系统，
以求画中有房、房中有画。

【烟树】

入画一则，城市一侧，
十字路口退让公共树林，
将垃圾收运车在场地中的行驶路径与作业轨迹分离，
从而写意前者的水平动线，往来如烟，
与树比对、与坡比对，
仿写"蓟门烟树"，从而入画。

【时雨】

入画二则，绿谷一侧，
以白洋淀芦苇涤荡的低伏、平阔景观为基底，
将雨水收集利用系统，结合钢折板结构偏置于此侧。
从而刻画一组垂直的、从顶到地的水线力线，
与苇比对、与坡比对，
仿写"东郊时雨"，从而入画。

【烟树】

【时雨】

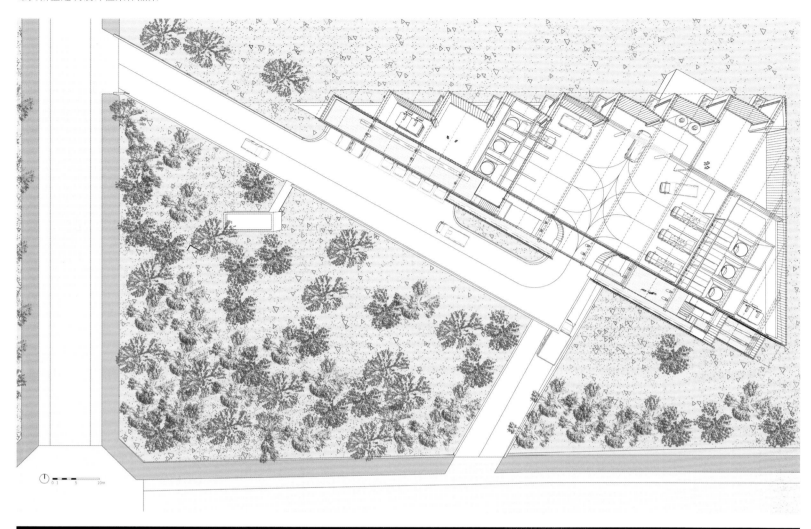

【传统空间类型：类覆土空间】
垂直式垃圾压缩模式

　　节省压缩空间和动力，空间高度要求因此格外苛刻，覆土建筑隐藏庞大体量，却需要严格依赖机械通风。

【传统空间类型：类工厂空间】
水平式垃圾压缩模式

　　节省空间空度，却因此导致占地庞大，除站房本身，还需要占据大量室外回转场地。

【坡地—坡顶：分与合的集约空间】
垂直式—水平式混合垃圾压缩模式

收运分层：以自然坡地解决部分高差，来消化坡道对土地的占用，成为景观。于室内，为高度复合车辆提供停靠、回转、作业、清洁的空间。
干湿分区：以六轨、双区对应垃圾分类的推行，避免干湿垃圾交叉污染。充分利用坡顶覆盖空间，为双区分配相适应的平剖面空间。干区使用水平式压缩模式，而湿区使用垂直式压缩模式，并连接雨污处理模块，减少污染并及时处理渗漏液。
雨污分流：在剖面中实现雨污分流两个循环。雨水大循环：回收—处理—在地再利用(除臭水雾、清洁用水)污水小循环：收渗滤液集—处理—市政管网。

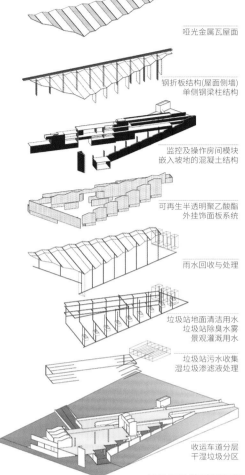

哑光金属瓦屋面

钢折板结构(屋面侧墙)
单侧钢梁柱结构

监控及操作房间模块
嵌入坡地的混凝土结构

可再生半透明聚乙酸酯
外挂饰面板系统

雨水回收与处理

垃圾站地面清洁用水
垃圾站除臭水雾
景观灌溉用水

湿垃圾站污水收集
湿垃圾渗滤液处理

收运车道分层
干湿垃圾分区

结构与功能轴测图解

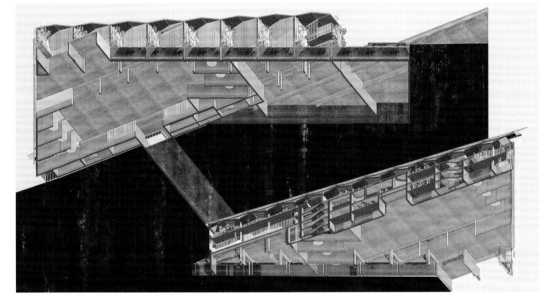

第 4 章　未来展望

2017 年 4 月，雄安这座新城市开始了它迈向中国高质量发展标杆之城的奋斗路。在徐徐铺展的"规划蓝图"上，一步步实践新区规划平稳落地，确保"一张蓝图干到底"。从绘就蓝图时的明定位、定格局、彰理念，到现实画卷中赋予的活力、自然、智能、创新，雄安这一"千年未来城"正初具形貌：城市空间格局秩序规整、灵动自然，环境景观城景应和、蓝绿交织，建筑设计古今融合、中西合璧、多元包容，这里充满活力、人与自然和谐共生，这里宜居宜业、人民生活欣欣向荣，这里创新智能、尽享智慧城市便捷……如今，乘着"十四五规划"的东风，雄安新区正在逐渐成长壮大，书写着一段极不平凡的历程。

未来展望

自 2017 年以来，为深入贯彻落实党中央、国务院决策部署，坚持世界眼光、国际标准、中国特色、高点定位，着眼落实党中央国务院对《河北雄安新区规划纲要》《河北雄安新区总体规划》的批复精神和主要内容，雄安这座新的城市开始了它迈向中国高质量发展标杆之城的奋斗路。

根据《河北雄安新区规划纲要》，雄安新区整体城市设计包括起步区城市设计、启动区城市设计、规划设计城市轴线、塑造城市天际线。其中，在起步区的城市设计中，强调融合城水林田淀等特色要素，形成"一方城、两轴线、五组团、十景苑、百花田、千年林、万顷波"的空间意象。在塑造城市天际线上，强调传承中华文化基因，充分体现对称、天人合一、街坊等中华营城理念，广泛吸纳借鉴全球优秀的城市设计成果 … 综合而言，关于雄安新区新时代城市风貌的塑造要求，即：塑造"中华风范、淀泊风光、创新风尚"的城市风貌，打造"中西合璧、以中为主、古今交融"的建筑风貌，因地制宜设计丰富多样的环境景观，营造优美、安全、舒适、共享的城市公共空间。

这也是"高质量发展背景下中国特色的雄安建筑竞赛"的设计要求和评审要点。通过竞赛这一广泛性、竞技性、节奏性的全员参与性活动，按照开门开放的思路，向国内外专业或非专业的规划设计师、建筑师、景观设计师等以及世界范围内建筑高校的学生们，广而告之雄安新区这一"千年未来城"的城市风貌特色，并以这种方式，让国内外人员深度地参与到雄安特色建筑未来的创造及发展中，广泛、充分吸收国内外智慧和经验，不仅促进形成了可深入借鉴的设计成果，为新区规划设计工作的深度实施起到一定的积极贡献，也在一定程度上推动了雄安特色建筑的起步发展。

　　再根据《雄安新区建筑风貌导则》要求，未来雄安所有建筑要完美展现"中西结合、以中为主、古今交融"建筑风貌设计要求，要按照绿色建筑、绿色建造和绿化建材导则的要求实施，以实现绿色、生态、宜居发展——这也正与《河北雄安新区规划纲要》中"坚持生态优先、绿色发展 … 坚持保护弘扬中华优秀传统文化、延续历史文脉，着力建设绿色智慧新城 … 努力打造贯彻落实新发展理念的创新发展示范区，建设高水平社会主义现代化城市"相对应。

　　绿色新发展，新区新风貌。如今，雄安新区已迎来了它的第 4 个春天，绿色理念、中国特色也正慢慢贯穿到新区建设的方方面面。作为北京非首都功能的集中承载地，又正值"十四五"规划开局之年，雄安新区塔吊林立、热火朝天，容东片区也正处于大规模开发建设阶段，市场化项目以及教育、养老、市政等一批基础设施建设项目陆续开工。这既是雄安现行发展阶段的必然推进，也是我们积极探讨、形成具有新时代中国特色的建筑设计典范的探索实践。

　　未来，相信在我们本次竞赛选取的启动区地块儿范围内，最终将圆满落地蓝图，以淀泊景观为空间布局，形成城淀相望的格局——组团外建有生态湿地网络，组团内串联景观水体，内外相连、城水相依，是城市公园与游憩绿地；城市空间格局秩序规整、灵动自然；环境景观城景应和、蓝绿交织；建筑设计古今融合、中西合璧、多元包容，所有建筑按照绿色建筑、绿色建造和绿化建材导则的要求实施，绿色、生态、宜居。

　　相信在诸多可供借鉴的优秀设计案例中，在无数规划师、建筑师、工程师，以及所有活动参与者的支持下，乘着春风，雄安将稳步实现蓝图实景。

附录

竞赛入围名单				
建筑类型	组别	奖项级别	作品名称	参赛团队
综合办公类	专业组	入围奖	"联机内外 NETWORKING INSIDEOUT"	上海帝派安建筑设计有限公司
综合办公类	专业组	入围奖	智慧细胞	青岛热土设计事务所有限公司
综合办公类	专业组	入围奖	锦上	中衡设计集团股份有限公司
综合办公类	专业组	入围奖	模糊地图 万物互联	上海天华建筑设计有限公司
综合办公类	专业组	入围奖	都市绿"塔"	中国建筑西南设计研究院有限公司
综合办公类	公众组	入围奖	街山水	上海尤安建筑设计股份有限公司
综合办公类	公众组	入围奖	淀泊山水	哈尔滨工业大学建筑学院
综合办公类	公众组	入围奖	北国南山	上海咫映建筑设计咨询有限公司
综合办公类	公众组	入围奖	雄安聚翠	简舍建筑设计有限公司、Bureau for Architecture & Urbanism（荷兰）
综合办公类	公众组	入围奖	坊·院再生——复合式办公空间的再组织	天津大学建筑学院
高等院校与科研类	专业组	入围奖	游园城市——中国传统人文精神的城市空间设计导则	中国建筑科学研究院有限公司
高等院校与科研类	专业组	入围奖	城村·共生计划	哈尔滨工业大学建筑设计研究院
高等院校与科研类	专业组	入围奖	半院半田	深圳市霍普建筑设计有限公司
高等院校与科研类	专业组	入围奖	活力智园	山东省建筑设计研究院有限公司
高等院校与科研类	专业组	入围奖	淀泊人家——高端高新产业与科研用地 A83/B2（I）	北京向心力建筑设计事务所有限公司
高等院校与科研类	公众组	入围奖	智苑·聚院	东南大学
高等院校与科研类	公众组	入围奖	智耦云 LOE——高新产业与科研建筑园区规划建筑设计	LIBRA 设计工作室
高等院校与科研类	公众组	入围奖	叠台围荷——多元融合下的科技创新高等院校设计	同济大学
高等院校与科研类	公众组	入围奖	科创叠园	新南威尔士大学、华东建筑设计研究总院
高等院校与科研类	公众组	入围奖	生息——生命的活力在于变化，建筑亦如是	浙江大学建筑工程学院
商业服务类	专业组	入围奖	烟波叠宇	中国建筑设计研究院有限公司
商业服务类	专业组	入围奖	朱墨春山，山水浮城	山东华科规划建筑设计有限公司
商业服务类	专业组	入围奖	折叠商街	西安建筑科技大学建筑设计研究院
商业服务类	专业组	入围奖	折叠城市	北京市建筑设计研究院有限公司
商业服务类	公众组	入围奖	方院——C-02 地块概念方案设计	重庆大学
商业服务类	公众组	入围奖	商业空间的消解 - MR 技术下的新型商业	天津大学
商业服务类	公众组	入围奖	雄安映象——生长的淀泊	浙江科技学院
商业服务类	公众组	入围奖	业奕园——雄安新区商业服务类 C-02 设计	沈阳建筑大学

竞赛入围名单				
建筑类型	组别	奖项级别	作品名称	参赛团队
商业服务类	公众组	入围奖	渐•演	独立建筑师
居住及社区配套类	专业组	入围奖	"雄孩子"的365天	安徽地平线建筑设计有限公司
居住及社区配套类	专业组	入围奖	坊、院、宅	西安建筑科技大学建筑设计研究院
居住及社区配套类	专业组	入围奖	不息之壤•五色壤	中信建筑设计研究总院有限公司
居住及社区配套类	专业组	入围奖	记忆复兴	上海中森建筑与工程设计顾问有限公司
居住及社区配套类	专业组	入围奖	淀泊水城	深圳市霍普建筑设计有限公司
居住及社区配套类	公众组	入围奖	闲看中庭花	华侨大学
居住及社区配套类	公众组	入围奖	淀园——傍水而居，回归田园	东南大学建筑学院
居住及社区配套类	公众组	入围奖	明静泊云——山谷学院	北京工业大学
居住及社区配套类	公众组	入围奖	社群实验室——"百人居"青年集成公寓设计	苏州大学建筑学院
居住及社区配套类	公众组	入围奖	空中林院 曲水流觞	重庆大地建筑勘察设计有限公司
城市公共管理与服务类	专业组	入围奖	明日田园——中学方案设计	上海真筑建筑设计有限公司
城市公共管理与服务类	专业组	入围奖	森林客厅	广州涂间建筑设计有限公司
城市公共管理与服务类	专业组	入围奖	叠•林•间	南京长江都市建筑设计股份有限公司
城市公共管理与服务类	专业组	入围奖	The Self-sufficient City	Guallart Architects SL
城市公共管理与服务类	专业组	入围奖	屋径	上海中森建筑与工程设计顾问有限公司
城市公共管理与服务类	公众组	入围奖	归途	西安建筑科技大学
城市公共管理与服务类	公众组	入围奖	淀上的未来院子	加城城市规划咨询（广州）有限公司
城市公共管理与服务类	公众组	入围奖	上•学	河北九易庄宸科技股份有限公司
城市公共管理与服务类	公众组	入围奖	"合院+"社区中心设计	华南理工大学
城市公共管理与服务类	公众组	入围奖	园•院•园——园林校园概念设计	清华大学建筑设计研究院有限公司、北京联合维思平建筑设计事务所有限公司
市政配套类	专业组	入围奖	消隐•重生——淀泊芦苇•坡顶轻扬•清风徐来•碧波荡漾	山东大卫国际建筑设计有限公司
市政配套类	专业组	入围奖	莲濯碧波	中国建筑设计研究院有限公司
市政配套类	专业组	入围奖	全周期框架——对下一代垃圾收运站的综合性思考	广州多重建筑工作室（广州多重建筑设计有限公司）
市政配套类	专业组	入围奖	化弃为奇	上海骏地建筑设计事务所股份有限公司
市政配套类	专业组	入围奖	菈芨绿站 Green Transfer Station	上海道辰建筑师事务所
市政配套类	公众组	入围奖	铺•庇护所	中机中电设计研究院有限公司、世联评估
市政配套类	公众组	入围奖	方圆随院——雄安新区特勤消防站设计	宾夕法尼亚大学
市政配套类	公众组	入围奖	黑匣子：基础设施都市主义实验	东南大学、上海中森建筑与工程设计顾问有限公司
市政配套类	公众组	入围奖	漂浮力量	新南威尔士大学、华东建筑设计研究总院
市政配套类	公众组	入围奖	石钟长鸣	悉尼科技大学、新南威尔士大学

后记

广纳百川集众智，绘好建筑"工笔画"
——论"总蓝图变实景图"的初起步

千年大计重于泰山，国家大事必作于细。按照《河北雄安新区规划纲要》《河北雄安新区总体规划（2018-2035年）》的总体要求，雄安新区已进入大规模建设阶段。习近平总书记要求，雄安新区将是我们留给子孙后代的历史遗产，要经得起历史检验，确保一张蓝图干到底。

蓝图已绘就，奋斗正当时。一个高质量发展的全国城市样板蓝图跃然呈现，一个现代化经济体系的新引擎即将启动。如何更好地推动雄安新区建设成为社会主义现代化城市，更好地形成具有新时代中国特色的建筑设计典范，成为做好雄安建筑设计的指导方向。基于"世界眼光、国际标准、中国特色、高点定位"的十六字方针，围绕"中西合璧、以中为主、古今交融"的建筑风貌要求，面向国内外建筑设计机构和社会公众的高质量发展背景下中国特色的雄安建筑设计竞赛开启了雄安特色建筑的初探。

在竞赛任务书的编制中，特别选择先行启动建设的主城区——起步区范围内的启动区为地块设计区域；特别分类六大建筑功能类型为作品征集范围，呈现完善的城市基础设施功能。

在竞赛作品征集阶段，为了让国内外更多的设计师来参与其中，广泛调动大家的参与热情、设计潜力，我们联合中国建筑学会、同济大学建筑与城市规划学院、《建筑技艺》杂志社等由行业学会、建筑大学、知名设计院、业内媒体平台组成的50多家组织机构进行广泛、集中宣传。

在竞赛作品评审阶段，对于参评作品，我们重点关注其建筑风貌的设计，要基本符合《雄安新区建筑风貌导则》相关要求；重点关注其总体建筑布局，要综合考虑启动区规划背景，从建筑与周边景观空间关系中创造特色鲜明的景观环境。

同时，为了进一步提高竞赛评审的专业性、权威性、公平公正性，我们邀请来自全国各地建筑圈的专家级人物，包括住建部原部长宋春华、中国工程院院士崔愷，有全国工程勘察设计大师梅洪元、邵韦平、李兴钢等，以及知名设计院总工、建筑学院院长等，经过网上初评和现场终评两轮评审，最终评选出131个获奖作品，为起步区的规划建设工作提供了值得参鉴的优秀设计案例。

为了进一步高标准、高质量推进雄安新区建设，充分尊重公众对新区规划建设的知情权、参与权，我们就本次雄安建筑设计竞赛又组织了一场延续性活动——雄安高质量发展背景下的雄安建筑设计竞赛成果展。展览位于雄安设计中心一层，由于初期与规划展同时展出，非公开性展览，故只是定向邀请了参与规划活动的人员进行参观，现已全面对外开放。

希望借助本作品集和此次展览，可以向公众更好地宣传具有中国特色的优秀建筑设计作品，为塑造雄安新区中华风范、淀泊风光、创新风尚的城市风貌，和融于自然、端正大气的整体景观特色做出一定积极贡献，更好地推动雄安新区建设成为高水平社会主义现代化城市，成为推动高质量发展的全国样板。

站在"十四五"的开局之年，雄安新区塔吊林立、卡车穿梭，大美雄安，正勃发生机。

致谢

设立河北雄安新区，是以习近平同志为核心的党中央深入推进京津冀协同发展作出的一项重大决策部署，对于培育创新驱动发展新引擎，探索未来城市建设发展新范式，具有重大现实意义和深远历史意义。面向未来的千年之城，"世界眼光、国际标准、中国特色、高点定位"这十六字方针，对雄安新区的规划建设提出了更高的要求。而城市的建设又与建筑的产生与发展有着千丝万缕的联系，着眼于建设北京非首都功能疏解集中承载地，要创造"雄安质量"、实现城市功能，不免要依托于多种多样建筑所形成的内外空间，以打造新时代城市建设典范，成为推动雄安高标准建设的发展关键。

因此，按照省委、省政府、新区管委会工作部署，"高质量发展背景下中国特色的雄安建筑设计竞赛"于 2020 年 1 月正式启动，在经历了作品征集、初期评审、深化作品提交、终期评审四个阶段后，评选出 131 个获奖作品，并随后以作品模型展等成果展示形式，助力宣传具有中国特色的优秀建筑设计作品，进一步促成对中国特色建筑设计思想成果的总结，为为雄安建设提供更多的源泉力量。这一过程中，参与的单位和人员众多，在此感谢各位专家富有远见的思想、极具专业素养的评判，为我们竞赛提供了重要技术支持，感谢各位高校、设计院及媒体朋友的热情相助，让我们的竞赛活动得以获得社会各界、行业各界同仁广泛、热烈的关注，也感谢在工作中与我们一起并肩的合作单位，以及本书编制过程中提供支持的各获奖团队和各位同事，希望本书可以为启迪、总结中国特色建筑设计理念及思想做好起步工作。

最后，再次向给予指导和支持的组织、专家、学者、专业技术人员表示衷心的感谢（致谢名单排名不分先后）

专家评审团队：

宋春华　崔　恺　李兴钢　张鹏举　李翔宁　吴　蔚　徐　锋　梅洪元　孙一民　张　彤　董丹申　傅绍辉

沈　迪　冯正功　雷振东　吉国华　龙　灏　赵元超　孔宇航　张　利　许世文　薛　明　倪　阳　桂学文

魏春雨　孙　澄　王振军　邵韦平　张伶伶　汤朔宁　陈自明　郭卫兵　张　杰　朱文一

作品征集阶段：

政府媒体：

雄安发布（微信公众号）

中国雄安官网（网站）

学会：

中国建筑学会（网站）

高校：

华南理工大学建筑学院

同济大学建筑与城市规划学院

哈尔滨工业大学建筑学院

西南交大建筑媒体

华工建院团委学生会

中大院（东南大学建筑学院官方平台）

重庆大学建筑城规学院

北京工业大学建筑与城市规划学院

其他媒体：

AT 建筑技艺

建筑名苑

华中建筑

有方空间

建筑志

世界建筑

华建筑

智能建筑电气技术杂志

住区杂志

青年建筑

房地产经理人联盟

设计竞赛网

专筑讲坛

思泽设计

建筑工程鲁班联盟

设计院：

中国建设科技集团(微信公众号：CCTC_news)

同济大学建筑设计研究院(集团)有限公司(微信公众号：tjad-news)

中国建筑设计研究院有限公司(微信公众号：cadg_cn)

中国市政工程华北设计研究总院有限公司(微信公众号：zgszhbzy)

中国城市建设研究院有限公司(微信公众号：cucdcn)

中国建筑标准设计研究院有限公司(微信公众号：CBS-1956)

中国城市发展规划设计咨询有限公司

深圳华森建筑与工程设计顾问有限公司(微信公众号：HSA_HSA)

中设投资有限公司(微信公众号：gh_46b5c896ce6b)

建科公共设施运营管理有限公司(微信公众号：gh_8414cd744df4)

清华大学建筑设计研究院有限公司(微信公众号：thad1958)

北京清华同衡规划设计研究院有限公司(微信公众号：InfoTHUPDI)

深圳市建筑设计研究总院有限公司

千年大计、国家大事。